全国高等职业教育规划教材

Altium Designer 印制电路板设计教程

郭　勇　编著

机 械 工 业 出 版 社

本书主要介绍了 PCB 设计与制作的基本方法，采用的设计软件为 Altium Designer Summer 09。本书通过软件基本操作学习、产品解剖和产品设计三阶段的模式逐步培养读者的设计能力，通过实际产品 PCB 的解剖和仿制，突出专业知识的实用性、综合性和先进性，使读者能迅速掌握软件的基本应用，具备 PCB 的设计能力。

本书通过几个实际产品的解剖与仿制使读者能设计出合格的 PCB，提高读者的学习效率，最后通过一个产品设计培养读者的产品设计意识和能力。

本书案例丰富、图例清晰，每章之后均配备了详细的实训项目，内容由浅入深，配合案例逐渐增加难度，便于读者操作练习，提高设计能力。

本书可作为高等职业院校电子类、电气类、通信类、机电类等专业的教材，也可作为职业技术教育、技术培训及从事电子产品设计与开发的工程技术人员学习 PCB 设计的参考书。

本书配有授课电子课件，需要的教师可登录 www.cmpedu.com 免费注册，审核通过后下载，或联系编辑索取（QQ：1239258369，电话：010-88379739）。

图书在版编目（CIP）数据

Altium Designer印制电路板设计教程 / 郭勇编著. —北京：机械工业出版社，2015.12（2018. 7 重印）
全国高等职业教育规划教材
ISBN 978-7-111-52379-6

Ⅰ. ①A…　Ⅱ. ①郭…　Ⅲ. ①印刷电路—计算机辅助设计—应用软件—高等职业教育—教材　Ⅳ. ①TN410.2

中国版本图书馆 CIP 数据核字（2015）第 300794 号

机械工业出版社（北京市百万庄大街 22 号　邮政编码 100037）
策划编辑：王　颖　　责任编辑：王　颖
责任校对：张艳霞　　责任印制：常天培

唐山三艺印务有限公司印刷

2018 年 7 月第 1 版·第 3 次印刷
184mm×260mm · 14 印张 · 346 千字
4901—6700 册
标准书号：ISBN 978-7-111-52379-6
定价：35.00 元

全国高等职业教育规划教材

电子类专业编委会成员名单

出版说明

《国务院关于加快发展现代职业教育的决定》指出：到 2020 年，形成适应发展需求、产教深度融合、中职高职衔接、职业教育与普通教育相互沟通，体现终身教育理念，具有中国特色、世界水平的现代职业教育体系，推进人才培养模式创新，坚持校企合作、工学结合，强化教学、学习、实训相融合的教育教学活动，推行项目教学、案例教学、工作过程导向教学等教学模式，引导社会力量参与教学过程，共同开发课程和教材等教育资源。机械工业出版社组织全国 60 余所职业院校（其中大部分是示范性院校和骨干院校）的骨干教师共同策划、编写并出版的“全国高等职业教育规划教材”系列丛书，已历经十余年的积淀和发展，今后将更加结合国家职业教育文件精神，致力于建设符合现代职业教育教学需求的教材体系，打造充分适应现代职业教育教学模式的、体现工学结合特点的新型精品化教材。

“全国高等职业教育规划教材”涵盖计算机、电子和机电三个专业，目前在销教材 300 余种，其中“十五”“十一五”“十二五”累计获奖教材 60 余种，更有 4 种获得国家级精品教材。该系列教材依托于高职高专计算机、电子、机电三个专业编委会，充分体现职业院校教学改革和课程改革的需要，其内容和质量颇受授课教师的认可。

在系列教材策划和编写的过程中，主编院校通过编委会平台充分调研相关院校的专业课程体系，认真讨论课程教学大纲，积极听取相关专家意见，并融合教学中的实践经验，吸收职业教育改革成果，寻求企业合作，针对不同的课程性质采取差异化的编写策略。其中，核心基础课程的教材在保持扎实的理论基础的同时，增加实训和习题以及相关的多媒体配套资源；实践性较强的课程则强调理论与实训紧密结合，采用理实一体的编写模式；涉及实用技术的课程则在教材中引入了最新的知识、技术、工艺和方法，同时重视企业参与，吸纳来自企业的真实案例。此外，根据实际教学的需要对部分课程进行了整合和优化。

归纳起来，本系列教材具有以下特点：

1）围绕培养学生的职业技能这条主线来设计教材的结构、内容和形式。

2）合理安排基础知识和实践知识的比例。基础知识以“必需、够用”为度，强调专业技术应用能力的训练，适当增加实训环节。

3）符合高职学生的学习特点和认知规律。对基本理论和方法的论述容易理解、清晰简洁，多用图表来表达信息；增加相关技术在生产中的应用实例，引导学生主动学习。

4）教材内容紧随技术和经济的发展而更新，及时将新知识、新技术、新工艺和新案例等引入教材。同时注重吸收最新的教学理念，并积极支持新专业的教材建设。

5）注重立体化教材建设。通过主教材、电子教案、配套素材光盘、实训指导和习题及解答等教学资源的有机结合，提高教学服务水平，为高素质技能型人才的培养创造良好的条件。

由于我国高等职业教育改革和发展的速度很快，加之我们的水平和经验有限，因此在教材的编写和出版过程中难免出现问题和疏漏。我们恳请使用这套教材的师生及时向我们反馈质量信息，以利于我们今后不断提高教材的出版质量，为广大师生提供更多、更适用的教材。

机械工业出版社

前　　言

本书主要介绍了 PCB 设计与制作的基本方法，采用的设计软件为 Altium Designer Summer 09。通过实际产品 PCB 的解剖和仿制，突出专业知识的实用性、综合性和先进性，使读者能迅速掌握软件的基本应用，具备 PCB 的设计能力。

本书具有以下特点。

1）通过软件基本操作学习、产品解剖和产品设计三阶段的模式逐步培养读者的设计能力。

2）通过实际产品的解剖，介绍 PCB 的布局、布线原则和设计方法，重点突出布局、布线的原则说明，使读者能设计出合格的 PCB。

3）通过低频矩形 PCB、高密度 PCB、贴片双面 PCB 和元器件双面贴放 PCB 等几个典型产品全面介绍常用类型 PCB 的设计方法。

4）介绍了 Altium Designer Summer 09 的 3D 模型设计方法，通过 3D 模型的应用提高布局、布线的直观性。

5）本书案例丰富、图例清晰，内容由浅入深，案例难度逐渐提高，有助于读者设计能力的提升。

6）每章之后均配备了详细的实训项目，便于读者操作练习。

本书共分为 7 章，主要内容包括印制电路板认知与制作、原理图标准化设计、原理图元器件设计、PCB 设计基础、单面 PCB 设计、双面 PCB 设计和相关实训项目以及有源音箱产品设计。总学时建议为 60 学时，其中讲授 24 学时，实训 36 学时。

课程安排上建议安排在“计算机应用基础”“电工基础”“电子线路”等课程之后讲授，采用一体化教学模式进行授课。

本书由郭勇编著，编著过程中得到了企业专家郭贤发、朱铭、王水仙等的帮助，在此表示感谢。

本书可作为高等职业院校电子类、电气类、通信类、机电类等专业的教材，也可作为职业技术教育、技术培训及从事电子产品设计与开发的工程技术人员学习 PCB 设计的参考书。

为了保持与软件的一致性，本书中有些线路图保留了绘图软件的电路符号，部分电路符号与国标不符，附录中给出书中非标准符号与国标对照表。按照 Altium Designer Summer 09 软件的设计和业内习惯，长度单位使用了非法定单位 mil，$1\text{mil}=10^{-3}\text{in}=2.54\times10^{-5}\text{m}$。

由于编著者水平所限，书中难免存在不足之处，恳请广大读者批评指正。

编　者

目　　录

第 1 章　印制电路板认知与制作

1.1　认知印制电路板

图 1-1 所示为一块印制电路板实物图，从图上可以看到电阻、电容、电感、晶振、晶体管和集成电路等元器件及 PCB 走线、焊盘、金属化孔和元器件孔等。这种面上有焊盘、元器件孔、PCB 走线等的板子即为印制电路板。

图 1-1　印制电路板实物图

印制电路板（Printed Circuit Board，PCB）简称为印制板，是指以绝缘基板为基础材料加工成一定尺寸的板，在其上面至少有一个导电图形及所有设计好的孔（如元器件孔、机械安装孔及金属化孔等），以实现元器件之间的电气互连。

在电子设备中，印制电路板通常起到 3 个作用。

1）为电路中的各种元器件提供必要的机械支撑。

2）提供电路的电气连接。

3）用标记符号将板上所安装的各个元器件标注出来，便于插装、检查及调试。

但是，更为重要的是，印制电路板有 4 大优点。

1）具有重复性。一旦印制电路板的布线经过验证，就不必再为制成的每一块板上的互连是否正确而逐个进行检验，所有板的连线与样板一致，这种方法适合于大规模工业化生产。

2）板的可预测性。通常，设计师按照“最坏情况”的设计原则来设计印制导线的长、宽、间距以及选择印制板的材料，以保证最终产品能通过试验条件。虽然此法不一定能准确地反映印制电路板及元器件使用的潜力，但可以保证最终产品测试的废品率很低，而且大大地简化了印制电路板的设计。

3）所有信号都可以沿导线任一点直接进行测试，不会因导线接触引起短路。

4）印制电路板的焊点可以在一次焊接过程中将大部分焊完。

在实际电路设计中，原理图的设计解决了电路中元器件的逻辑连接，而元器件之间的物理连接则是靠 PCB 上的铜箔实现的，最终需要将电路中的实际元器件安装并焊接在印制电路板上。

现代焊接方法主要有浸焊、波峰焊和回流焊，前两者主要用于通孔式元器件的焊接，后者主要用于表面贴片式元器件（SMD 元器件）的焊接。现代焊接方法可以保证高速、高质量地完成焊接工作，减少了虚焊、漏焊，从而降低了电子设备的故障率。

正因为印制板有以上特点，所以从它面世的那天起，就得到了广泛的应用和发展，现代印制板已经朝着多层、精细线条的方向发展，特别是 20 世纪 80 年代开始推广的 SMD（表面封装）技术是高精度印制板技术与 VLSI（超大规模集成电路）技术的紧密结合，大大提高了系统安装密度与系统的可靠性，元器件安装朝着自动化、高密度方向发展，对印制电路板导电图形的布线密度、导线精度和可靠性要求越来越高。与此相适应，为了满足对印制电路板数量上和质量上的要求，印制电路板的生产也越来越专业化、标准化、机械化和自动化，如今已在电子工业领域中形成一门新兴的印制电路板制造工业。

1.1.1 印制电路板基本组成

印制电路板几乎会出现在每一种电子设备中，在其上安装有元器件，通过印制导线、焊盘及金属化孔等进行线路连接。为了便于读识，板上还印制丝网图，用于元器件标识和说明。

1．认知 PCB 上的元器件

PCB 上的元器件如图 1-2 所示，PCB 上的元器件主要有两大类，一类是通孔式，通常这种元器件体积较大，且电路板上必须钻孔才能插装；另一类是表面贴片式（SMD），这种元器件不必钻孔，利用钢模将半熔状锡膏倒入电路板上，再把 SMD 元器件放上去，通过回流焊将其焊接在印制电路板上。

a)

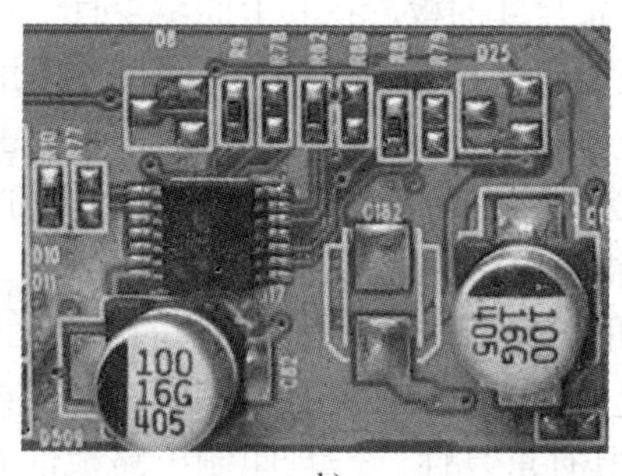

b)

图 1-2　PCB 上的元器件

a) 通孔式元器件　b) SMD 元器件

2．认知 PCB 上的印制导线、过孔和焊盘

PCB 上的印制导线也称为铜膜线，用于印制电路板上的线路连接，通常印制导线是两个焊盘（或过孔）间的连线，而大部分的焊盘就是元器件的引脚，当无法顺利连接两个焊盘时，往往通过跳线或过孔实现连接。过孔（也称为金属化孔）用于连接不同层之间的印制导线。

图 1-3 所示为印制导线的走线图，图中所示为双面板，两层之间印制导线通过过孔连接。

3．认知 PCB 上的阻焊与助焊

对于一个批量生产的印制电路板而言，通常在板上铺设一层阻焊，阻焊剂一般是绿色或棕色，所以成品 PCB 一般为绿色或棕色，这实际上是阻焊剂的颜色。

在 PCB 上，除了要焊接的地方外，其他地方根据 PCB 设计软件所产生的阻焊图来覆盖一层阻焊剂，这样可以进行快速焊接，并防止焊锡溢出引起短路；而对于要焊接的地方，通常是焊盘，则要涂上助焊剂，以便于焊接，PCB 上的阻焊和助焊如图 1-4 所示。

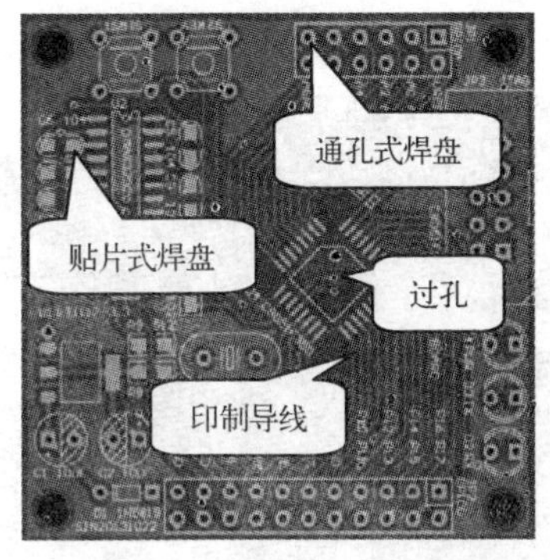

图 1-3　印制导线的走线图

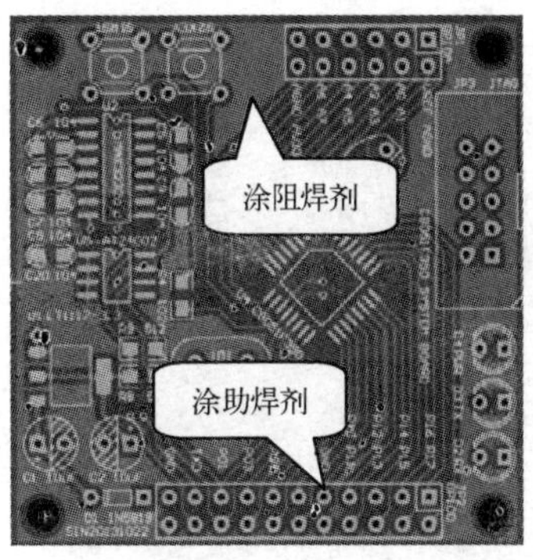

图 1-4　PCB 上的阻焊和助焊

4．认知 PCB 上的丝网

为了让印制电路板更具有可看性，便于安装与维修，一般在 PCB 上要印一些文字或图案，如图 1-5 中的 R9、R10 等，用于标示元器件的位置或进行说明电路，通常将其称为丝网。丝网所在层称为丝网层，在顶层的称为顶层丝网层（Top Overlay），而在底层的则称为底层丝网层（Bottom Overlay），PCB 上的丝网如图 1-5 所示。

双面以上的板中丝网一般印制在阻焊层上。

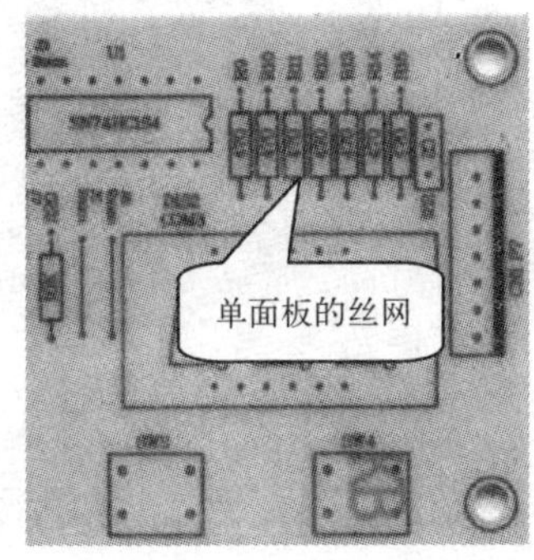

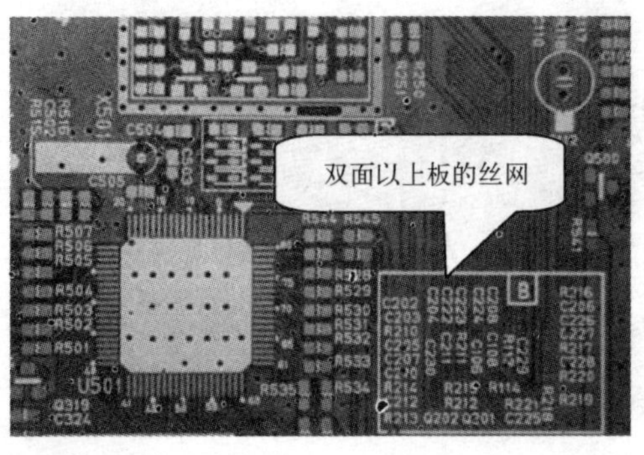

图 1-5　PCB 上的丝网

1.1.2 印制电路板的种类

目前的印制电路板一般以铜箔覆在绝缘基板上，故通常称为覆铜板。

1. 根据 PCB 导电板层划分

1）单面印制板（Single Sided Print Board）。单面印制板指仅一面有导电图形的印制板，板的厚度在 0.2～5.0mm 之间，它是在一面敷有铜箔的绝缘基板上，通过印制或腐蚀的方法在基板上形成印制电路，单面印制板样图如图 1-6 所示。它适用于一般要求的电子设备，如收音机、CRT 电视机等。

2）双面印制板（Double Sided Print Board）。双面印制板指两面都有导电图形的印制板，板的厚度在 0.2～5.0mm 之间，它是在两面敷有铜箔的绝缘基板上，通过印制或腐蚀的方法在基板上形成印制电路，两面的电气互连通过金属化孔实现，双面印制板样图如图 1-7 所示。它适用于要求较高的电子设备，如计算机、电子仪表等，由于双面印制板的布线密度较高，所以可以减小设备的体积。

图 1-6 单面印制板样图

图 1-7 双面印制板样图

3）多层印制板（Multilayer Print Board）。多层印制板是由交替的导电图形层及绝缘材料层层压粘合而成的一块印制板，导电图形的层数在两层以上，层间电气互连通过金属化孔实现。多层印制板的连接线短而直，便于屏蔽，但印制板的工艺复杂，由于使用金属化孔，可靠性下降。多层板常用于计算机的板卡中，如图 1-8 所示，图 1-9 所示为多层板示意图。

图 1-8 多层板样图

图 1-9 多层板示意图

对于电路板的制作而言，板的层数越多，制作程序就越多，失败率当然增加，成本也相对提高，所以只有在高级的电路中才会使用多层板。目前以两层板最容易，市面上所谓的四层板，就是顶层、底层，中间再加上两个电源层，技术已经很成熟；而六层板就是四层板再加上两层中间布线层，只有在高级的主机板或布线密度较高的场合才会用到；至于八层板以上，制作就比较困难了。

图 1-10 所示为四层板剖面图。通常在印制电路板上，元器件放在顶层，所以一般顶层也称为元件面，而底层一般是焊接用的，所以又称为焊接面。对于 SMD 元器件，顶层和底层都可以放置。图中的通孔式元器件通常体积较大，且印制电路板上必须钻孔才能插装；SMD 元器件体积小，不必钻孔，通过回流焊将其焊接在板上。SMD 元器件是目前商品化印制电路板的主要元器件，但这种技术需要依靠机器，采用手工插置、焊接元器件比较困难。

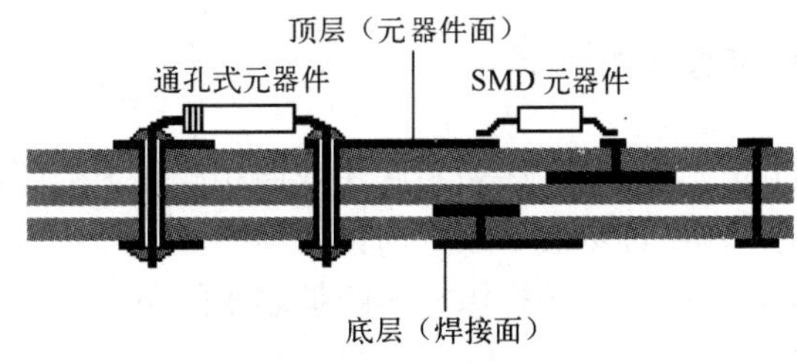

图 1-10　四层板剖面图

在多层板中，为减小信号线之间的相互干扰，通常将中间的一些层面独立布上电源线或地线，所以通常将多层板的板层按信号的不同分为信号层（Singal）、电源层（Power）和地线层（Ground）等。

2．根据 PCB 所用基板材料划分

1）刚性印制板（Rigid Print Board）。刚性印制板是指以刚性基材制成的 PCB，常见的 PCB 一般是刚性 PCB，如计算机中的板卡、家用电器中的印制电路板等，如图 1-6～图 1-8 所示。常用刚性 PCB 有以下几类：

① 纸基板。价格低廉，性能较差，一般用于低频电路和要求不高的场合。

② 玻璃布板。价格较贵，性能较好，常用作高频电路和高档家用电器产品中。

③ 合成纤维板。价格较贵，性能较好，常用作高频电路和高档家用电器产品中。

④ 当频率高于数百兆赫时，必须用介电常数和介质损耗更小的材料，如聚四氟乙烯和高频陶瓷作基板。

2）挠性印制板（Flexible Print Board，也称为柔性印制板、软印制板）。挠性印制板是以聚四氟乙烯、聚酯等软性绝缘材料为基材的 PCB。由于它能进行折叠、弯曲和卷绕，在三维空间里可实现立体布线，它的体积小、重量轻、装配方便，易按照电路要求成形，提高了装配密度和板面利用率，可以节约 60%～90%的空间，为电子产品小型化、薄型化创造了条件，挠性印制板样图如图 1-11 所示。它在笔记本式计算机、打印机及通信终端设备中得到广泛应用。

3）刚-挠性印制板（Flex-rigid Print Board）。刚-挠性印制板指利用软性基材，并在不同区域与刚性基材结合制成的 PCB，刚-挠性印制板样图如图 1-12 所示。它主要应用于印制电路板的接口部分。

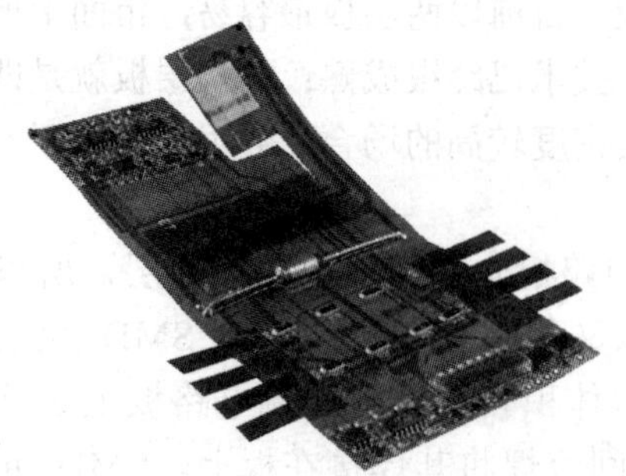

图 1-11　挠性印制板样图

图 1-12　刚-挠性印制板样图

1.2　印制电路板生产制作

制造印制电路板最初的一道基本工序是将底图或照相底片上的图形转印到覆铜箔层压板上，最简单的一种方法是印制—蚀刻法，或称为铜箔腐蚀法，即用防护性抗蚀材料在敷铜箔层压板上形成正性的图形，那些没有被抗蚀材料防护起来的不需要的铜箔经化学蚀刻而被去掉，蚀刻后将抗蚀层除去就留下由铜箔构成的所需的图形。

1.2.1　印制电路板制作生产工艺流程

一般印制板的制作要经过 CAD 辅助设计、照相底版制作、图像转移、化学镀、电镀、蚀刻和机械加工等过程，图 1-13 为双面板图形电镀－蚀刻法的工艺流程图。

单面印制板一般采用酚醛纸基覆铜箔板制作，也常采用环氧纸基或环氧玻璃布覆铜箔板，单面板图形比较简单，一般采用丝网漏印正性图形，然后蚀刻出印制板，也可以采用光化学法生产。

双面印制板通常采用环氧玻璃布覆铜箔板制造，双面板的制造一般分为工艺导线法、堵孔法、掩蔽法和图形电镀－蚀刻法。

多层印制板一般采用环氧玻璃布覆铜箔层压板。为了提高金属化孔的可靠性，应尽量选用耐高温的、基板尺寸稳定性好的、特别是厚度方向热线膨胀系数较小的，并和铜镀层热线膨胀系数基本匹配的新型材料。制作多层印制板，先用铜箔蚀刻或电镀法做出内层导线图形，然后根据设计要求，把几张内层导线图形重叠，放在专用的多层压机内，经过热压、粘合工序，就制成了具有内层导电图形的覆铜箔的层压板。

目前已定型的工艺主要有以下两种。

1）减成法工艺。通过有选择性地除去不需要的铜箔部分来获得导电图形的方法。

减成法是印制电路制造的主要方法，其最大优点是工艺成熟、稳定和可靠。

2）加成法工艺。在未覆铜箔的层压板基材上，有选择地淀积导电金属而形成导电图形的方法。

加成法工艺的优点是避免大量蚀刻铜，降低了成本；生产工序简化，生产效率提高；镀铜层的厚度一致，金属化孔的可靠性提高；印制导线平整，能制造高精密度 PCB。

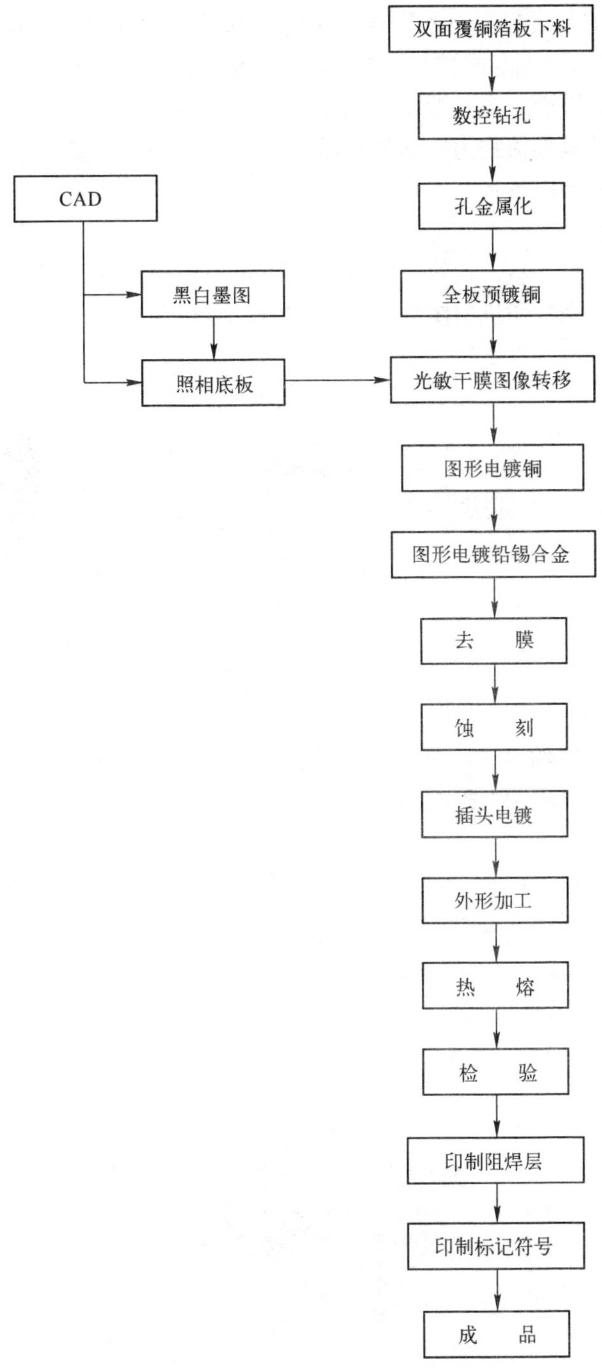

图 1-13　双面板图形电镀—蚀刻法的工艺流程图

1.2.2　采用热转印方式制板

热转印制板的优点是直观、快速、方便及成功率高，但是对激光打印机要求高，需要专用的菲林纸或热转印纸。

热转印制板所需的主要材料有覆铜板、热转印纸、高温胶带、三氯化铁（或工业盐酸+双氧水）和松香水（松香+无水酒精）；设备工具有热转印机、激光打印机、裁板机、高速微型钻床、剪刀、锉刀、镊子、细砂纸以及记号笔等。

热转印制板的具体操作流程为：激光打印出图→裁板→PCB 图热转印→修板→线路腐蚀→钻孔→擦拭、清洗→涂松香水。

1. 激光打印出图

出图一般采用激光打印机，通过设计软件 Altium Designer Summer 09 将线路层打印在热转印纸的光滑面上，激光打印机出图如图 1-14 所示。

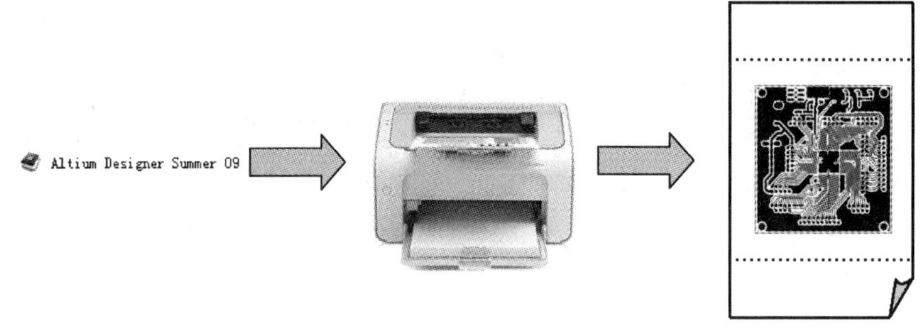

图 1-14 激光打印机出图

一般在打印时，为节约热转印纸，可将几个 PCB 图合并到同一个文件中再一起打印，打印完毕用剪刀将每一块印制电路板的图样剪开。

2. 裁板

板材准备又称为下料，在 PCB 制作前，应根据设计好的 PCB 图大小来确定所需 PCB 基的尺寸规格，然后根据具体需求进行裁板。

裁板机如图 1-15 所示，裁板时调整好定位尺，将电路板放置在底板上，根据 PCB 大小确定刀口位置，下压压杆进行裁板。

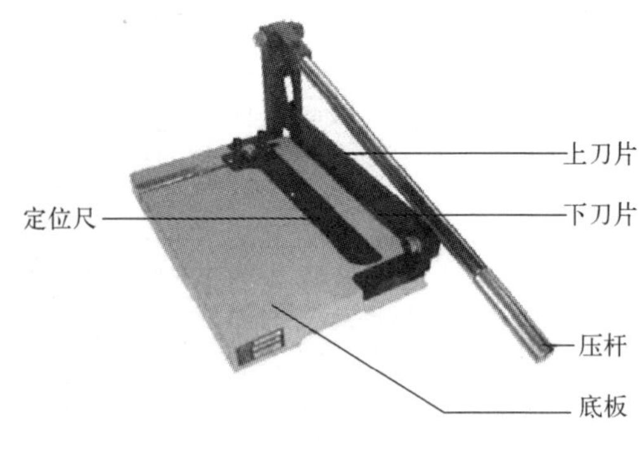

图 1-15 裁板机

裁板时，为了后续贴转印纸方便，电路板上一般要留出贴高温胶带的位置，一般比转印的 PCB 图长 1cm。

3. PCB 图热转印

PCB 图热转印即通过热转机将热转印纸上的 PCB 图转印到电路板上。热转印的具体步骤如下。

（1）覆铜板表面处理

在进行热转印前必须先对覆铜板进行表面处理，由于加工、储存等原因，在覆铜板的表面会形成一层氧化层或污物，将影响底图的转印，在转印底图前需用细砂纸打磨覆铜板。

（2）热转印纸裁剪

使用剪刀将带底图的热转印纸裁剪到略小于覆铜板大小，以便进行固定。

（3）高温胶带固定

通过高温胶带将底图的一侧固定在覆铜板上，贴热转印纸如图 1-16 所示。

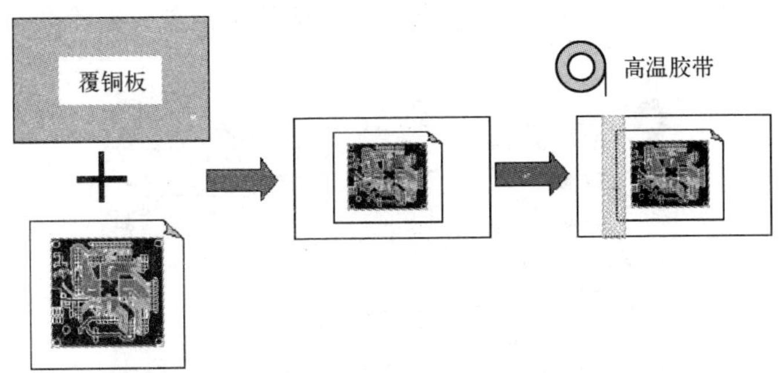

图 1-16　贴热转印纸

（4）热转印

热转印是通过热转印机将热转印纸上的碳粉转印到覆铜板上，热转印及揭转印纸如图 1-17 所示，将热转印机进行预热，当温度达到 150℃左右时，将用高温胶带贴好热转印纸的覆铜板送入热转印机进行转印（注意贴胶带的位置先送入），热转印机的滚轴将步进转动覆铜板进行转印。

热转印结束，热转印纸上的碳粉将转印到覆铜板上。

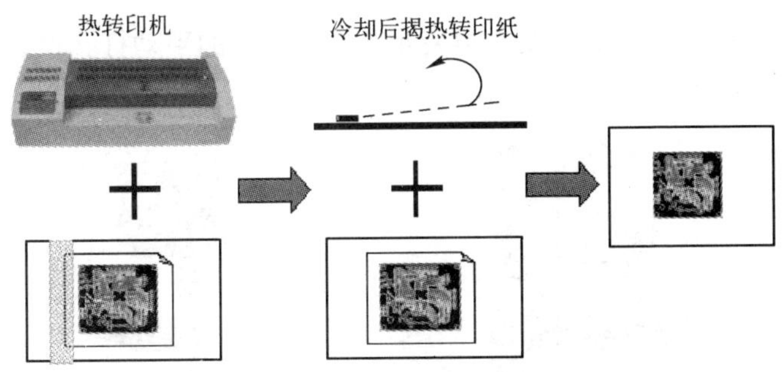

图 1-17　热转印及揭转印纸

4．揭热转印纸与板修补

热转印完毕，自然冷却覆铜板，当不烫手时，小心揭开热转印纸，此时碳粉已经转印到覆铜板上。

揭开热转印纸后可能会出现部分地方没有转印好，此时需要进行修补，利用记号笔将未转印好的地方补描一下，晾干后即可进行线路腐蚀。

5．线路腐蚀

线路腐蚀主要是通过腐蚀液将没有碳粉覆盖的铜箔腐蚀，而保留下碳粉覆盖部分，即设计好的PCB铜膜线。

线路腐蚀采用双氧水+盐酸+水混合液，双氧水和盐酸的比例为3:1，配制时必须先加水稀释双氧水，再混合盐酸。由于使用的双氧水和盐酸溶液的浓度可能各不相同，腐蚀时可根据实际情况调整用量。这种腐蚀方法速度快，腐蚀液清澈透明，容易观察腐蚀程度，腐蚀完毕要迅速用竹筷或镊子将PCB捞出，再用水进行冲洗，最后烘干。

线路腐蚀也可以采用三氯化铁溶液进行，为提高腐蚀速度，可以适当加热。

腐蚀后的印制电路板如图1-18所示，图中的铜膜线上覆盖有碳粉。

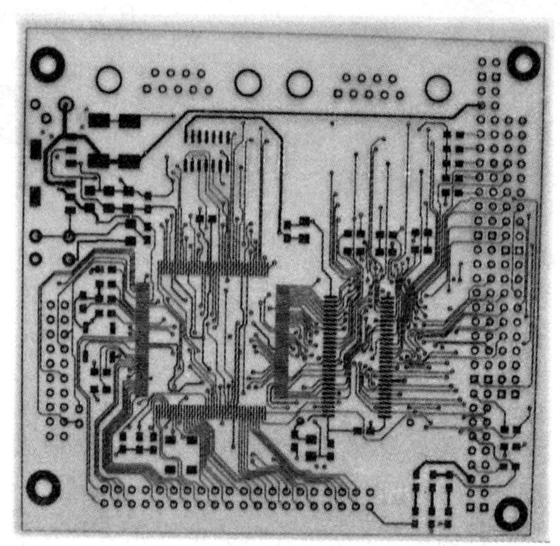

图1-18　腐蚀后的印制电路板

6．钻孔

钻孔的主要目的为在印制电路板上插装元器件，常用的手动打孔设备有高速视频钻床和高速微型台钻，钻孔设备如图1-19所示。

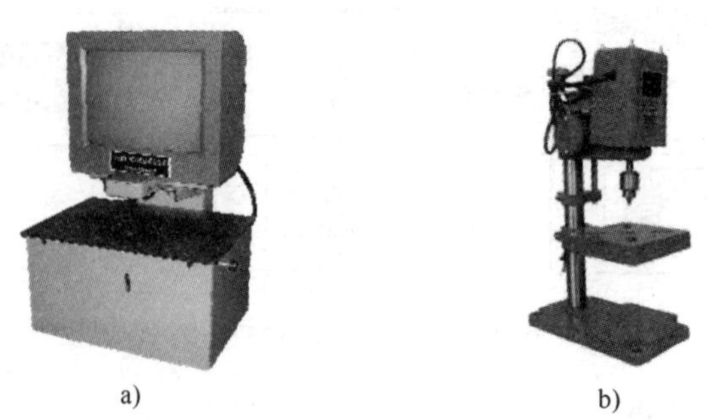

a)　　b)

图1-19　钻孔设备

a) 高速视频钻床　b) 高速微型台钻

钻孔时要对焊盘中心，钻孔过程中要根据需要调整钻头的粗细。为便于钻孔时对准焊盘中心，在打印PCB图时，可将焊盘的孔设置为显示状态（即在打印设置时选中“Holes”）。

7．后期处理

钻孔后，用细砂纸将印制电路板上的碳粉擦除，清理干净后涂上松香水，以便于后期的焊接，防止氧化。

1.3　实训　热转印方式制板

1．实训目的

1）认识常用的印制电路板基材及类型。

2）认知印制电路板。

3）掌握热转印制板的方法。

4）手工制作一块印制电路板。

2．实训内容

1）识别纸基板、玻璃布板和合成纤维板。

2）识别单面板、双面板、多层板及挠性印制板。

3）认知印制电路板：元器件、焊盘、过孔、印制导线、阻焊、助焊以及丝网等。

4）认知制板设备：激光打印机、热转印机、裁板机及高速微型台钻等。

5）认知制板辅材：热转印纸、高温胶带及细砂纸等。

6）采用热转印方式手工制作一块单面印制电路板。

3．思考题

1）热转印的图形应打印在热转印纸的光面还是麻面？

2）如何配置双氧水+盐酸腐蚀液？

3）如何进行热转印制板？简述其步骤。

1.4　习题

1．简述印制电路板的概念与作用。

2．按基板材料划分印制电路板可分为哪几种？

3．按导电板层划分印制电路板可分为哪几种？

4．简述热转印制板的步骤。

5．如何进行腐蚀液配制？

第 2 章　原理图标准化设计

Altium Designer 是 Altium 公司推出的一套板卡级设计系统，具有强大的交互式设计功能。本书介绍 Altium Designer Summer 09 的印制电路板设计功能，本章通过实例介绍电路原理图设计方法，它是印制电路板设计的基础，决定了后续设计工作的进展。

2.1　Altium Designer 基础

本节主要介绍 Altium Designer Summer 09 的安装、启动与常用设置，为后续设计打好基础。

2.1.1　安装 Altium Designer Summer 09

1）将 Altium Designer Summer 09 安装盘放入光驱，系统自动弹出安装向导界面，如图 2-1 所示。如果光驱没有自动执行，可以用鼠标双击 setup.exe 文件进行安装。

2）单击“Next”按钮，屏幕弹出使用许可界面，如图 2-2 所示。选中“I accept the license argeement”（接受授权协议），单击“Next”按钮进入下一步。

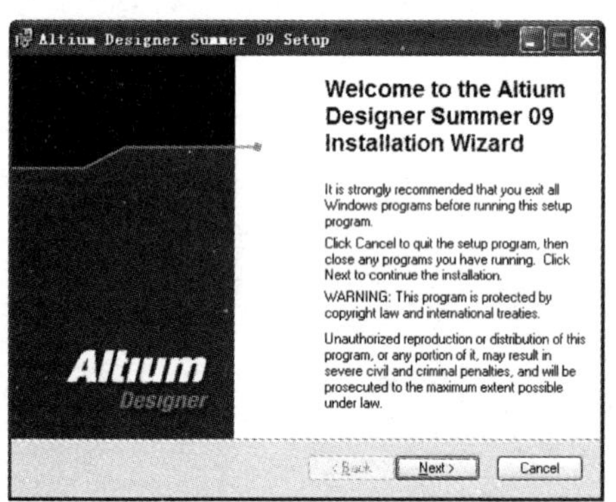

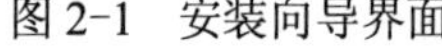
图 2-1　安装向导界面

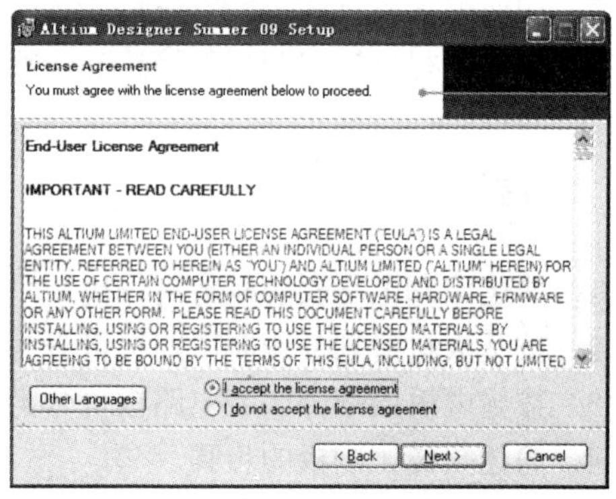

图 2-2　使用许可界面

3）单击“Next”按钮后，屏幕弹出图 2-3 所示的用户信息界面，在“Full Name”栏中输入用户名，在“Organization”栏中输入公司名称。

4）用户信息填写完毕，单击“Next”按钮，屏幕弹出图 2-4 所示的选择安装路径界面，提示用户指定软件的安装路径，单击“Browse”按钮可以设置安装路径。

5）路径设置完毕，单击“Next”按钮，屏幕弹出图 2-5 所示的界面，供用户选择是否安装 Board-Level Libraries（板级设计集成库），一般要选中，以保证软件兼容 Altium Designer 的先前版本。

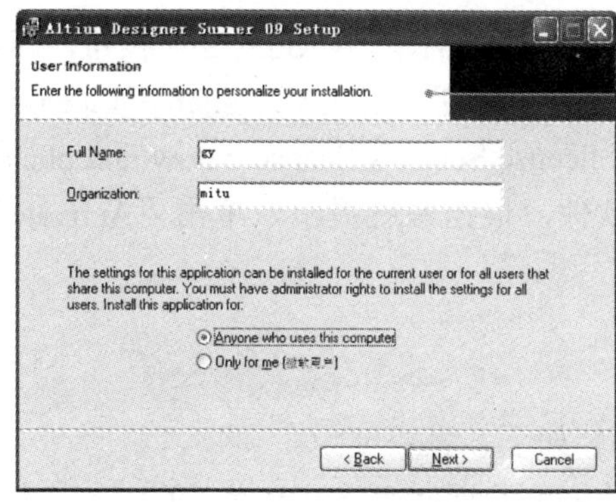

图 2-3　用户信息界面

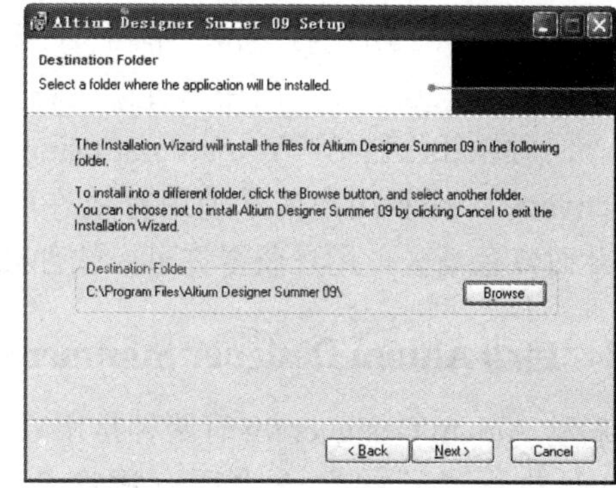

图 2-4　选择安装路径界面

6）单击“Next”按钮，屏幕弹出准备安装软件界面，如图 2-6 所示。

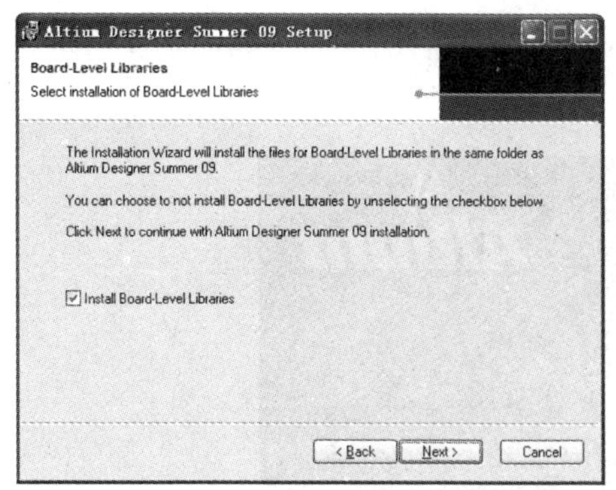

图 2-5　安装 Board-Level Libraries

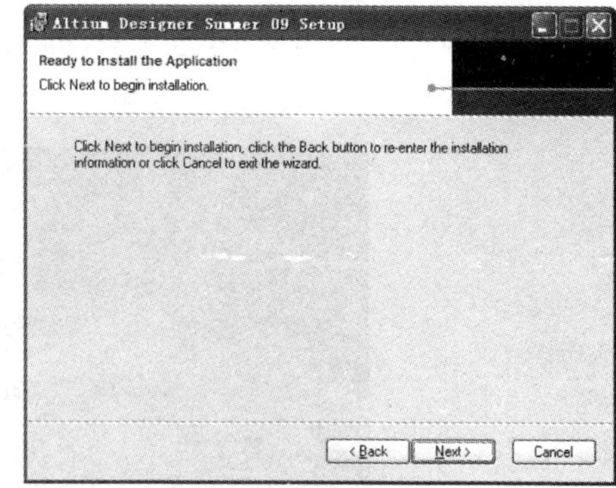

图 2-6　准备安装软件界面

7）单击“Next”按钮，系统开始安装，如图 2-7 所示。系统安装结束，屏幕弹出图 2-8 所示的界面，提示安装完毕，单击“Finish”按钮结束安装，至此软件安装完毕。

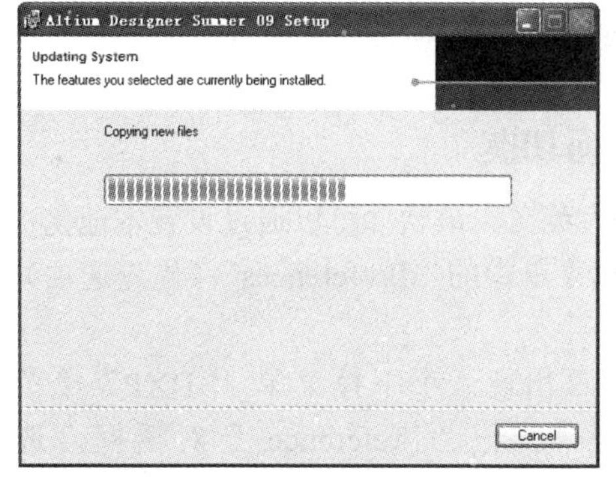

图 2-7　安装 Altium Designer 9

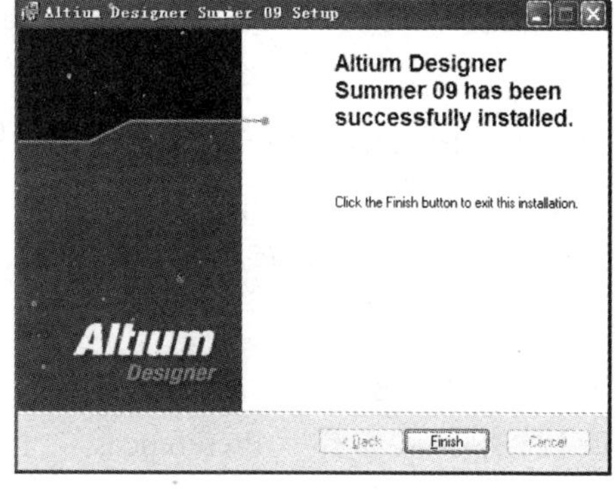

图 2-8　安装结束

安装软件后，执行“开始”→“所有程序”→“Altium Designer Summer 09”→“Altium Designer Summer 09”启动软件，也可单击 Altium Designer Summer 09 启动软件。此时安装的 Altium Designer Summer 09 还未激活，无法正常使用。单击“Sign In”选项，在弹出

的对话框中输入“用户名”和“密码”（Altium 官方提供）后单击“Sign In”按钮，即可登录自己的账户，登录后，所用软件的名称、激活码等参数都显示在“Available License”区域中，同时以红色显示“You are not using a valid license,Select a license below and click Use or Activate”，提示用户尚未使用有效许可激活软件，根据系统提示，单击“Activate”选项，此时红色消失，用户获得许可，软件被激活。

2.1.2 启动 Altium Designer Summer 09

启动 Altium Designer 09 有两种常用方法，具体如下。

1）执行“开始”→“所有程序”→“Altium Designer Summer 09”→“Altium Designer Summer 09”启动该软件。

2）如果在系统桌面建立了 Altium Designer Summer 09 的快捷方式，可以用鼠标双击桌面的快捷方式图标，启动该软件。

启动软件后，屏幕出现 Altium Designer Summer 09 的启动界面，如图 2-9 所示。系统自动加载完相关模块后进入设计主窗口。

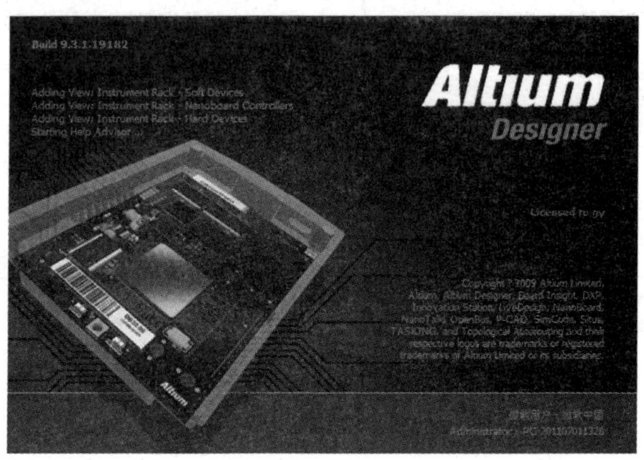

图 2-9 Altium Designer Summer 09 的启动界面

2.1.3 Altium Designer Summer 09 中英文界面切换

Altium Designer Summer 09 默认的设计界面为英文，该软件可以通过设置本地化资源显示中文界面，可以在设计主窗口的“DXP”下拉菜单中的“Preferences”（优先选项）中进行中英文菜单切换。

单击设计主窗口左上角的“DXP”菜单，屏幕出现一个下拉菜单，“DXP”菜单如图 2-10 所示，选择“Preferences”子菜单，屏幕弹出“Preferences”对话框，选中“System”下的“General”选项，在对话框正下方“Localization”区中选中“Use localized resources”前的复选框，中文界面设置如图 2-11 所示，屏幕弹出“Warning”对话框提示将修改当前设置，单击“OK”按钮完成界面转换。

设置完毕，关闭 Altium Designer Summer 09 并重新启动软件后，系统的界面就切换为中文界面。

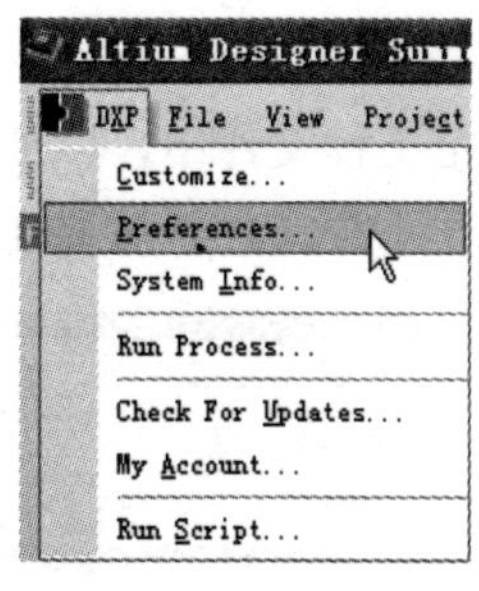

图 2-10 “DXP”菜单

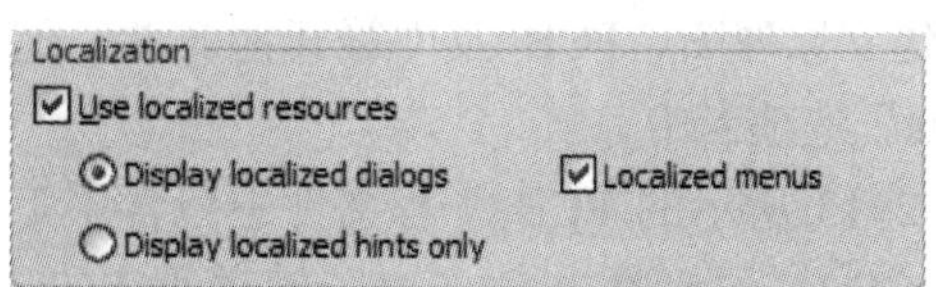

图 2-11 中文界面设置

在 Altium Designer Summer 09 中文主窗口下，执行菜单“DXP”→“优先选项”，在弹出对话框的“本地化”区中取消“使用本地资源”复选框，单击“确定”按钮，关闭并重新启动 Altium Designer Summer 09 后，系统恢复为英文界面。

本书采用中文菜单介绍 Altium Designer Summer 09 的印制电路板设计模块。

2.1.4 Altium Designer Summer 09 系统自动备份设置

在设计过程中，为防止出现意外故障造成设计内容丢失，一般需要进行系统自动备份设置，以减小损失。

执行菜单“DXP”→“优先选项”，屏幕弹出“参数选择”对话框，选择“Backup”选项，屏幕出现图 2-12 所示的对话框，在其中可以设定自动备份的时间间隔、保存的版本数及备份文件保存的路径。

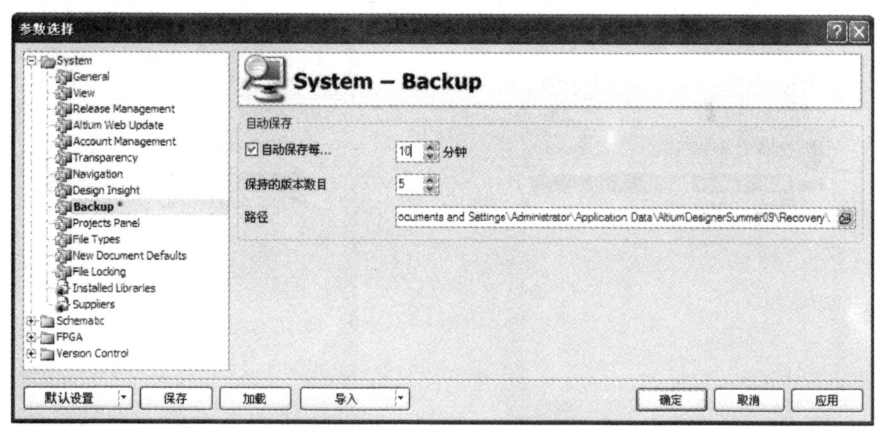

图 2-12 自动备份设置

2.2 PCB 工程及设计文件

Altium Designer Summer 09 采用 PCB 工程的概念（*.PrjPcb），其中包含一系列的单个文件，工程文件的作用是建立与单个文件之间的关系，方便用户组织和管理。

PCB 工程中包括原理图设计文件（*.schdoc、*.sch）、PCB 设计文件（*.pcbdoc、*.pcb）、原理图库文件（*.schlib、*.lib）、PCB 元器件库文件（*.pcblib、*.lib）、网络报表文

件（*.Net）、报告文件（*.rep、*.log、*.rpt）、CAM 报表文件（*.Cam）等。

在工程设计中，通常将同一个工程中的所有文件都保存在一个工程文件中，以便于文件管理。Altium Designer Summer 09 的 PCB 设计通常是先建立 PCB 工程文件，然后在该工程文件下建立原理图、PCB 及库等其他文件，建立的文件将显示在“Projects”选项卡中。

图 2-13　PCB 工程文件

图 2-13 所示的 PCB 工程文件中包含了工程文件（电子镇流器.PRJPCB），原理图文件（电子镇流器.SCHDOC）、PCB 文件（电子镇流器.PCBDOC）、PCB 库文件（PCBLIB1.PCBLIB）及原理图库文件（Schlib1.SCHLIB）。

1．新建 PCB 工程

执行菜单“文件”→“新建”→“工程”→“PCB 工程”，Altium Designer Summer 09 会自动创建一个名为“PCB_Project1.PrjPCB”的空白工程文件，如图 2-14 所示，此时的文件显示在“Projects”选项卡中，在新建的工程文件“PCB_Project1.PrjPCB”下显示的是没文件的空文件夹“No Documents Added”。

2．保存 PCB 工程

建立 PCB 工程后，通常将工程另存为自己需要的文件名，并保存到指定的文件夹中。

执行菜单“文件”→“保存工程为”，屏幕弹出“保存工程”对话框，更改保存的路径和文件名后，单击“保存”按钮完成工程保存。

保存后的文件将重新显示在工作区面板中，图 2-15 所示为更名后的 PCB 工程文件。

图 2-14　空白工程文件

图 2-15　更名后的 PCB 工程文件

3．新建设计文件

在新建的工程中，没有原理图和 PCB 的任何文件，因此绘制原理图或 PCB 时必须在该工程中新建相应的文件，新建设计文件可以执行菜单“文件”→“新建”下的子菜单实现。

如：新建原理图文件的方法有两种，执行菜单“文件”→“新建”→“原理图”或用鼠标右键单击工程文件名，在弹出菜单中选择“给工程添加新的”→“Schematic”新建原理图。

建立好 PCB 工程主要设计文件后的工作区面板如图 2-13 所示，图中的“Source Documents”文件夹中为原理图和印制板文件，“Libraries”文件夹中为元器件库文件。

4．打开文件

在电路设计中，有时需要打开已有的某个文件，可以执行菜单“文件”→“打开”，屏幕弹出“选择打开文件”对话框，选择所需文件后单击“打开”按钮打开相应文件。

若需要打开工程文件，则执行菜单“文件”→“打开工程”。

5．关闭工程文件

用鼠标右键单击工程文件名，在弹出的菜单中选择“Close Project”可以关闭工程文件，若该文件未保存过，屏幕将弹出一个对话框提示是否保存文件。

若选择“关闭工程文档”菜单，则将该工程中的子文件关闭，而工程文件则保留。

6．添加已有的文件到工程中

有些电路文件在设计时并未放置在工程中，此时若要将它添加到工程中，可以用鼠标右键单击工程文件名，在弹出的菜单中选择“添加现有的文件到工程”，屏幕弹出一个对话框，选择要添加的文件后单击“打开”按钮实现文件追加。

7．工程文件与独立文件

工程文件与独立文件如图 2-16 所示，在工作区面板中，“共 E 单管放大.PrjPCB”是一个工程，它是通过“文件”→“新建”→“工程”→“PCB 工程”建立的，其下有“共 E 放大.SCHDOC”一个文件；图中的“Free Documents”为独立文件，其下的文件“Sheet1.Schdoc”不属于任何工程，它是在未建立工程的情况下通过“文件”→“新建”→“原理图”建立的。

图 2-16　工程文件与独立文件

在 Altium Designer Summer 09 的一些设计有时要求必须在工程项目下才能进行，如果是独立文件则某些操作无法执行。为解决该问题，可以先新建工程文件，然后用鼠标左键点住图 2-16 中的独立文件（如 Sheet1.Schdoc），并将其拖到工程文件中即可。

2.3　认知原理图编辑器

本节主要介绍原理图编辑器的组成与常用设置。

2.3.1　原理图设计基本步骤

原理图设计大致可以按如下步骤进行。

1）创建工程和原理图文件。

2）配置工作环境，设置图样大小、方向和标题栏。

3）设置元器件库。

4）放置电路元器件、电源符号及接口等。元器件可以从原理图库中获取，对于库中没有的元器件，需要自行创建。

5）元器件布局与布线。

6）元器件封装设置。

7）放置网络标号、说明文字等进行电路连接和标注说明。

8）电气检查与调整。

9）保存文件。

10）报表输出和电路输出。

2.3.2 原理图编辑器

1. 新建原理图文件

一般在设计中，先建立工程文件，然后建立设计文件。

在 Altium Designer Summer 09 主窗口下，执行菜单“文件”→“新建”→“工程”→“PCB 工程”，系统自动创建一个名为“PCB_Project1.PrjPCB”的空白工程文件。

执行菜单“文件”→“保存工程为”，将工程保存为“共 E 单管放大”。

执行菜单“文件”→“新建”→“原理图”创建原理图文件，系统自动在当前项目文件下新建一个名为“Source Documents”的文件夹，并在该文件夹下建立了原理图文件“Sheet1.SchDoc”，并进入原理图设计界面，原理图编辑器如图 2-17 所示。

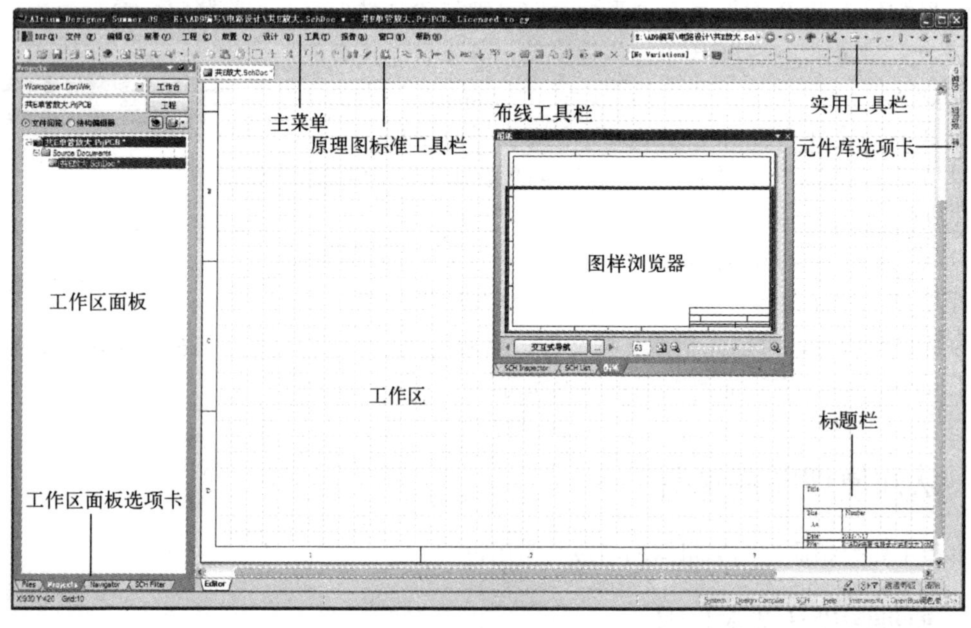

图 2-17　原理图编辑器

用鼠标右键单击原理图文件“Sheet1.SchDoc”，在弹出的菜单中选择“保存为”，屏幕弹出一个对话框，将文件更名保存为“共 E 放大.SCHDOC”。

2. 原理图编辑器

图 2-17 所示的原理图编辑器中，工作区面板中已经建立了工程文件“共 E 单管放大.PrjPCB”和原理图文件“共 E 放大.SCHDOC”。

原理图编辑器由主菜单、原理图标准工具栏、布线工具栏、实用工具栏（包括绘图工具、电源工具、常用元件工具等）、工作窗口以及工作区面板等组成。

3．工作区面板

工作区面板默认位于主窗口的左边，可以显示或隐藏，也可以被任意移动到窗口的其他位置。

（1）移动工作区面板

用鼠标左键点住工作区面板状态栏不放，拖动光标在窗口中移动，可以将工作区面板移动到所需的位置。

（2）工作区面板选项卡切换

工作区面板通常有“Files”“Projects”及“Navigator”等选项卡，一般位于面板的左下方，用鼠标左键单击所需的选项卡可以查看该选项卡的内容，图 2-17 中选中的是“Projects”，显示当前的文件。

（3）工作区面板的显示与隐藏

在图 2-18 中，工作区面板选中的是“Files”选项卡，显示当前可以打开或新建的文件。

单击图 2-18 所示工作区面板右上角的按钮，按钮的形状变为，此时如果把鼠标移出工作区面板，则工作区面板将自动隐藏在窗口的最左边，并在主窗口左侧显示工作区面板各标签。

若用鼠标左键单击窗口左边的工作区面板选项卡，则对应的面板将自动打开。

如果不再隐藏工作区面板，则在面板显示时，用鼠标左键单击右上角的按钮，按钮恢复为状态，此时工作区面板将不再自动隐藏。

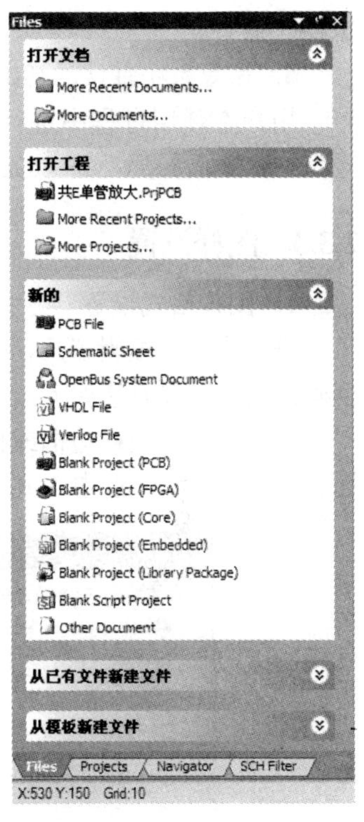

图 2-18　工作区面板

4．原理图标准工具栏

Altium Designer Summer 09 提供有形象直观的工具栏，用户可以单击工具栏上的按钮来执行常用的命令。原理图标准工具栏的按钮功能如表 2-1 所示。

表 2-1　原理图标准工具栏的按钮功能表

按　钮	功　能	按　钮	功　能	按　钮	功　能	按　钮	功　能
	打开任何文件		显示整个工作面		橡皮图章		重做
	打开已有文件		缩放选择的区域		选取区域内的对象		主图、子图切换
	保存当前文件		缩放选定对象		移动选择对象		设置测试点
	直接打印文件		剪切		取消选取状态		浏览元器件库
	打印预览		复制		消除当前过滤器		
	打开器件视图页面		粘贴		取消		

执行菜单“查看”→“工具栏”→“原理图标准”可以打开或关闭原理图标准工具栏。

5．图样浏览器

在图 2-17 中，左侧的工作区面板显示的是当前的文件，工作窗口中有一个“图样”窗口，该窗口用于浏览当前工作窗口中的内容，单击窗口中的🔍按钮和🔍按钮可以放大和缩小工作窗口的电路图；拖动红色的边框，可以对电路进行局部浏览。

执行菜单“查看”→“工作区面板”→“SCH”→“图纸”可以打开或关闭“图样浏览器”窗口。

6．恢复系统默认的初始界面

用户在使用过程中进行界面改动后可能无法返回初始的工作界面，可以执行菜单“查看”→“桌面布局”→“Default”恢复系统默认的初始界面。

2.3.3 图样设置

1．图样格式设置

进入原理图编辑器后，一般要先设置图样参数。图样参数是根据电路图的规模和复杂程度确定的，设置方法如下。

用鼠标双击图样边框或执行菜单“设计”→“文档选项”，屏幕弹出图 2-19 所示的“文档选项”对话框，选中“方块电路选项”选项卡进行图样设置。

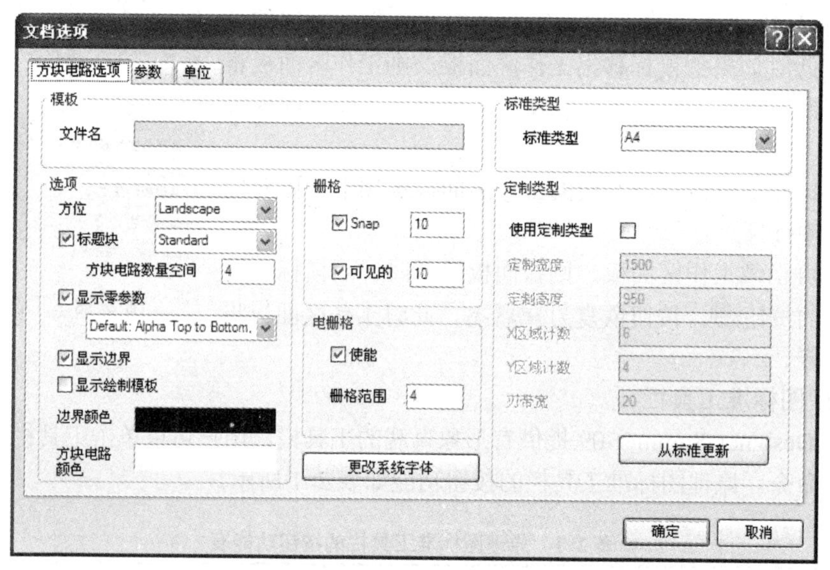

图 2-19 “文档选项”对话框

图中“标准类型”用来设置标准图样尺寸，可在其后的下拉列表框选择图样尺寸；“定制类型”区用于自定义图样尺寸，必须选中“使用定制类型”复选框，系统默认最小单位为 10mil（1 英寸=1000mil）；“选项”区的“方位”下拉列表框用于设置图样方向，有 Landscape（横向）或 Portrait（纵向）两种。

2．单位制设置

Altium Designer Summer 09 的原理图设计提供有英制（mil）和公制（mm）两种单位制，可在图 2-19 中选中“单位”选项卡进行单位制设置。系统默认使用英制，单位是 mil。

2.3.4 设置栅格尺寸

Altium Designer Summer 09 栅格类型主要有 3 种，即捕获栅格（Snap）、可见栅格和电气栅格。捕获栅格（Snap）是指光标移动一次的步长；可见栅格指的是图样上实际显示的栅格之间的距离；电气栅格指的是自动寻找电气节点的半径范围。

图 2-19 中的“栅格”区用于设置图样的栅格，其中“Snap”用于捕获栅格的设定，图中设定为 10，即光标移动一次的距离为 10；“可见的”用于可见栅格的设定，即图样上栅格的间距，此项设置只影响视觉效果，不影响光标的位移量。例如“可见的”设定为 30，“Snap”设定为 10，则光标移动 3 次走完一个可见栅格。

图 2-19 中“电栅格”区用于电气栅格的设定，选中“使能”前的复选框，在绘制导线时，系统会以“栅格范围”中设置的值为半径，以光标所在点为中心，向四周搜索电气节点，如果在搜索半径内有电气节点，系统会将光标自动移到该节点上，并在该节点上显示一个圆点。

注意： 系统默认原理图设计中的栅格基数为 10mil，故设置为 10，实际上为 100mil。

2.4 设置元器件库

在 Altium Designer 中，元器件数量庞大，种类繁多，一般按照生产商及其功能类别的不同，将其分别存放在不同的库文件内。在放置元器件之前，必须了解要放置的元器件在哪个库中，并将该元器件所在库载入内存。但如果一次载入的元器件库过多，将占用较多的系统资源，同时也会降低程序的运行效率，所以最好的做法是只载入必要的元器件库，而其他的元器件库在需要时再载入。

2.4.1 直接加载元器件库

单击图 2-17 原理图编辑器右上方的“库…”标签，屏幕弹出图 2-20 所示的“库…”控制面板，该控制面板中包含当前元器件库栏、元器件查找栏、元器件列表栏、当前元器件符号栏和当前元器件封装等参数栏及元器件封装图形等内容，用户可以在其中查看相应信息，判断元器件是否符合要求。其中元器件封装图形默认为不显示状态，用鼠标单击该区域将显示元器件封装图形。

Altium Designer 中有两个系统默认加载的集成元器件库：“Miscellaneous Devices.IntLib”（常用分立元器件库）和“Miscellaneous Connectors.IntLib”（常用接插件库），库中包含了电阻、电容、二极管、晶体管、变压器、按键开关以及接插件等常用元器件。

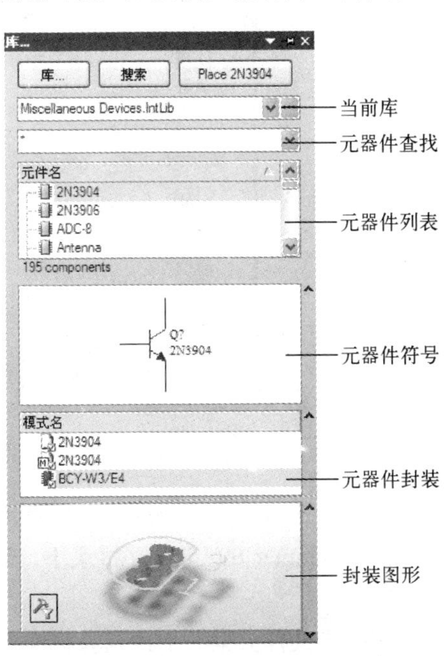

图 2-20 “库…”控制面板

单击图 2-20 中的“库…”按钮，屏幕弹出“可用库”对话框，如图 2-21 所示，选择“已安装”选项卡，窗口中显示当前已装载的元器件库。

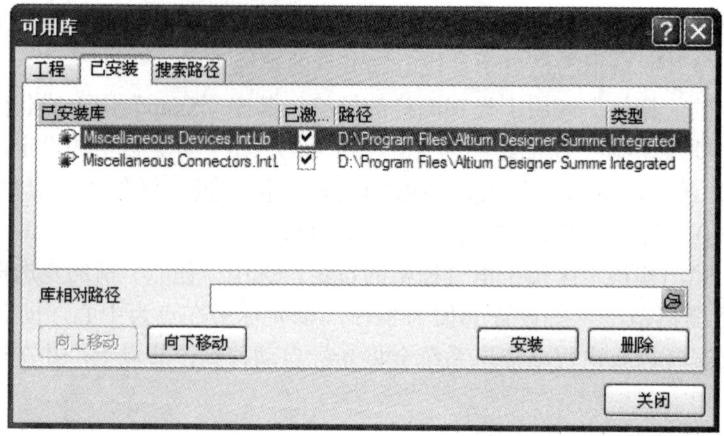

图 2-21 “可用库”对话框

单击图 2-21 中的“安装”按钮，屏幕弹出“打开”对话框，显示当前路径中的元器件厂家目录，加载元器件库如图 2-22 所示，此时可以根据需要选择相应厂家目录，并选中需要的元器件库，然后单击“打开”按钮完成元器件库加载。

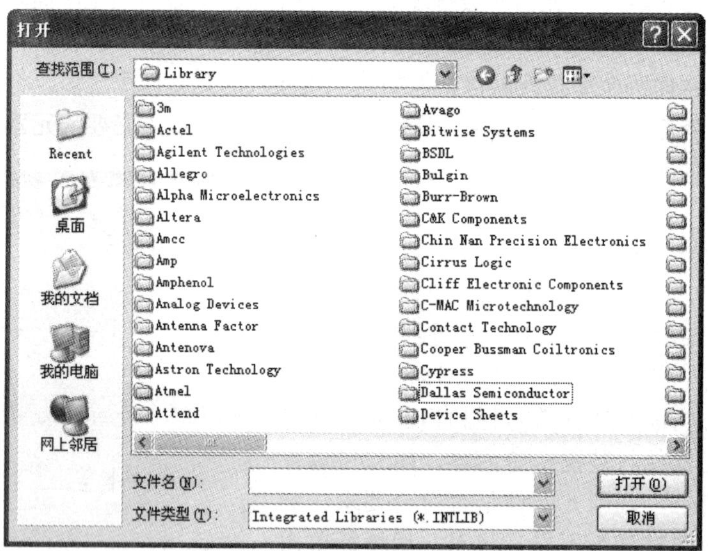

图 2-22 加载元器件库

Altium Designer Summer 09 的元器件库是按厂商进行分类的，元器件库默认在 Altium Designer Summer 09\Library 目录下，选定某个厂商的文件夹，将列出该厂商的全部元器件库供选择。

图中“文件类型”下拉列表框中可选择*.INTLIB（集成元器件库，集成了原理图和 PCB 元器件）、*.SCHLIB（原理图元器件库）、*.PCBLIB（PCB 元器件库，即封装）及*.PCB3DLIB（PCB 3D 元器件库）等，在原理图设计时，通常选择*.INTLIB 或*.SCHLIB。

2.4.2 通过查找元器件方式设置元器件库

在原理图设计时，有时不知道元器件在哪个库中，导致无法使用该元器件，此时可以采用查找元器件的方式来设置包含该元器件的库。下面以设置时钟芯片 DS1302 所在库为例进行介绍。

单击图 2-20 所示元器件库面板中的“搜索”按钮，屏幕弹出“搜索库”对话框，如图 2-23 所示。在“域”下拉列表框选择“Name”；在“运算符”下拉列表框选择“contains”，该下拉列表框中有 4 个选择项：equals（相同）、contains（包含）、starts with（以……开始）、ends with（以……结束），为提高查找率，一般选择 contains（包含）；在“值”区中输入“1302”（采用模糊查找，可以提高查找率）；在“范围”区中的“搜索”下拉列表框选择“Components”，该下拉列表框中“Components”为原理图元器件，“Footprints”为 PCB 元器件；在“范围”区选中“库文件路径”；在“路径”栏采用系统默认的安装路径下的库。

单击“搜索”按钮，系统开始自动搜索，搜索结束，元器件库面板中将显示搜索到的元器件信息，如图 2-24 所示。

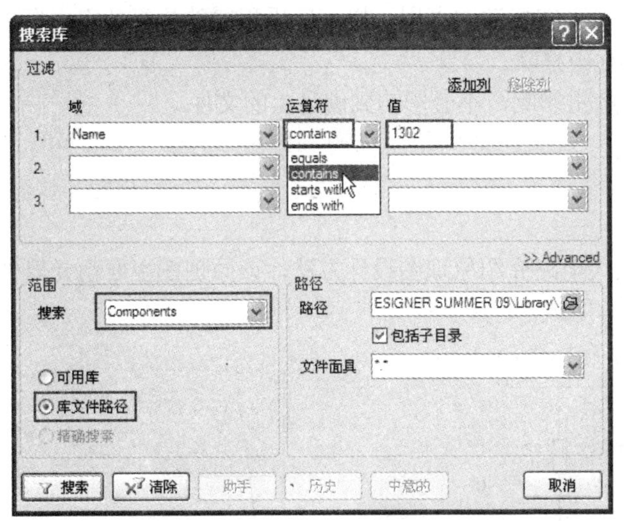

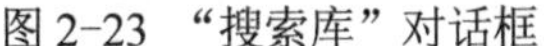
图 2-23 “搜索库”对话框

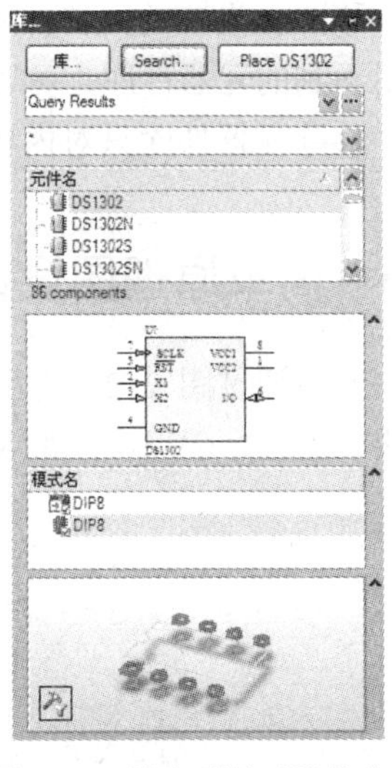

图 2-24 搜索到的元器件信息

由于元器件“DS1302”所在库尚未加载到当前库中，因此单击图 2-24 中的“Place DS1302”按钮放置元器件“DS1302”时，屏幕弹出图 2-25 所示的对话框，询问是否安装该元器件所在库，单击“是”按钮，安装该元器件所在库并放置元器件；单击“否”按钮则不安装该元器件库，但可以放置该元器件。

如果需要进行更高级的搜索，可以单击图 2-23 中的“Advanced”按钮，屏幕弹出“搜索库”对话框，如图 2-26 所示，在文本区中输入“1302”（也可以输入“*1302”进行模糊搜索，*代表任意字符）；“搜索”下拉列表框选择“Components”，选中“库文件路径”；“路径”栏采用系统默认路径。设置完毕单击“搜索”按钮进行搜索，搜索结束，元器件库面板中将显示搜索到的元器件信息。

注意：搜索元器件时文本输入不允许出现系统参数与“+、-、/、\、=”等字符相结合。

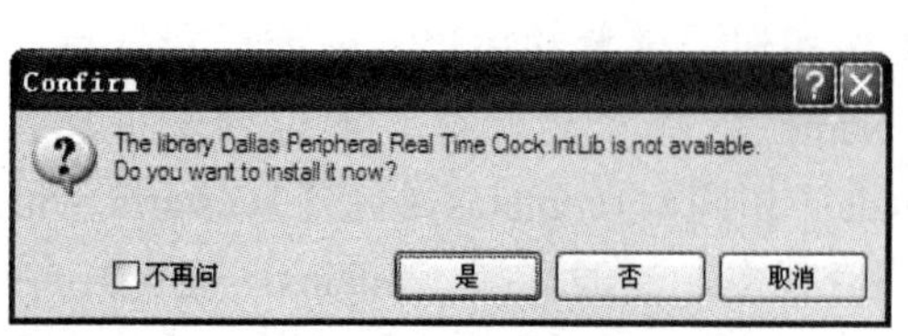

图 2-25 “是否安装库”对话框

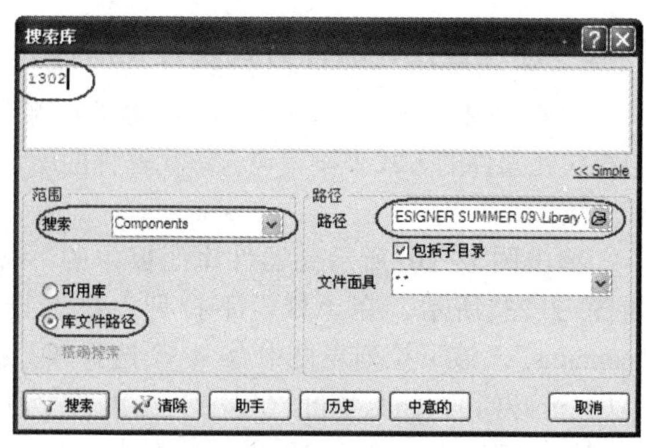

图 2-26 “搜索库”对话框

2.4.3 移除已设置的元器件库

如果要移除已设置的元器件库，可在图 2-21 中用鼠标单击选中元器件库，然后单击“删除”按钮，移去已设置的元器件库。

移除已设置的元器件库可以减小对系统资源的占用，提高应用程序的执行效率，所以暂时用不到的元器件库，可以将其从内存中移除。

移除元器件库只对内存中的文件产生影响，不会影响到硬盘上的文件。

2.5 简单原理图设计

本节通过图 2-27 所示的共 E 放大电路介绍原理图设计方法，该原理图主要由元器件、连线、电源、端口、波形及电路说明等组成。

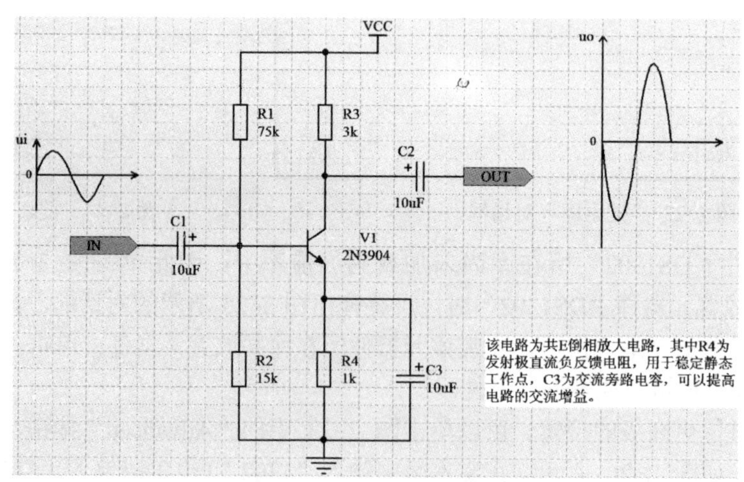

图 2-27 共 E 放大电路

本例中元器件数目较少，采用先放置元器件，然后布局调整，再进行连线，最后进行属性修改的模式进行设计。

对于比较大的电路则可以边放置，边布局连线，最后进行调整。

2.5.1 原理图设计布线工具

Altium Designer Summer 09 提供有布线工具栏用于原理图的快捷绘制，如图 2-28 所示。

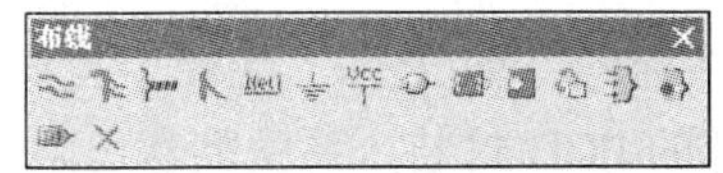

图 2-28 布线工具栏

布线工具栏用于原理图设计中常用电路元素的放置，布线工具栏按钮及功能见表 2-2。

表 2-2 布线工具栏按钮及功能

按钮	功能	按钮	功能
	放置导线		放置层次电路图
	放置总线		放置层次电路图输入/输出端口
	放置信号线束		放置器件图标符
	放置总线入口（总线分支线）		放置线束连接器
Net	放置置网络标号		放置线束入口
	放置 GND 接地端口		放置电路的输入/输出端口
VCC	放置 VCC 电源端口	×	放置忽略 ERC 检查指示符
	放置元件		

布线工具栏的显示与隐藏可以执行菜单“查看”→“工具条”→“布线”实现。

2.5.2 放置元器件

本例中要用到 3 种类型的元器件，即电阻 Res2、电解电容 Cap Pol2 和晶体管 2N3904，它们都在 Miscellaneous Devices.IntLib 库中，系统默认已安装该库。

1．通过元器件库控制面板放置元器件

如图 2-20 所示，选中所需元器件库 Miscellaneous Devices.IntLib，该元器件库中的元器件将出现在元器件列表中，找到晶体管 2N3904，控制面板中将显示其元器件符号和封装图。单击“Place 2N3904”按钮，将光标移到工作区中，此时元器件以虚框的形式粘在光标上，将其移动到合适位置后，单击鼠标左键，元器件放置在图样上，此时系统仍处于放置状态，可继续放置该类元器件，单击鼠标右键退出放置状态，放置元器件的过程如图 2-29 所示。

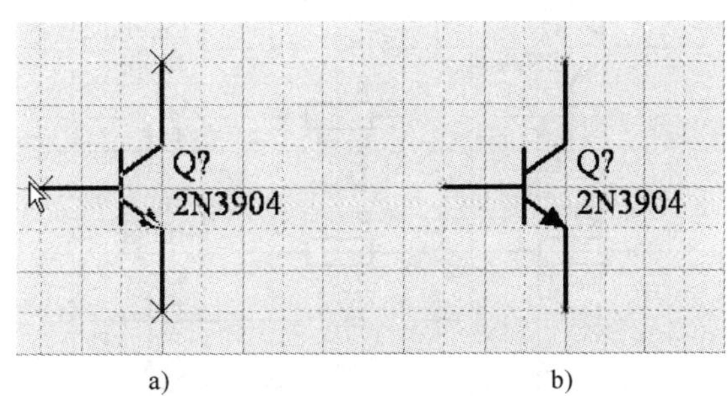

a) b)

图 2-29 放置元器件的过程

a) 放置元器件初始状态 b) 放置好的元器件

2．通过菜单放置元器件

执行菜单“放置”→“器件”或单击布线工具栏的按钮，屏幕弹出图 2-30 所示的“放置元器件”对话框，其中“物理元件”栏中输入需要放置的元器件名称，如电阻为RES2；“标识”栏中输入元器件标号，如 R1；“注释”栏中输入标称值或元器件型号，如 75k；“封装”栏用于设置元器件的 PCB 封装，系统默认电阻封装为 AXIAL-0.4。

放置端口

端口详情

物理元件 Res2 历史纪录 ...

逻辑符号 Res2

标识 R?

注释 Res2

封装 AXIAL-0.4

ID部分 1

库 Miscellaneous Devices.IntLib

数据库表格

确定 取消

图 2-30 “放置元器件”对话框

所有内容输入完毕，单击“确定”按钮，此时元器件出现在光标处，单击左键放置元器件。放置元器件后系统仍处于放置该类元器件状态，且元器件标号自动加 1，此时若要退出放置状态，单击鼠标右键取消继续放置该元器件并退回“放置元器件”对话框，再次单击鼠标右键退出放置状态。

若不了解元器件名称，可以单击右边的“…”按钮进行元器件浏览，此时可以查看元器件名与元器件图形的对应关系，并从中选择元器件。

本例中通过元器件库控制面板放置元器件，放置完元器件的电路原理图如图 2-31 所示。

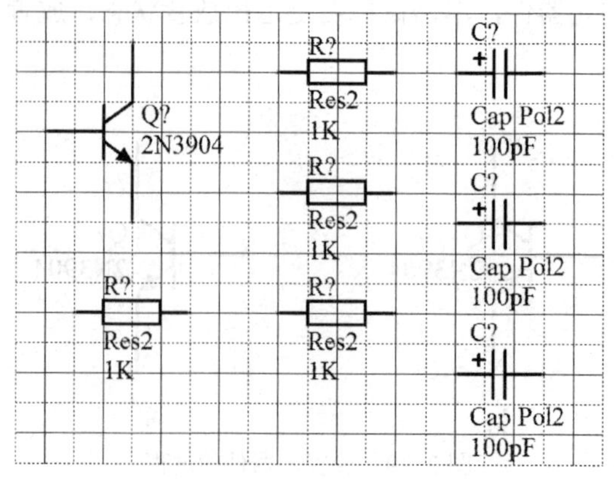

图 2-31 放置元器件后的电路原理图

2.5.3 调整元器件布局

放置元器件后必须先调整元器件布局，然后再进行连线。元器件布局调整实际上就是将元器件移动到合适的位置。

1．选中元器件

在进行元器件进行布局操作时，首先要选中元器件，有以下 3 种方法。

1）执行菜单“编辑”→“选中”，选择“内部区域”可以通过点住鼠标左键拉框选中区域内对象后单击鼠标左键确定选择，被选中的对象将出现虚线框；选择“外部区域”可以通过拉框选中区域外对象；选择“全部”则图上所有对象全选中；选择“切换选择”，则是一个开关命令，当对象处于未选取状态时，使用该命令可选取对象，当对象处于选取状态时，使用该命令可以解除选取状态。

2）利用工具栏按钮选取对象。单击主工具栏上的按钮，用鼠标拉框选取框内对象。

3）直接用鼠标点取。对于单个对象的选取可以用鼠标的左键单击点取对象，被点取的对象周围出现虚线框，即处于选中状态，但用这种方法每次只能选取一个对象；若要同时选中多个对象，则可以在按住〈Shift〉键的同时，单击鼠标左键依次选取多个对象。

2．解除元器件选中状态

元器件被选中后，所选元器件的外边有一个绿色的虚线框，一般执行完所需的操作后，必须解除元器件的选取状态，在工作区空白处单击鼠标左键可以解除元器件的选中状态。

3．移动元器件

1）单个元器件移动。用鼠标左键点住要移动的元器件，将其拖到要放置的位置，松开鼠标左键即可。

2）一组元器件的移动。用鼠标拉框选中一组元器件或用〈Shift〉键和鼠标的左键点取选中一组元器件，然后用鼠标点住其中的一个元器件，将这组元器件拖到要放置的位置，松开鼠标左键即可，移动一组元器件示意图如图 2-32 所示。

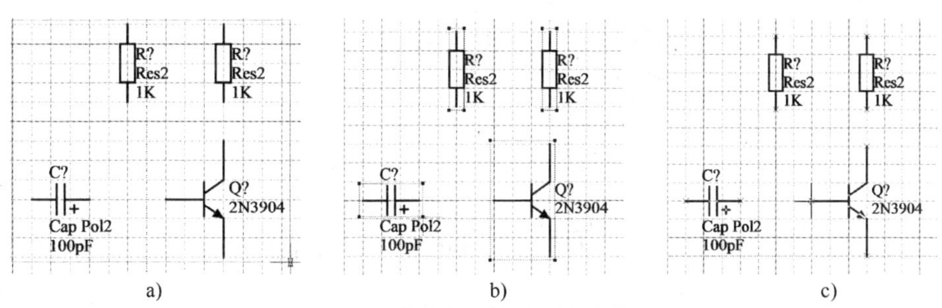

图 2-32　移动一组元器件示意图

a) 拉框选中一组元器件　b) 选中的一组元器件　c) 移动选中的元器件

4．旋转元器件

对于放置好的元器件，在重新布局时可能需要对元器件的方向进行调整，可以通过键盘上的按键来调整元器件的方向。

用鼠标左键点住要旋转的元器件不放，按键盘上的〈空格〉键可以进行逆时针 90° 旋转，按〈X〉键可以进行水平方向翻转，按〈Y〉键可以进行垂直方向翻转，元器件旋转示意图如图 2-33 所示。

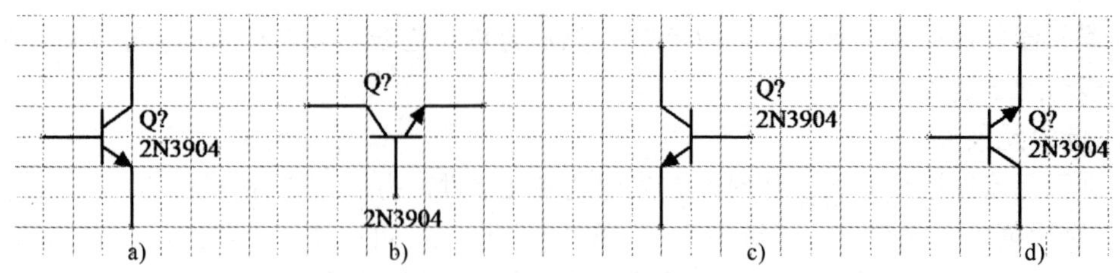

图 2-33　元器件旋转示意图

a) 原状态　b) 90° 旋转　c) 水平翻转　d) 垂直翻转

注意：必须在英文输入法状态下按〈空格〉键、〈X〉键、〈Y〉键才可以进行旋转、翻转。

5．删除对象

要删除原理图中的某个对象，可用鼠标左键单击要删除的对象，此时所选对象被虚线框住，按键盘上的〈Delete〉键删除该对象。

6．全局显示全部对象

元器件布局调整完毕，执行菜单“查看”→“适合所有对象”可以全局显示所有对象，此时可以观察布局是否合理。完成元器件布局调整的共 E 放大电路布局图如图 2-34 所示。

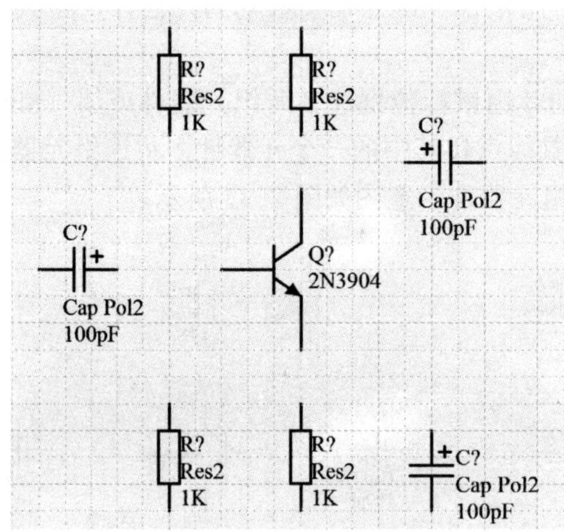

图 2-34　共 E 放大电路布局图

2.5.4　放置电源和接地符号

1．通过菜单放置

执行菜单“放置”→“电源端口”进入放置电源符号状态，此时光标上带着一个电源符号，按下〈Tab〉键，弹出图 2-35 所示的“电源端口”属性对话框，其中“Net”栏可以设置电源端口的网络名，通常电源符号设为 VCC，接地符号设置为 GND；用鼠标单击“类型”栏后的下拉列表框，可以选择电源和接地符号的形状，共有 7 种，如图 2-36 所示。

设置完毕单击“确定”按钮，将光标移动到所需位置后单击鼠标左键放置电源符号。

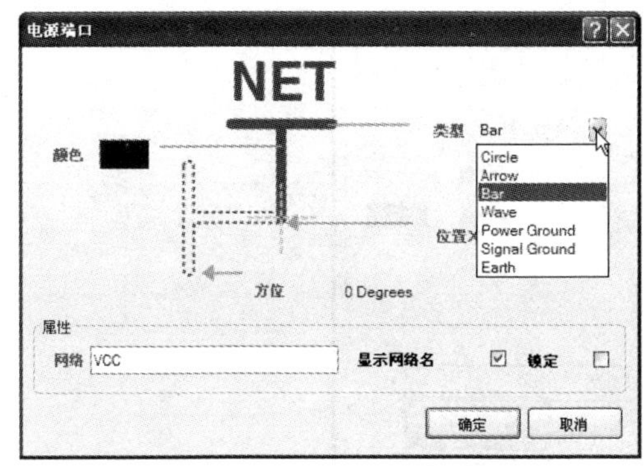

图 2-35 “电源端口”属性对话框

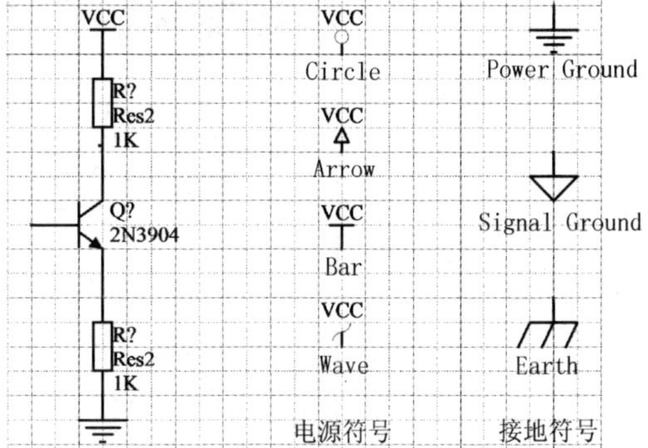

图 2-36 电源和接地符号的形状

注意：*由于在放置电源端口时，初始出现的是电源符号，若要改为接地符号时，除了要修改类型外，还必须将网络名 Net 修改为 GND，否则在 PCB 布线时会出错。*

2．通过工具栏按钮放置

在实际设计时，一般直接单击布线工具栏的 按钮放置电源符号；单击布线工具栏的 按钮放置接地符号。

如果要快捷放置其他电源符号，执行菜单“查看”→“工具条”→“实用”打开实用工具栏，选中 按钮，屏幕弹出各类电源符号和接地符号，选中相应菜单可以放置对应的电源符号。

2.5.5 放置电路的 I/O 端口

I/O 端口通常表示电路的输入或输出，通过导线与元器件引脚相连，具有相同名称的 I/O 端口在电气上是相连接的。

执行菜单“放置”→“端口”或单击布线工具栏的 按钮，进入放置电路 I/O 端口状态，光标上带着一个悬浮的 I/O 端口，将光标移动到所需的位置，单击鼠标左键，定下端口的起点，拖动光标可以改变端口的长度，调整到合适的大小后，再次单击鼠标左键，即可放置 I/O 端口，如图 2-37 所示，单击鼠标右键退出放置状态。

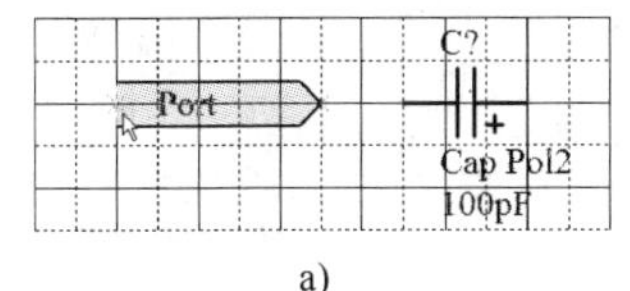

a)

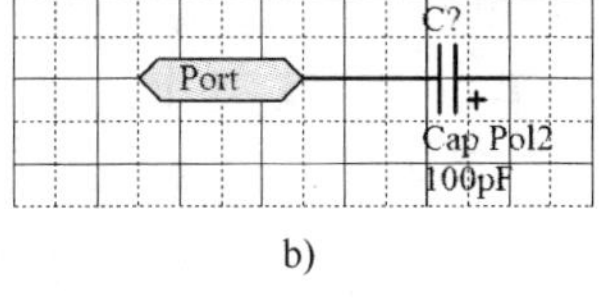

b)

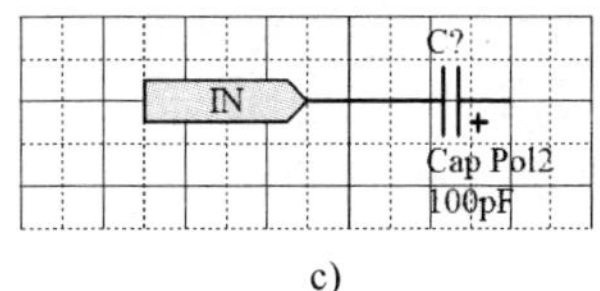

c)

图 2-37 放置 I/O 端口示意图

a) 悬浮状态的 I/O 端口 b) 放置并连线后的 I/O 端口 c) 定义属性后的 I/O 端口

用鼠标双击 I/O 端口，屏幕弹出图 2-38 所示的“端口属性”对话框，对话框中主要参数说明如下。

“名”：设置 I/O 端口的名称，图中设置为“IN”。若要放置低电平有效的端口（即名称上有上画线），如 $\overline{RD}$，则输入方式为 R\D\。

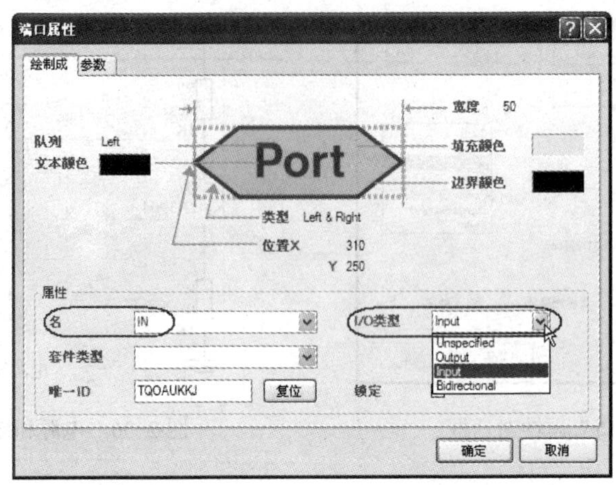

图 2-38 “端口属性”对话框

“I/O 类型”下拉列表框：设置 I/O 端口电气特性，共有四种类型，分别为 Unspecified（未指明或不指定）、Output（输出端口）、Input（输入端口）及 Bidirectional（双向型），本例中选择“Input”。

本例中在电路的输入和输出端各放置一个端口，输入端口为 IN，输出端口为 OUT。

2.5.6 电气连接

完成元器件布局调整后即可开始对元器件进行布线，以实现电气连接。

1. 放置导线

执行菜单“放置”→“线”，或单击布线工具栏的≈按钮，光标变为“×”形，此时系统处于连线状态，将光标移至所需位置，单击鼠标左键，定义导线起点，将光标移至下一位置，再次单击鼠标左键，完成两点间的连线，单击鼠标右键，退出连线状态。

在连线中，当光标接近引脚时，会出现一个“×”形连接标志，此标志代表电气连接的意义，此时单击鼠标左键，这条导线就与引脚建立了电气连接，放置导线示意图如图 2-39 所示。

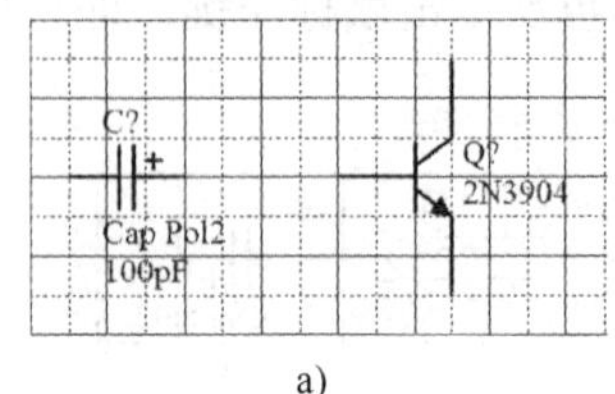

a)

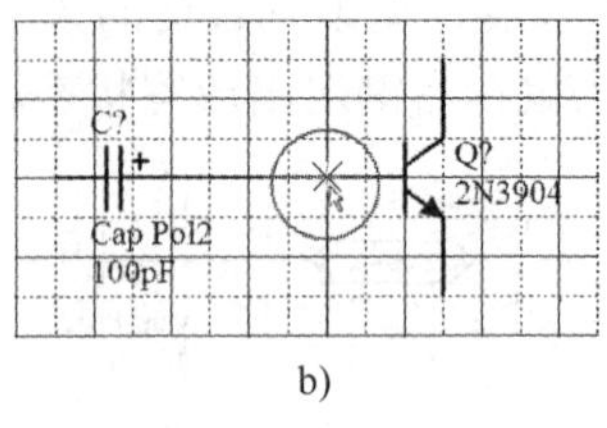

b)

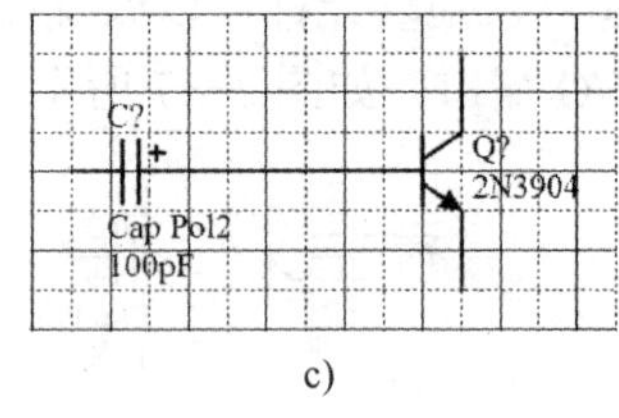

c)

图 2-39 放置导线示意图

a) 需连接的元器件 b) 连接标志 c) 连接后的元器件

2. 设置导线转弯形式

在放置导线时，系统默认的导线转弯方式为 90°，若要改变连线转角，可在放置导线状态下按〈Shift〉键+〈空格〉键，依次切换为 90°转角、45°转角和任意转角，导线转弯示意图如图 2-40 所示。

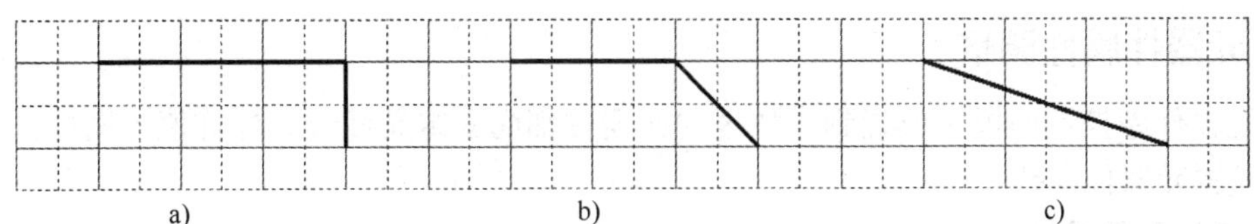

图 2-40　导线转弯示意图

a) 90°转角　b) 45°转角　c) 任意转角

3．放置节点

节点用来表示两条相交的导线是否在电气上连接。没有节点，表示在电气上不连接；有节点，则表示在电气上是相接的。交叉导线的连接如图 2-41 所示。当导线呈“T”相交时，系统自动放入节点，但对于呈“十”字交叉的导线需要手动放置节点。

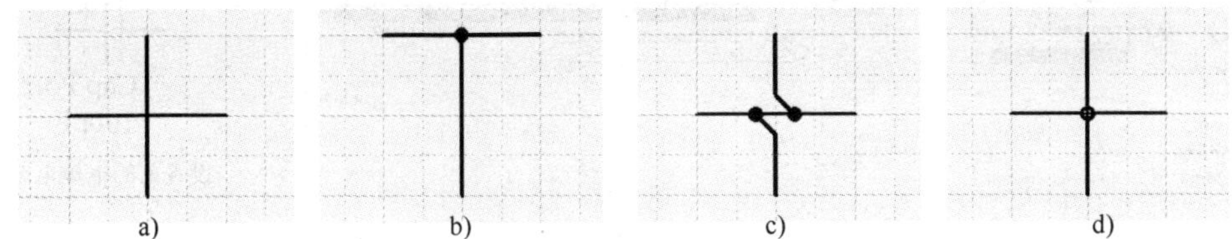

图 2-41　交叉线的连接

a) 未连接的十字交叉　b) T 字交叉　c) 十字交叉自动连接　d) 放置节点的十字交叉

执行菜单“放置”→“手工节点”，进入放置节点状态，此时光标上带着一个悬浮的小圆点，将光标移到导线交叉处，单击鼠标左键即可放下一个节点，单击鼠标右键退出放置状态。当节点处于悬浮状态时，按下〈Tab〉键，弹出“节点”属性对话框，可设置节点大小。

完成连线后的共 E 放大电路如图 2-42 所示。

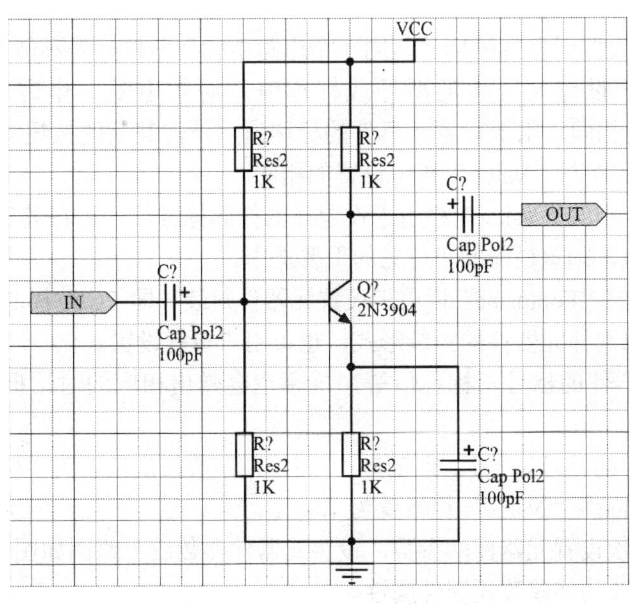

图 2-42　完成连线后的共 E 放大电路

2.5.7　元器件属性调整

从元器件库控制面板中放置到工作区的元器件都尚未定义标号、标称值等属性，因此必须逐个设置元器件参数。

1．设置元件属性

图 2-42 中元器件的具体参数还未进行设置，需进行手工设置。

在放置元器件状态时，按键盘上的〈Tab〉键，或者在放置元器件后用鼠标双击该元器件，屏幕弹出“元件属性”对话框，图 2-43 所示为电解电容 Cap Pol2 的属性对话框，主要设置如下。

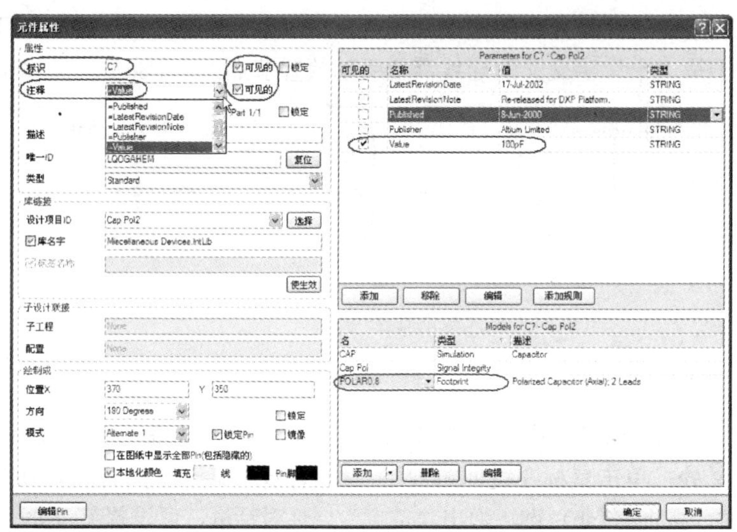

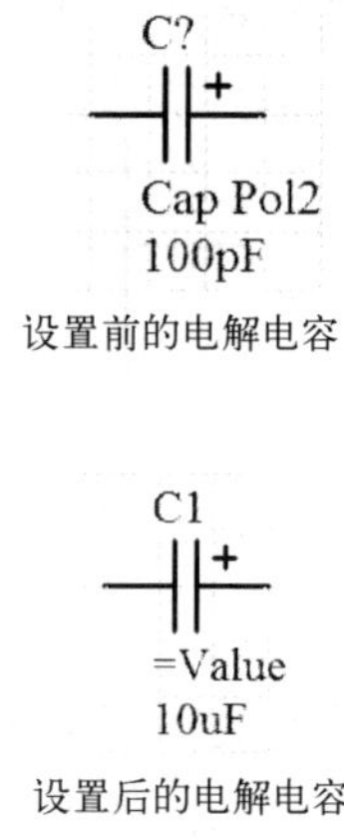

图 2-43　电解电容 Cap Pol2 的属性对话框

“标识”栏用于设置元器件的标号，同一个电路中的元器件标号不能重复。

“注释”栏用于设置元器件的型号或标称值。对于电阻、电容等元器件，该栏与“Value”栏中的意义相同，用于设置元器件的标称值，单击其后的按钮▾，在下拉列表框中选中参数“=Value”，即与“Value”栏中设置的相同。

“Parameters”区中的“Value”栏用于设置元器件的标称值，可在其后输入元器件的标称值，若要显示标称值，则该栏前的“可见的”要选中。

“Models”区中的“Footprint”栏用于设置元器件封装（即 PCB 中的元器件图形），单击右边的下拉箭头可以选择元器件的封装形式，也可用户自行设置。

用鼠标双击元器件的标号、标称值等，屏幕也会弹出相应的对话框，可以修改对应的属性。

本例中电解电容的标号为 C1、容量为 10uF，则参数依次设置为“标识”栏为 C1；“注释”栏设置为“=Value”；“Value”栏设置为 10uF。

参考图 2-27 依次设置元器件的参数，设置元器件参数后电路图如图 2-44 所示。

2．利用全局修改功能修改元器件属性

在图 2-44 中，电阻和电容等的注释“=Value”在图上是多余的，需要将其隐藏，如果逐个修改，将耗费大量的时间。Altium Designer Summer 09 提供有全局修改功能，下面介绍采用全局修改方式统一隐藏注释“=Value”的方法。

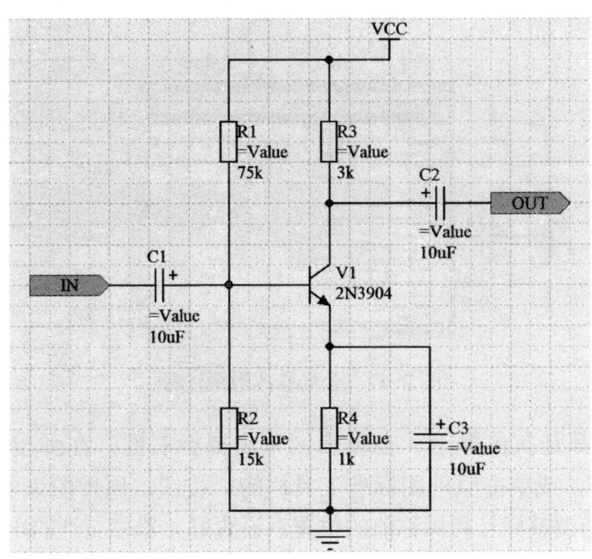

图 2-44　设置元器件参数后的电路图

用鼠标右键单击注释“=Value”，屏幕弹出图 2-45 所示的菜单，选择“查找相似对象”子菜单，屏幕弹出“发现相似目标”对话框，如图 2-46 所示，在“Object Specific”区的“Value”中显示为=Value，单击其后的▼按钮，选择“Same”（即选中相同的），然后选中“选择匹配”。设置完成后，单击“确定”按钮，屏幕弹出图 2-47 所示的对话框，图中所有的注释“=Value”都被选中，并高亮显示。

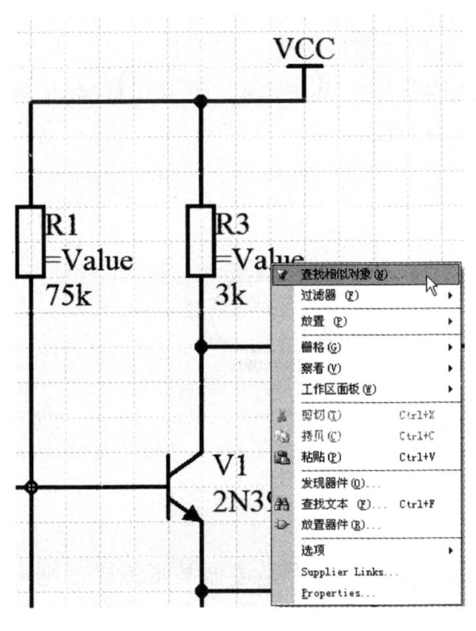

图 2-45　查找相似对象

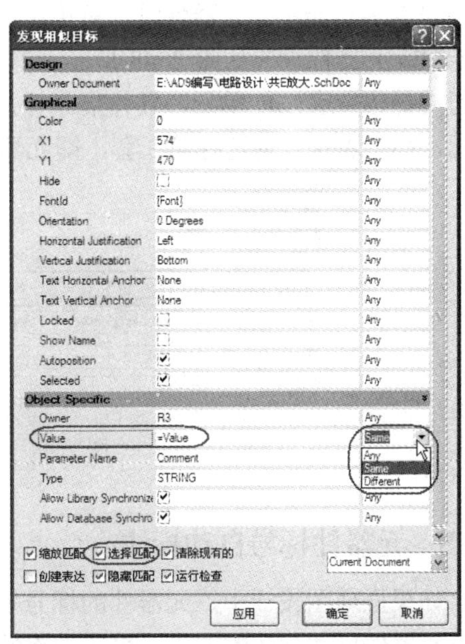

图 2-46　“发现相似目标”对话框

在图 2-47 中的“Graphical”区中单击“Hide”后的复选框，选中该项隐藏元器件的注释，关闭对话框退出全局修改状态。

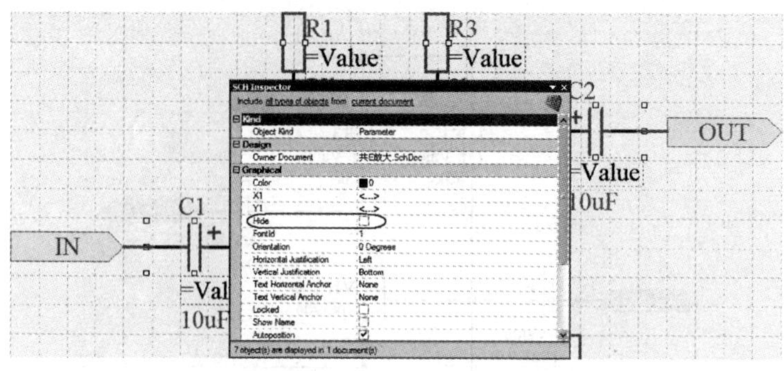

图 2-47　全局修改隐藏注释

此时整个原理图都是灰色显示，在编辑区单击鼠标右键，在弹出的菜单中执行“过滤器”→“清除过滤器”，或单击原理图标准工具栏的按钮，原理图恢复正常显示。

隐藏注释后，适当调整标号和标称值的位置。设置好元器件属性的电路如图 2-27 所示。

3．多功能单元元器件属性调整

如果某个元器件由多个功能单元组成（如 1 个 SN7408N 中包含有 4 个与门），在进行元器件属性设置时要结合原理图，按实际元器件中的功能单元数合理设置元器件标号。

如某电路使用了 4 个与门，则定义元器件标号时应将 4 个与门的标号分别设置为 U1A、U1B、U1C 和 U1D，即这 4 个与非门同属于元器件 U1，在 PCB 设计时只需调用 1 个元器件封装即可；若 4 个与门的标号分别设置为 U1A、U2A、U3A 和 U4A，则在 PCB 设计时将调用 4 个元器件封装，这样增加了 PCB 设计难度，提高了硬件成本，造成浪费。

设置多功能单元元器件时，可用鼠标双击该元器件，屏幕弹出“元件属性”对话框，多功能单元元器件设置如图 2-48 所示，其中“标识”设置元器件标号，如 U1；“〈”和“〉”按钮选择第几套功能单元，具体显示在后面的“Part3/4”中，其中“4”表示共有 4 个功能单元，“3”表示当前选择第 3 套，即元器件标号显示为 U1C。

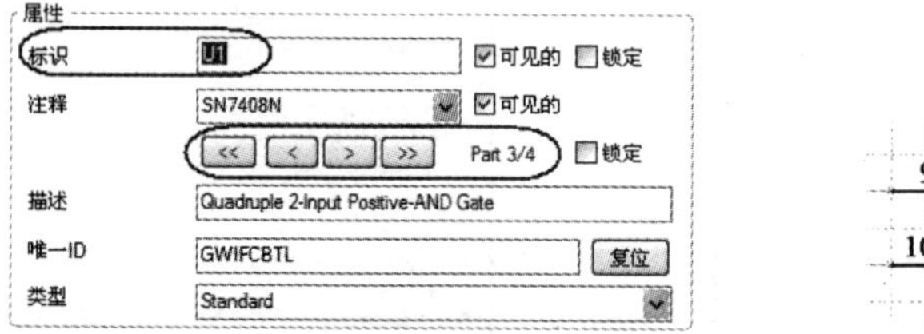

图 2-48　多功能单元元器件设置

2.5.8　元器件标号自动标注

如果原理图设计中，元器件的标号是由用户自行定义的，而不是遵循某张图样，则可以通过元器件自动标注的方式，快速一次性完成原理图的标号设置，大大提高工作效率。若电路中已经进行了部分标注，可以执行“工具”→“复位标号”，将元器件标号还原。

元器件标号自动标注通过执行菜单“工具”→“注释”实现，系统将弹出图 2-49 所示的“注释”对话框。

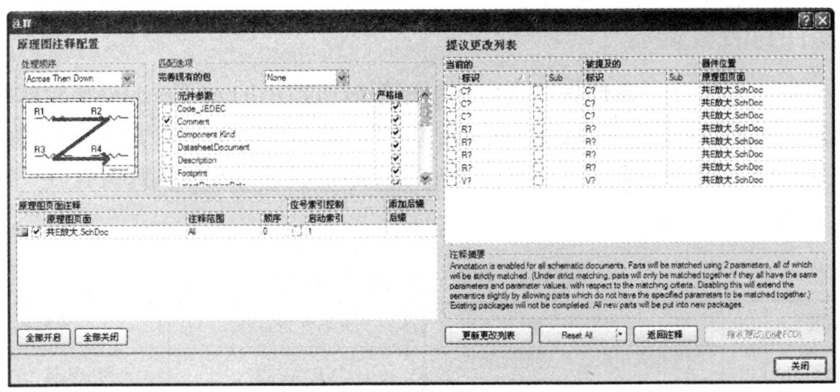

图 2-49 “注释”对话框

图中“处理顺序”区的下拉列表框中有 4 种自动注释方式供选择，自动注释的 4 种顺序如图 2-50 所示，本例中选择“Down Then Across”的注释方式。

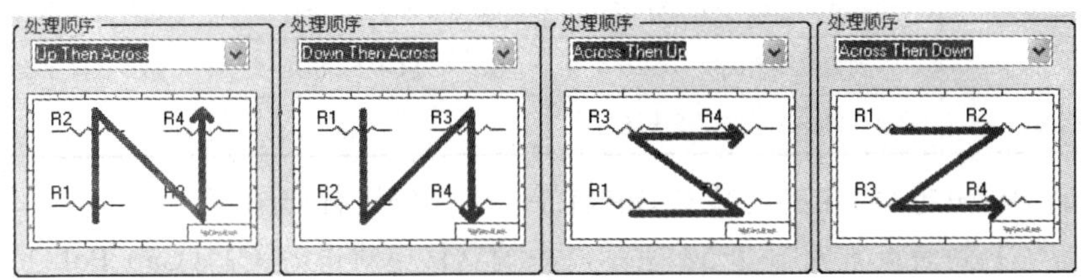

图 2-50 自动注释的 4 种顺序

选择自动注释的顺序后，用户还需选择需自动注释的原理图，在图 2-49 的“原理图页面注释”区中打勾选中要注释的原理图，本例中只有一个原理图，系统自动选定。

“提议更改列表”区中“当前的”显示所有需要标注的带问号的元器件标号，单击“更新更改列表”按钮，系统弹出对话框提示更新的元器件数量，单击“OK”按钮，系统自动进行标注，并将更新结果显示在“被提及的”栏的“标识”中，自动标注完成后，单击“接收变化（建立 ECO）”按钮确认注释，系统弹出“工程更改顺序”对话框，如图 2-51 所示，图中显示更改的情况。

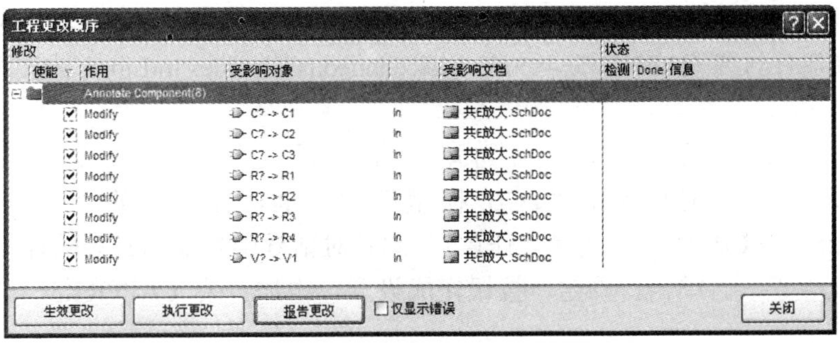

图 2-51 “工程更改顺序”对话框

单击“执行更改”按钮，系统自动对注释状态进行检查，检查完成后，单击“关闭”按钮系统退回图 2-49 的“注释”对话框，单击“关闭”按钮完成自动标注。

2.5.9 元器件封装设置

元器件封装是指实际元器件焊接到印制电路板时所指示的元器件的外形轮廓和引脚焊盘的数量与间距，虽然 Altium Designer Summer 09 中元器件的封装已经集成在元器件中，但其封装不一定完全满足用户的需求，用户可以根据实际情况进行元器件封装设置。常用元器件的封装形式如表 2-3 所示。

表 2-3 常用元器件的封装形式

元器件封装名	元器件类型	元器件封装名	元器件类型
AXIAL-0.3~AXIAL-1.0	通孔式电阻、电感等无极性元器件	VR1~VR5	可变电阻器
RAD-0.1~RAD-0.4	通孔式无极性电容、电感、跳线等	IDC*、HDR*、MHDR*、DSUB*	接插件、连接头等
CAPPR*-*x*、RB.*/.*	通孔式电解电容等	POWER*、SIP*、HEADER*x*	电源连接头
DIODE-*、DIO*-*x*	通孔式二极管	*-0402~*-7257	贴片电阻、电容、二极管等
TO-*、BCY-*/*	通孔式晶体管、FET 与 UJT	SO-*/*、SOT23、SOT89	贴片晶体管
DIP-4~DIP-64	双列直插式集成块	SO-*、SOJ-*、SOL-*	贴片双排元器件
SIP2~SIP20、HEADER*	单列封装的元器件或连接头		

下面以追加电解电容 C1 的封装 CAPPR1.5-4x5 为例进行介绍。

电解电容 C1 封装设置如图 2-52 所示，系统默认电解电容 C1（Cap Pol2）的封装形式为 POLAR0.8，它与元器件实物不匹配，故将追加封装 CAPPR1.5-4x5 与之匹配。

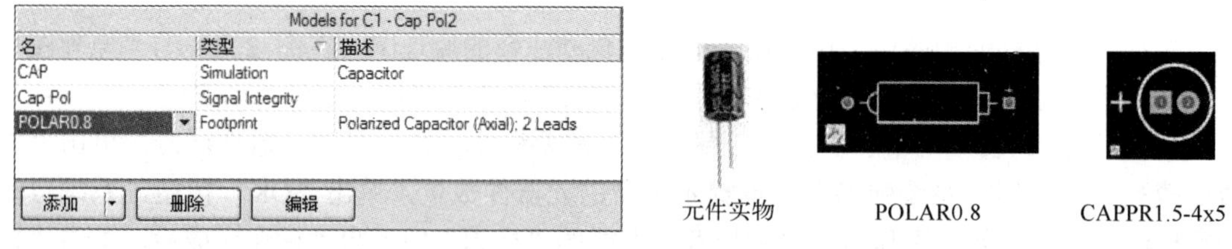

图 2-52 电解电容 C1 封装设置

1. 直接设置元器件封装

如果元件封装在当前元器件库中存在，可以直接输入封装名称设置元器件封装。

本例中元器件封装 CAPPR1.5-4x5 在 Miscellaneous Devices.IntLib 库中，可以直接添加封装。

单击图 2-52 中的“添加”按钮，屏幕弹出“添加新模型”对话框，选择“Footprint”后单击“确定”按钮，屏幕弹出“PCB 模型”对话框，在其中的“名称”栏中输入 CAPPR1.5-4x5，“PCB 库”栏选择“任意”，此时对话框中将显示封装的详细信息和封装的图形，确认无误后，单击“确定”按钮完成设置，添加封装 CAPPR1.5-4x5 如图 2-53 所示。

添加新封装后，系统自动将元器件的封装更新为新的封装，此时图 2-52“Models”区中的“Footprint”有多个封装供选择。

图 2-53　添加封装 CAPPR1.5-4x5

Altium Designer Summer 09 中元器件封装可以显示 3D 模式，也可以显示普通模式，通过图 2-53 中的按钮进行设置。

鼠标单击按钮，屏幕弹出菜单，选中“3D”显示 3D 模式，去除“3D”的选取状态显示普通 2D 模式，两种模式的封装区别如图 2-54 所示。

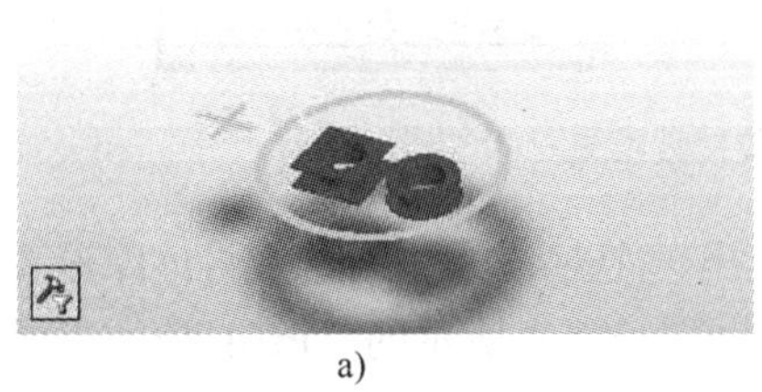

a)

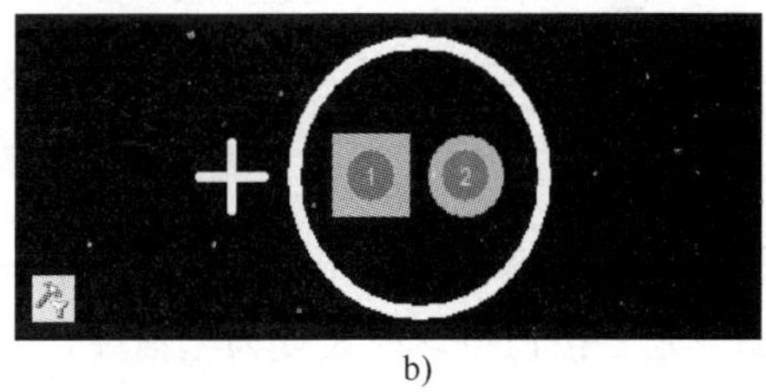

b)

图 2-54　两种模式的封装区别

a) 3D 模式　b) 2D 模式

2．通过查找元器件封装方式添加封装

在设计中如果不知道元器件封装在哪个库中，可以通过搜索封装的方式进行设置。

单击图 2-53 中的“浏览”按钮，屏幕弹出图 2-55 所示的“浏览库”对话框，显示当前库中的封装。单击“发现”按钮，屏幕弹出“搜索库”对话框，单击“Advanced”按钮，在搜索区输入“CAPPR”（由于搜索参数不允许出现字符“-”，故关键词设置为 CAPPR），选中“库文件路径”前的复选框，单击“搜索”按钮进行封装查找，“搜索库”对话框如图 2-56 所示。

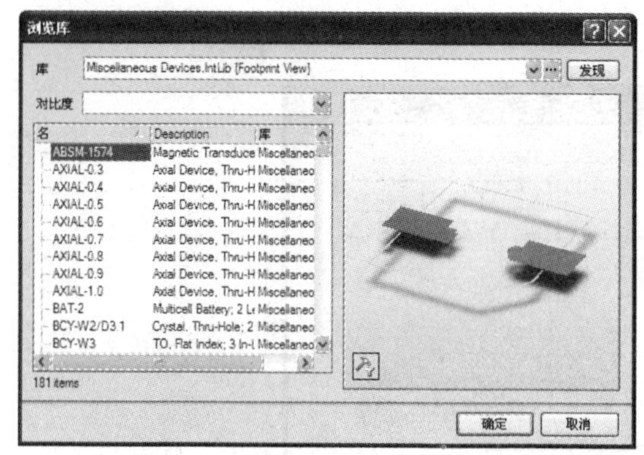

图 2-55 “浏览库”对话框

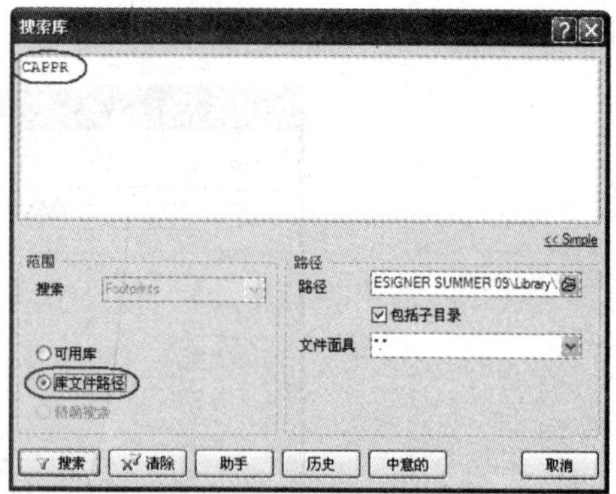

图 2-56 “搜索库”对话框

系统将所有含有 CAPPR 的封装全部搜索出来，并在“浏览库”对话框中显示找到的封装名和封装图形，在其中可以查看封装图形是否符合要求，元器件封装搜索结果如图 2-57 所示。选中封装 CAPPR1.5-4x5 后单击“确定”按钮，系统返回图 2-53 所示的“PCB 模型”对话框并设置封装，单击“确定”按钮完成设置。

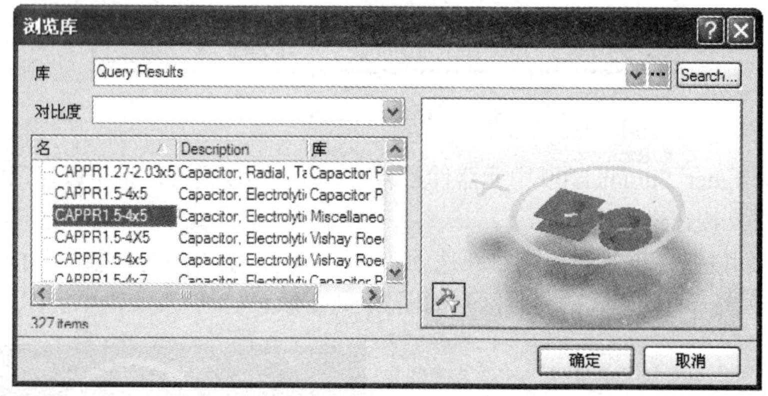

图 2-57 元器件封装搜索结果

如果所选的元器件封装不在当前库中，系统弹出一个对话框提示是否将该库设置为当前库，单击“是”按钮将该库设置为当前库，系统返回图 2-53 所示的“PCB 模型”对话框，单击“确定”按钮完成封装设置。

本例中电解电容封装设置为 CAPPR1.5-4x5，电阻封装设置为 AXIAL-0.4，晶体管封装设置为 BCY-W3/E4。

2.5.10 绘制电路波形

在原理图中，有时需要放置一些波形示意图，而这些图形均不具有电气特性，要使用“实用工具栏”中的“绘图工具”中的相关按钮或执行菜单“放置”→“绘图工具”下的相关子菜单完成，它们属于非电气绘图。

实用工具栏可执行菜单“查看”→“工具条”→“实用”打开，绘图工具栏按钮功能如表 2-4 所示。

表 2-4　绘图工具栏按钮功能

按　钮	功　能	按　钮	功　能	按　钮	功　能
	画直线		画多边形		画椭圆弧线
	画贝塞尔曲线		放置说明文字		放置文本框
	画矩形		画圆角矩形		画椭圆
	画饼图		放置图片		灵巧粘贴

1. 绘制正弦曲线

下面以绘制正弦曲线为例来说明此工具栏的使用，绘制正弦波示意图如图 2-58 所示。

单击描画工具按钮，进入画贝塞尔曲线状态。

1）将鼠标移到指定位置，单击左键，定下曲线的第一点。

2）移动光标到图示的 2 处，单击左键，定下第二点，即曲线正半周的顶点。

3）移动光标，此时已生成了一个弧线，将光标移到图示的 3 处，单击左键，定下第三点，从而绘制出正弦曲线的正半周。

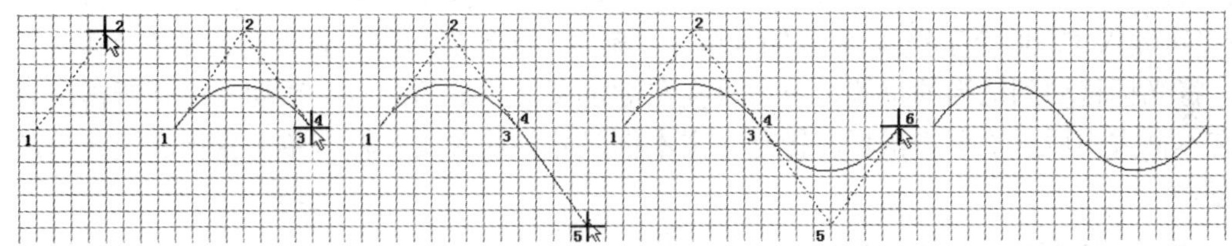

图 2-58　绘制正弦波示意图

4）在 3 处再次单击左键，定义第四点，以此作为负半周曲线的起点。

5）移动光标，在图示的 5 处单击左键，定下第五点，即曲线负半周的顶点。

6）移动光标，在图示的 6 处单击左键，定下第六点，完成整条曲线的绘制，再次单击左键确定绘制，此时光标仍处于绘制曲线的状态，可继续绘制，单击两次右键退出画曲线状态。

2. 绘制坐标

绘制坐标轴通过画直线按钮进行，为了画好箭头，将捕获栅格尺寸设置为 1。

由于系统默认的画直线转弯模式为 90°，故在绘制直线过程中同时按键盘上的〈Shift〉键+〈空格〉键将直线的转弯模式设置为任意转角。

放置直线后，用鼠标双击直线可以修改该直线的属性，主要有线宽、颜色和排列风格，线宽有 4 种选择；排列风格有 3 种选择，分别为 Solid（实线）、Doshed（虚线）和 Dotted（点线）。

注意：“绘图工具”是非电气绘图工具，为一般的说明性图形，不具备电气连接关系，如图 2-27 中的波形图；而“布线工具栏”放置的是包含电气信息的电路元素，表示电气连接的属性，如图 2-27 中的电路连线。

2.5.11　放置文字说明

在电路中，有时需要加入一些文字来说明电路原理，可以通过放置说明文字的方式实现。

1. 放置文本字符串

执行菜单“放置”→“文本字符串”，或单击按钮，将光标移动到工作区，光标上粘附着一个文本字符串（一般为前一次放置的字符），按下〈Tab〉键，调出“注释”设置对话框，如图 2-59 所示，在“文本”栏中输入需要放置的文字（最大为 255 个字符）；单击“字体”右边的“更改”按钮，可改变文本的字体、字形和大小，单击“确定”按钮完成设置。将光标移到需要放置说明文字的位置，单击鼠标左键放置文字，单击鼠标右键退出放置状态。

若字符串已经放置好，用鼠标双击该字符串也可以调出“注释”设置对话框。

图 2-27 中，坐标轴中的文字就是通过放置文本字符串的方式实现的。

2. 放置文本框

由于文本字符串只能放置一行，当文字较多时，可以采用放置文本框的方式解决。

执行菜单“放置”→“文本框”，或单击按钮，进入放置文本框状态，将光标移动到工作区，光标上粘附着一个文本框，按下〈Tab〉键，屏幕弹出图 2-60 所示的“文本结构”设置对话框，单击“文本”右边的“更改”按钮，屏幕弹出文本编辑区，在其中输入文字（最多可输入 32000 个字符），完成输入单击“确定”按钮返回图 2-60，再次单击“确定”按钮，将光标移动到适当的位置，单击鼠标左键定义文本框的起点，移动光标到所需位置设置文本框大小后再次单击鼠标左键定义文本框尺寸并放置文本框，单击鼠标右键退出放置状态。

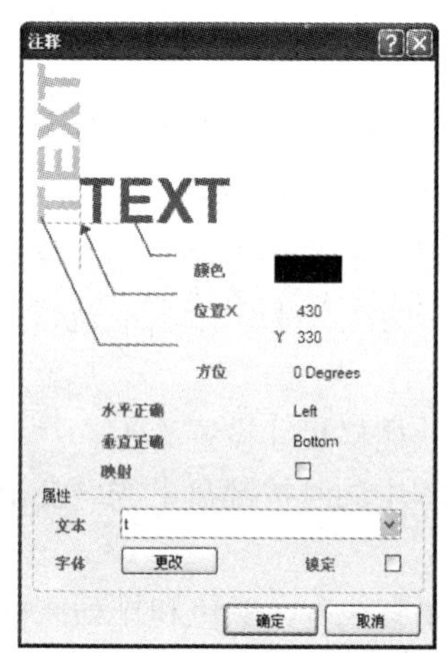

图 2-59 “注释”设置对话框

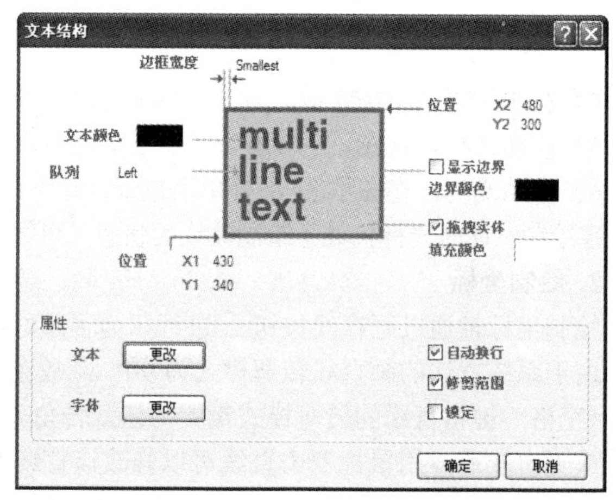

图 2-60 “文本结构”设置对话框

文本框放置好后，用鼠标双击该文本框也可调出属性设置对话框。图 2-27 中的电路说明文字就是通过放置文本框实现的，若发现文本框中出现乱码，可微调文本框的大小来消除乱码。

2.5.12 文件的存盘与系统退出

1. 保存文件

执行菜单“文件”→“保存”或单击主工具栏上的图标，系统自动按原文件名将文件保存，同时覆盖原先的文件。

如果不希望覆盖原文件，可以采用另存的方法，执行菜单“文件”→“保存为”，在弹出的对话框中输入新的存盘文件名后单击“保存”按钮即可。

2. 退出当前编辑

若要退出当前原理图编辑状态，可执行菜单 “文件”→“关闭”，若当前文件未保存过，系统弹出一个窗口提示是否保存。

3. 关闭工程文件

若要关闭工程文件，可用鼠标右键单击工程文件名，在弹出的菜单中选择“Close Project”关闭工程文件，若该工程中的文件未保存过，屏幕弹出“选择保存文件”对话框，如图 2-61 所示，在文件右侧的下拉列表框中可以选择是否保存文件，设置完毕单击“OK”按钮，系统关闭工程文件并退回原理图设计主窗口。

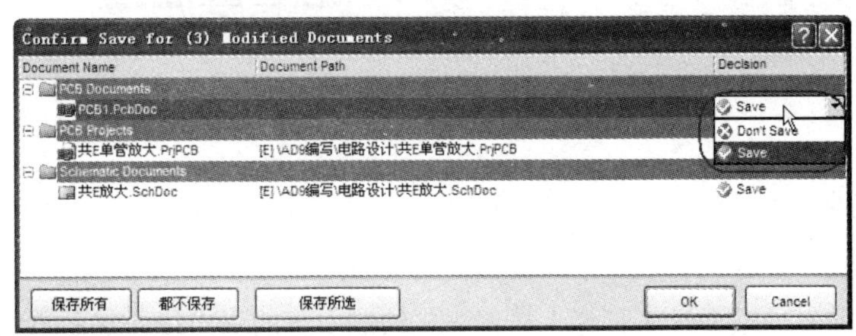

图 2-61 “选择保存文件”对话框

4. 关闭原理图编辑器

若要退出 Altium Designer Summer 09，可执行菜单“文件”→“退出”，若文件未保存，系统弹出图 2-61 所示的对话框提示选择要保存的文件，最后单击“OK”按钮退出编辑器。

2.6 总线形式接口电路设计

总线是若干条具有相同性质信号线的组合，如数据总线、地址总线及控制总线等，在原理图绘制中，为了简化图样，可以使用一根较粗的线条来表示，这就是总线。

使用总线来代替一组导线，需要与总线进口相配合。总线本身没有实质的电气连接意义，必须由总线接出的各个单一进口导线上的网络标号来完成电气意义上的连接，具有相同网络标号的导线在电气上是相连的。

下面以设计图 2-62 所示的接口电路为例介绍设计方法。

1）建立文件。新建工程文件“接口电路”和原理图文件“接口电路”并保存。

2）设置元器件库。本例中 DM74LS573N 位于 FSC Logic Latch.IntLib 库中，16 脚接插件 Header16 位于 Miscellaneous Connectors.IntLib 库中，将上述元器件库设置为当前库。

3）放置元器件。执行菜单“放置”→“元件”，在工作区放置 DM74LS573N 和 16 脚接插件 Header16 各 1 个。

4）元器件布局与属性设置。参考图 2-62 将元器件移动到合适的位置。用鼠标双击元器件设置其标号，其中 Header16 的标号为 U1，并在“绘制成”区选中“镜向”复选框使元器件水平翻转；DM74LS373N 的标号为 U2，选中“镜向”。

5）执行菜单“文件”→“保存”，保存当前文件。

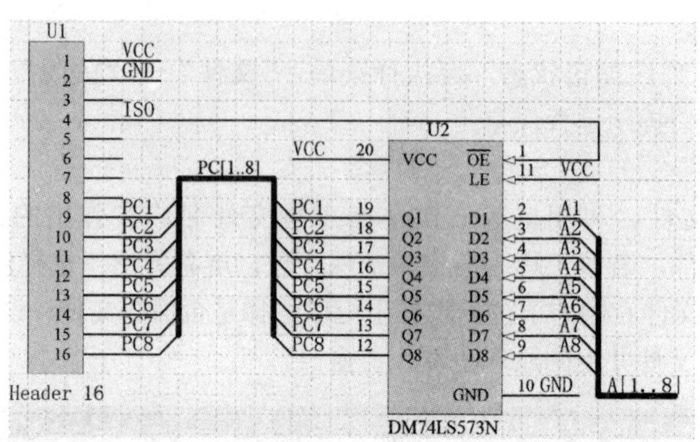

图 2-62　接口电路

2.6.1　放置总线

1. 放置总线

在放置总线前，一般通过工具栏上按钮≈先绘制引脚的引出线，然后再绘制总线。

执行菜单“放置”→“总线”或单击工具栏上按钮，进入放置总线状态，将光标移至合适的位置，单击鼠标的左键，定义总线起点，将光标移至另一位置，单击鼠标左键，定义总线的下一点，放置总线如图 2-63 所示。连线完毕，双击鼠标的右键退出放置状态。

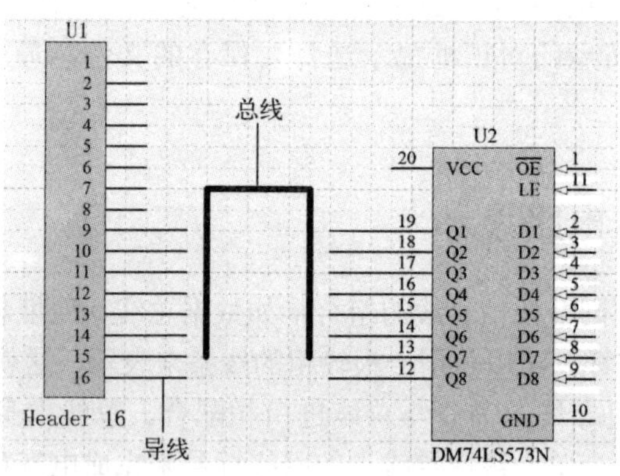

图 2-63　放置总线

一般总线与引脚引出线之间间隔 10，以便放置总线进口。

在画线状态时，按键盘上的〈Tab〉键，屏幕弹出“总线”属性对话框，可以修改线宽和颜色。

2. 放置总线进口

元器件引脚的引出线与总线的连接通过总线进口实现，总线进口是一条倾斜的短线段。

执行菜单“放置”→“总线进口”，或单击工具栏上按钮，进入放置总线进口的状态，此时光标上带着悬浮的总线进口，将光标移至总线和引脚引出线之间，按〈空格〉键变换倾斜角度，单击鼠标左键放置总线进口，如图 2-64 所示，单击鼠标的右键退出放置状态。

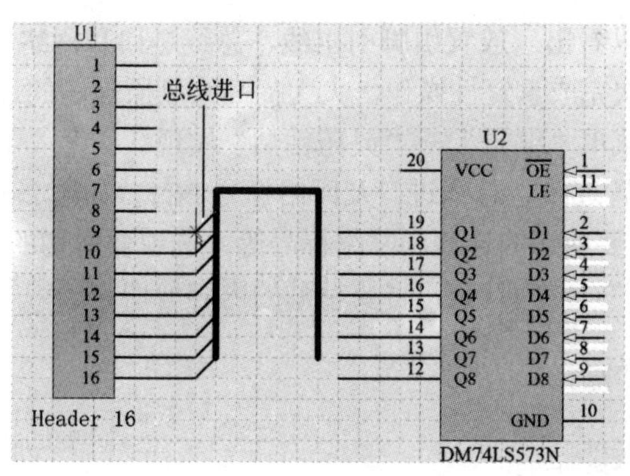

图 2-64　放置总线进口

2.6.2　放置网络标号

放置网络标号通过执行菜单“放置”→“网络标号”或单击工具栏上按钮 实现，放置网络标号后光标上粘附着一个默认网络标号“Netlabel1”，按〈Tab〉键，系统弹出图 2-65 所示的“网络标签”对话框，可以修改网络名、标号方向等，图中将网络标号设置为 PC1，将网络标号移动至需要放置的导线上方，当网络标号和导线相连处光标上的“×”变为红色，表明与该导线建立电气连接，单击鼠标左键放置网络标号，如图 2-66 所示。

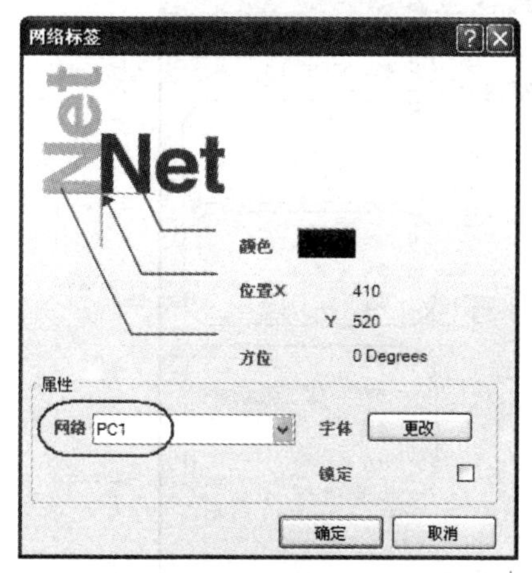

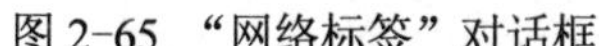

图 2-65 “网络标签”对话框

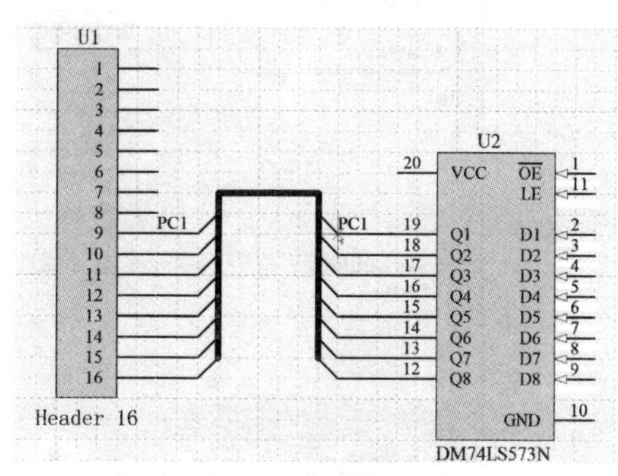

图 2-66　放置网络标号

图 2-66 中，U1 的 9 脚和 U2 的 19 脚网络标号均为 PC1，在电气特性上它们是相连的。

图 2-62 中有两种类型网络标号，一类是在引脚上的，如 A1，另一类是在总线上的，如 A[1..8]。在总线上的网络标号称为总线网络标号，它的基本格式为“*[N1..N2]”，其中“*”为该类网络标号中的共同字符，如 A1～A8 中共同字符为 A，N1 为该类网络标号的起始数字，如 1，N2 为该类网络标号的终止数字，如 8，故其总线网络标号为 A[1..8]。

注意： 网络标号和文本字符串是不同的，前者具有电气连接功能，后者只是说明文字。

2.6.3 智能粘贴

从上面的操作中可以看出，放置引脚引出线、总线进口和网络标号需要多次重复，如果采用智能粘贴，可以一次完成重复性操作，大大提高绘制原理图的速度。

智能粘贴通过执行菜单“编辑”→“灵巧粘贴”实现。

1）在元器件 U2 放置连线、总线进口及网络标号 PC1，如图 2-67 所示。

2）用鼠标拉框选中要剪切的连线和网络标号等，选中要剪切的对象如图 2-68 所示。

3）执行菜单“编辑”→“剪切”，将要粘贴的内容剪切。

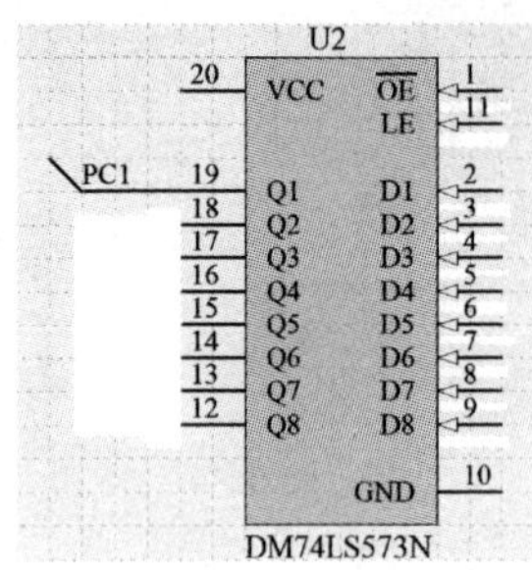

图 2-67　连线并放置网络标号

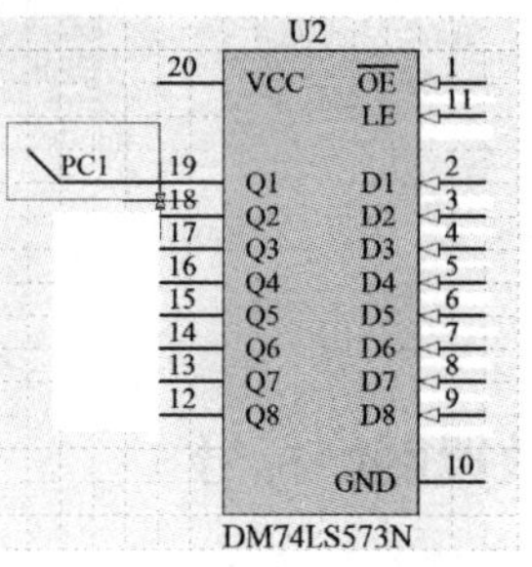

图 2-68　选中要剪切的对象

4）执行菜单“编辑”→“灵巧粘贴”，屏幕上弹出图 2-69 所示的“智能粘贴”对话框，主要设置如下。

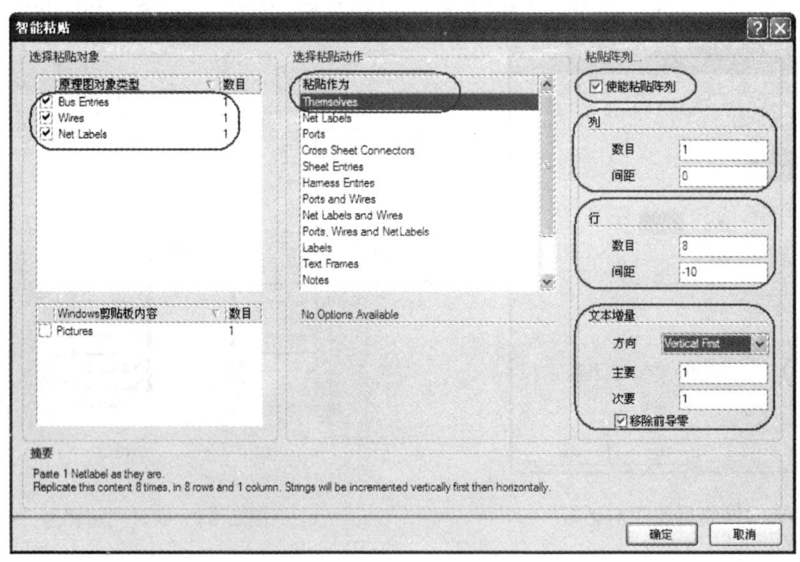

图 2-69　“智能粘贴”对话框

“选择粘贴对象”区：显示当前复制或剪切的对象，如不需要粘贴某项，可将其前面对应的复选框去除。

“选择粘贴动作”区：选择“Themselves”，表示本身类型，粘贴时不进行类型转换。

“粘贴阵列”区：选中“使能粘贴阵列”复选框并设置粘贴的主要参数。其中：

“列”用于设置粘贴对象在列方向的参数，“数目”设置粘贴的列数，“间距”设置相邻两列的间距。本例中只有 1 列，故“数目”设置为 1，“间距”设置为 0。

“行”用于设置粘贴对象在行方向的参数，“数目”设置粘贴的行数，“间距”设置相邻两行的间距。本例中有 8 行，故“数目”设置为 8，依次从上往下间隔 10 放置，故“间距”设置为-10。

“文本增量”用于设置增量方向，有 3 种选择，“None”（不设置）、“Horizontal First”（先从水平方向开始）和“Vertical First”（先从垂直方向开始），本例中选择“Vertical First”。

“主要”用于指定相邻两次粘贴之间有关标识的数字递增量，正值表示递增，负值表示递减。本例设置为 1，即网络标号依次递增 1，即为 PC1、PC2、PC3 等。

“次要”用于指定相邻两次粘贴之间元器件引脚号的数字递增量，本例中该项对电路的粘贴没有影响，可任意设置。

5）设置参数后，单击“确定”按钮关闭“智能粘贴”对话框，此时光标变为十字形，并粘附着智能粘贴的全部对象，将光标移动到粘贴的起点，单击鼠标左键完成粘贴，智能粘贴后的电路如图 2-70 所示。

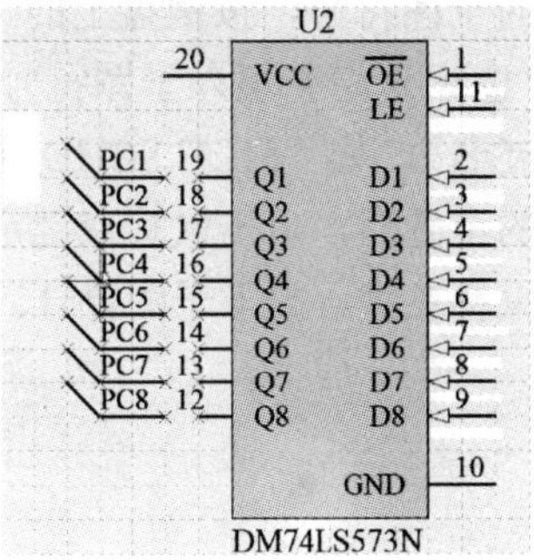

图 2-70　智能粘贴后的电路

采用相同的方法绘制其他部分，放置好连线、总线、其他网络标号及总线网络标号完成电路连接。

2.7　层次电路图设计

当电路图比较复杂时，用一张原理图来绘制整个电路显得比较困难，此时可以采用层次电路来进行简化，层次电路将一个庞大的电路原理图分成若干个子电路，通过主图连接各个子电路，这样可以使电路图变得更简洁。层次电路图按照电路的功能区分，主图相当于顶层原理图，子图模块代表某个特定的功能电路。

层次电路结构如图 2-71 所示，层次电路图的结构与操作系统的文件目录结构相似，选择工作区面板的“Projects”选项卡可以观察到层次图的结构，图中所示为“单片机最小系统”的层次电路结构图，在一个工程中，处于最上方的为主图，一个工程只有一个主图，在主图下方所有的电路图均为子图，图中有 3 个子图，单击文件名前面的⊞或⊟可以显示或隐藏子图结构。

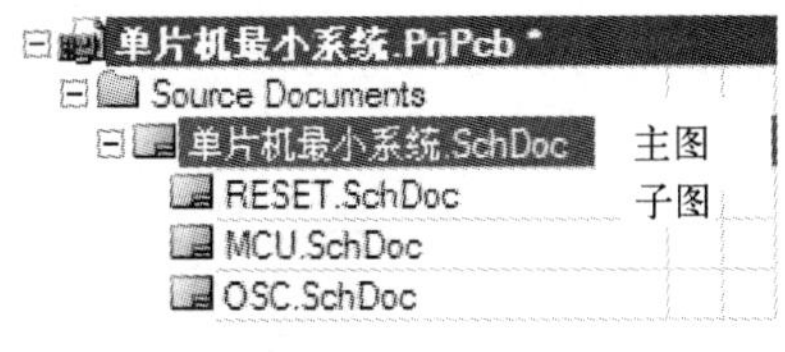

图 2-71　层次电路结构

下面以单片机最小系统为例，介绍层次电路图设计。

2.7.1　单片机最小系统主图设计

在层次电路中，通常主图中是以若干个方块图组成，它们之间的电气连接通过 I/O 端口、连线和网络标号实现。

下面以图 2-72 所示的单片机最小系统主图为例，介绍层次电路主图设计。

在 Altium Designer Summer 09 主窗口下，执行菜单“文件”→“新建”→“工程”→

"PCB 工程"，建立"单片机最小系统"工程文件；执行菜单"文件"→"新建"→"原理图"创建"单片机最小系统"主图原理图文件并保存。

1. 放置电路方块图

电路方块图也称为子图符号（图表符），每个电路方块图都对应着一个具体的内层电路，即子图。图 2-72 所示的单片机最小系统主图由 3 个电路方块图组成。

执行菜单"放置"→"图表符"，或单击布线工具栏上按钮，光标上粘附着一个悬浮的子图符号，按键盘上的〈Tab〉键，屏幕弹出"方块符号"对话框，如图 2-73 所示。在"标识"栏中填入子图符号名，如"MCU"，在"文件名"栏中填入子图文件的名称（含扩展名），如"MCU.SCHDOC"，设置完毕单击"确定"按钮，关闭对话框，将光标移至合适的位置后，单击鼠标左键定义方块的起点，移动鼠标，改变其大小，大小合适后，再次单击鼠标左键，放下子图符号。放置子图模块过程图如图 2-74 所示。

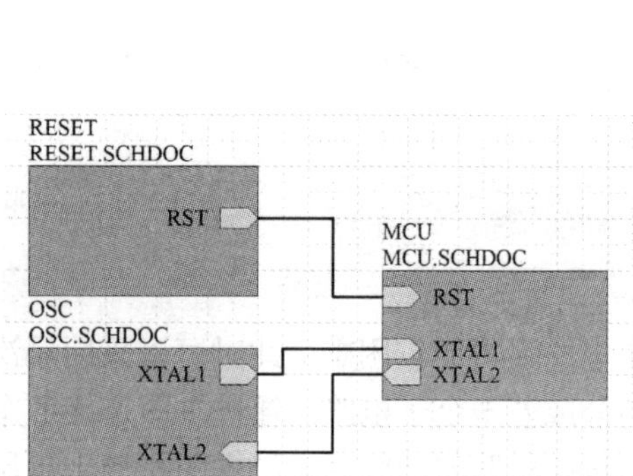

图 2-72　单片机最小系统主图

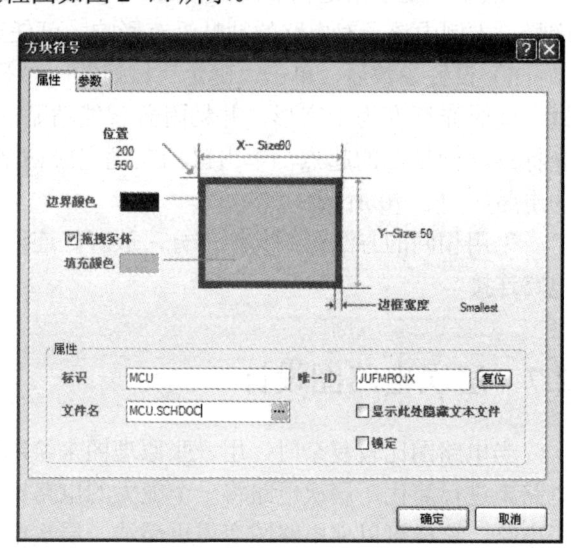

图 2-73　"方块符号"对话框

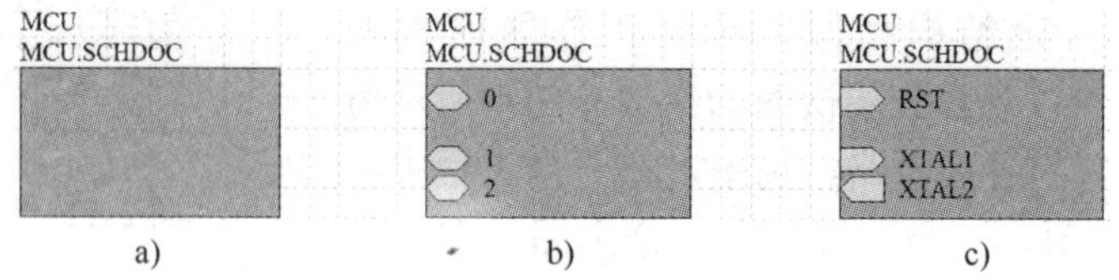

a)　b)　c)

图 2-74　放置子图模块过程图

a) 放置子图符号　b) 放置子图 I/O 接口　c) 设置好的子图符号

2. 放置子图符号的 I/O 接口

执行菜单"放置"→"添加图纸入口"，或单击布线工具栏上按钮，将光标移至子图符号内部，在其边界上单击鼠标左键，此时光标上出现一个悬浮的 I/O 端口，该 I/O 端口被限制在子图符号的边界上，光标移至合适位置后，再次单击鼠标左键，放置 I/O 端口，此时可以继续放置 I/O 端口，单击鼠标右键退出放置状态。

用鼠标双击 I/O 端口，屏幕弹出图 2-75 所示的"方块入口"对话框，其中："名"栏设置端口名称；“位置”栏设置 I/O 端口的上下位置，以左上角为原点，数值 30 表示下移 30；“I/O 类型”栏设置端口的电气特性，共有四种类型，分别为 Unspecified（未指明或不指定）、Output（输出端口）、Input（输入端口）、Bidirectional（双向型），根据实际情况选择端口的电气特性。

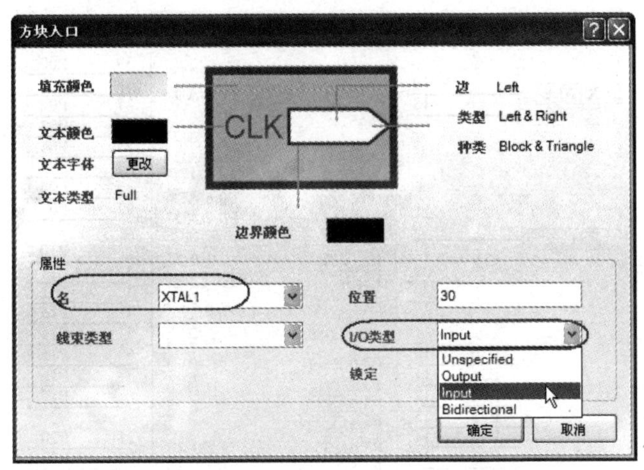

图 2-75 “方块入口”对话框

若要放置低电平有效的端口名，如 $\overline{EA}$，则将“名”栏的端口名设置为“E\A\”。

根据图 2-74 设置好子图符号的端口，端口 I/O 类型如下：端口 RST、XTAL1 为输入，端口 XTAL2 为输出。参考图 2-72，放置其他两个子图模块。

3. 连接子图符号

在图 2-72 中，线路的连接通过执行菜单“放置”→“线”进行。

如果子图模块中存在总线，则执行菜单“放置”→“总线”，连接子图模块中的总线端口。

4. 由子图符号生成子图文件

执行菜单“设计”→“产生图纸”，将光标移到要生成子图文件的子图符号上，单击鼠标左键，系统自动生成一张新电路图，电路图的文件名与子图符号中的文件名相同，同时在新电路图中，已自动生成对应的 I/O 端口。

本例中依次在 3 个子图符号上创建图纸，分别生成子电路图 RESET.SchDoc、MCU.SchDoc 和 OSC.SchDoc。

5. 层次电路的切换

在层次电路设计中，有时要在各层电路图之间相互切换，切换的方法主要有两种。

1）利用工作区面板，鼠标左键单击所需文档，便可在右边工作区中显示该电路图。

2）执行菜单“工具”→“上下层次”或单击主工具栏上按钮，将光标移至需要切换的子图符号上，单击鼠标左键，即可将上层电路切换至下一层的子图；若是从下层电路切换至上层电路，则用鼠标左键单击下层电路的 I/O 端口即可。

2.7.2 层次电路子图设计

层次电路子图绘制与普通原理图绘制方法相同。

1）载入元器件库。本例中的分立元件在 Miscellaneous Devices.IntLib 库中，集成电路在 Philips Microcontroller 8-Bit.IntLib 库中，将上述元器件库均设置为当前库。

2）根据图 2-76 放置元器件并进行布局调整。

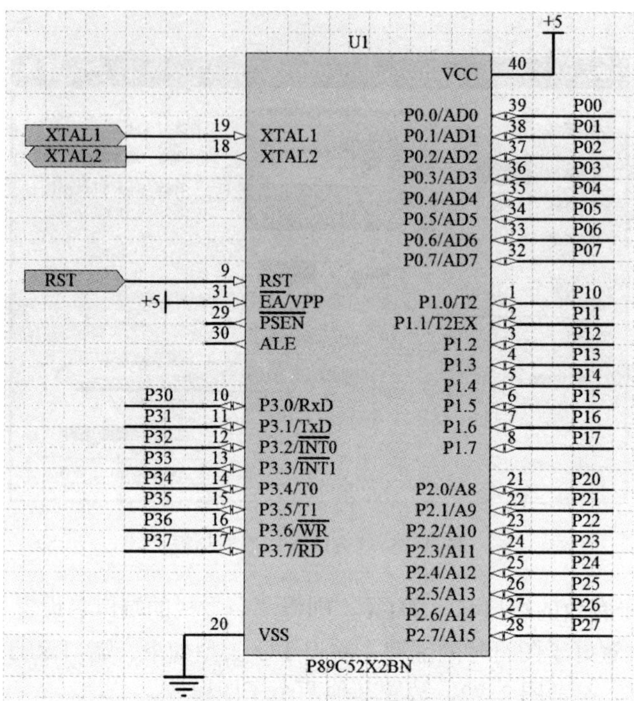

图 2-76　子图 MCU.SchDoc

3）执行菜单“放置”→“线”连接电路，执行菜单“放置”→“网络标号”放置网络标号。

4）移动子图中自动生成的端口符号到相应位置并进行连接。

5）调整元器件标号和标称值到合适的位置。

6）保存电路。

7）采用相同方法依次绘制图 2-77 和图 2-78 所示的其他两张子图电路，最后保存工程文件。

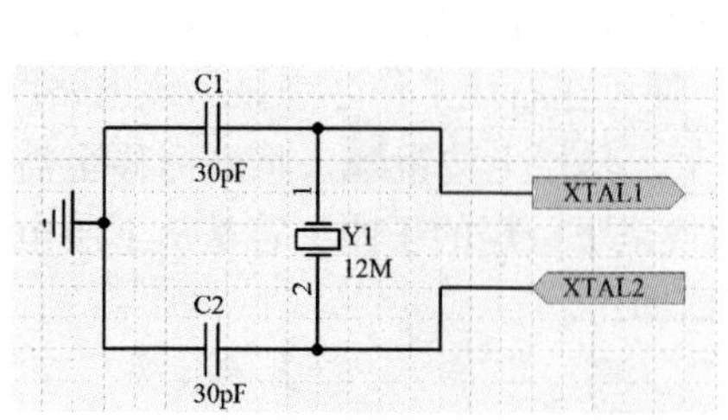

图 2-77　子图 OSC.SchDoc

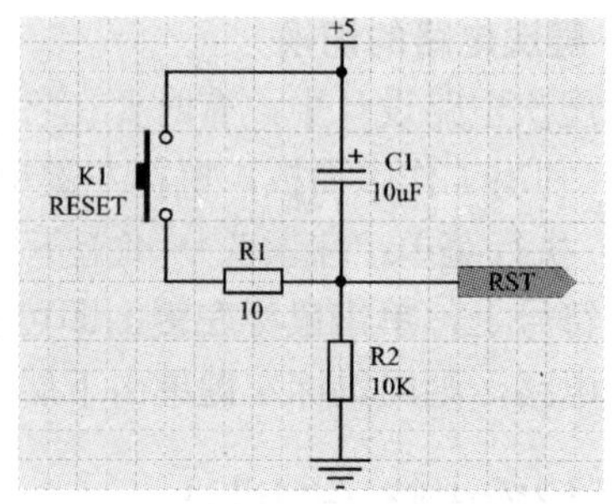

图 2-78　子图 RESET.SchDoc

8）执行菜单“设计”→“同步图纸入口和端口”进行端口同步匹配，如果已完全匹配，执行该命令后，屏幕弹出对话框，提示“所有方块电路符号是匹配的”。

2.7.3 设置图纸标题栏信息

主图和子图绘制完毕，一般要添加图纸标题栏信息，设置原理图的编号和原理图总数等。下面以设置主图的图纸信息为例进行说明，主图原理图编号为 1，工程原理图总数为 4。

Altium Designer 提供了两种预先设定好的标题栏，分别是 Standard（标准）和 ANSI 形式，执行菜单“设计”→“文档选项”，屏幕弹出图 2-19 所示的“文档选项”对话框，选中“方块电路选项”中“标题块”后的下拉列表框中可以进行设置。

标题栏位于工作区的右下角，本例中主图标题栏信息如图 2-79 所示。

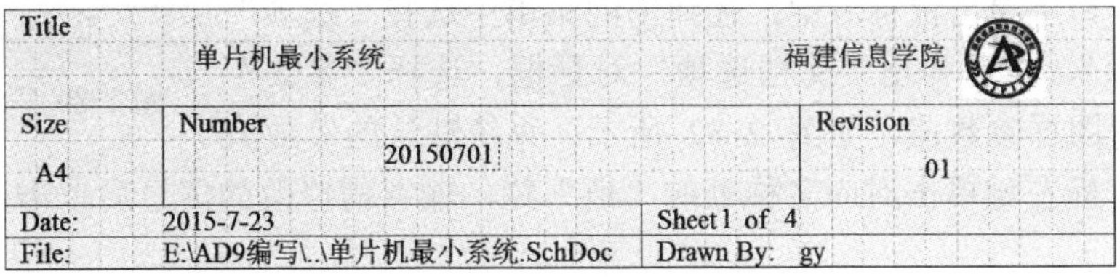

Title 单片机最小系统		福建信息学院
Size A4	Number 20150701	Revision 01
Date: 2015-7-23	Sheet1 of 4	
File: E:\AD9编写\..\单片机最小系统.SchDoc	Drawn By: gy	

图 2-79　主图标题栏信息

图 2-79 所示标题栏中设置的参数有：Title（标题）、Organization（设计机构）、DocumentNumber（文件编号）、Revision（版本号）、SheetNumber（原理图编号）、SheetTotal（原理图总数）及 DrawnBy（绘图者）。标题栏主要参数功能如表 2-5 所示。

表 2-5　标题栏主要参数功能表

参数名称	功　能	参数名称	功　能
Address1～4	设置公司地址	DrawnBy	设置绘图人姓名
ApprovedBy	设置批准人姓名	Engineer	设置工程师姓名
Author	设置设计者姓名	ModifiedData	设置修改日期
CheckedBy	设置审校人姓名	Organization	设置设计机构名称
CompanyName	设置公司名称	Revision	设置版本号
Current Date	系统默认当前日期	Rule	设置信息规则
Current Time	系统默认当前时间	SheetNumber	设置原理图编号
Date	设置日期	SheetTotal	设置项目中原理图总数
DocumentFullPathAndName	系统默认文件名及保存路径	Time	设置时间
DocumentName	系统默认文件名	Title	设置原理图标题
DocumentNumber	设置文件数量或编号		

1）放置标题栏参数字符串。

执行菜单“放置”→“文本字符串”，光标上粘着一个字符串，按键盘上的〈Tab〉键，屏幕弹出“注释”对话框，如图 2-80 所示，单击“文本”后的下拉列表框，在其中选择所需参数，移动到指定位置后单击鼠标左键放置参数字符串，如图 2-81 所示。

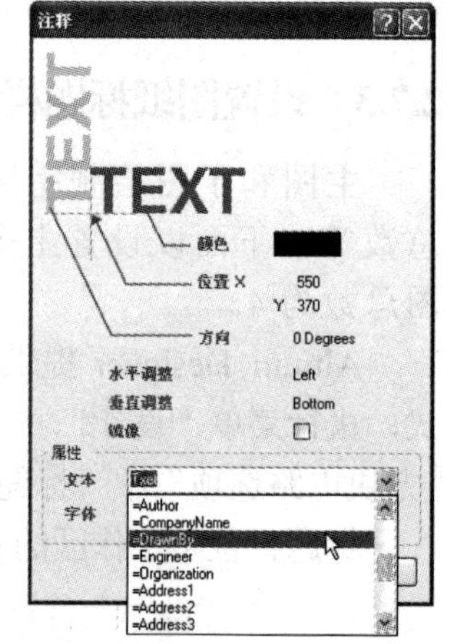

图 2-80 “注释”对话框

2）插入企业 logo。

执行菜单“放置”→“绘图工具”→“图像”，在弹出的对话框中选择所需的企业 logo，调整大小后放置到所需位置。全部设置完毕的标题栏参数如图 2-81 所示。

图中由于 SheetNumber 和 SheetTotal 参数字符较长，出现重叠，但不影响功能。

3）设置参数内容。

在工作窗口中单击鼠标右键，在弹出的菜单中选择“选项”→“文档选项”，屏幕弹出“文档选项”对话框，选择“参数”选项卡，设置图样参数值，如图 2-82 所示，系统默认的参数值为“*”，用鼠标左键单击对应名称处的“值”栏，输入需修改的信息后单击“确定”按钮完成设置。

Title	=Title		=Organization
Size A4	Number =DocumentNumber		Revision =Revision
Date:	2015-7-23	Sheet =SheetNumberSheetTotal	
File:	E:\AD9编写\..\单片机最小系统.SchDoc	Drawn By:	=DrawnBy

图 2-81 放置标题栏参数

本例中具体参数值如下。

Title：单片机最小系统

Organization：福建信息学院

DocumentNumber：20150701

Revision：1.0

SheetNumber：1

SheetTotal：4

Drawn By：gy

4）显示标题栏信息。

参数内容设置完毕，标题栏中显示的是当前定义的参数，无法直接显示已设定好的参数内容。

若要显示当前设置后的标题栏信息，可以执行菜单“工具”→“设置原理图参数”，屏幕弹出“参数选择”对话框，设定显示参数信息如图 2-83 所示，选中“Graphical Editing”选项，选中“转化特殊字符”复选框，单击“确定”按钮完成设置。

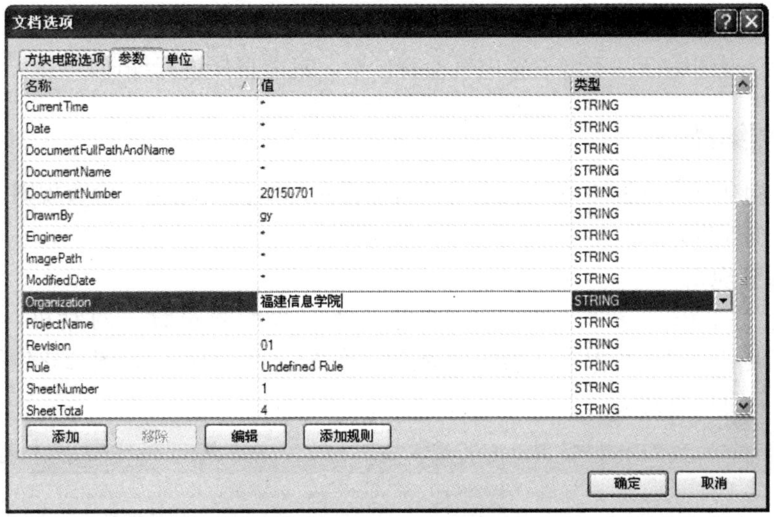

图 2-82　设置图样参数值

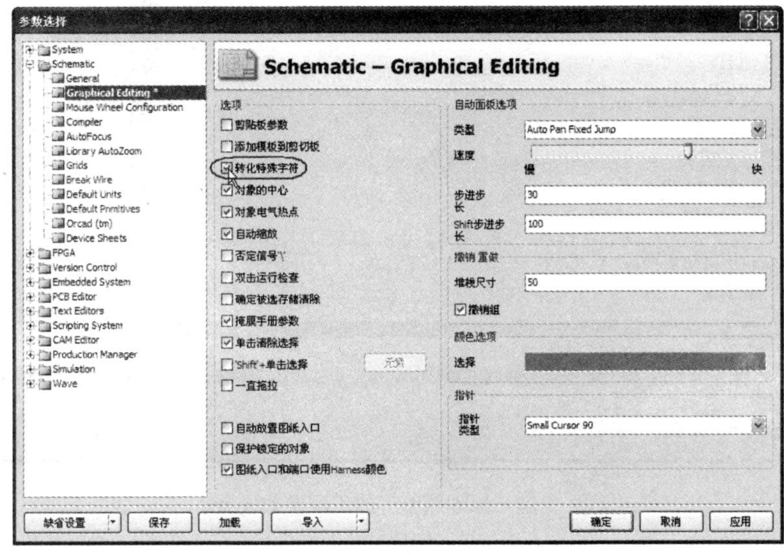

图 2-83　设定显示参数信息

以上设置结束，标题栏中将显示已设置好的参数值，未设参数值的则显示为系统默认的“*”。此时可以查看标题栏内容是否正确，位置是否正常，如有问题可返回修改。

采用同样方法设置其他 3 个子图电路的图样参数并保存所有文件，至此层次电路设计完毕。

2.8　原理图编译与网络表生成

原理图设计的最终目的是为 PCB 设计服务，其正确性是 PCB 设计的前提，原理图设计完毕，必须对原理图进行电气检查，找出错误并进行修改。

电气检查通过原理图编译实现，对于工程文件中的原理图编译可以设置电气检查规则，而对于独立的原理图编译则不能设置电气检查参数，只能直接进行编译。

2.8.1 原理图编译

在进行工程文件原理图电气检查之前一般根据实际情况设置电气检查规则，以生成方便用户阅读的检查报告。

1. 设置检查规则

执行菜单“工程”→“工程参数”，打开“工程参数设置”对话框，单击“Error Reporting”选项卡设置违规报告选项，原理图编译的工程参数设置如图 2-84 所示，可以报告的错误项主要有以下几类。

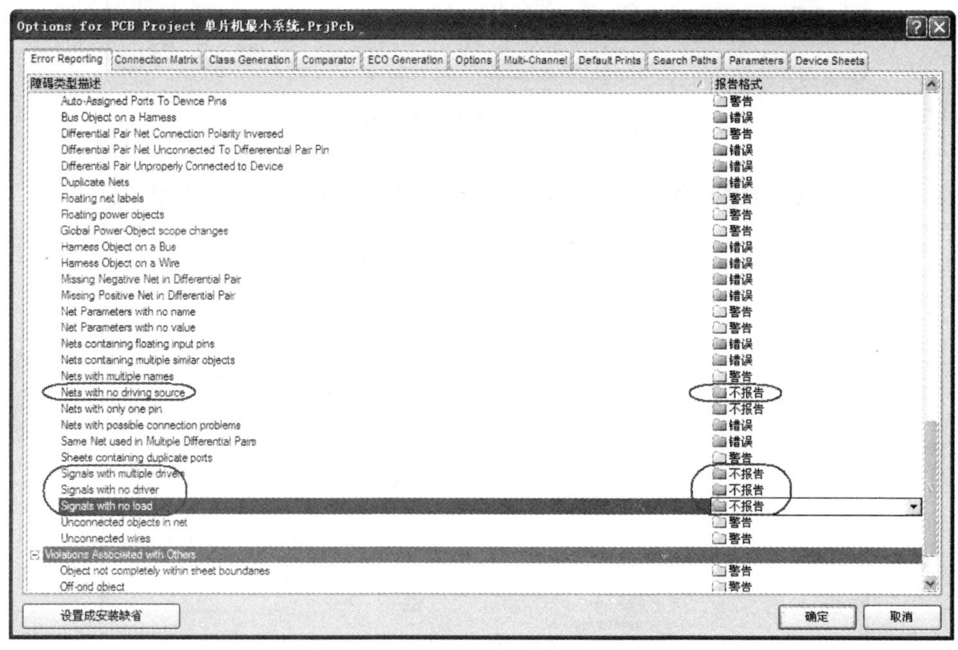

图 2-84 原理图编译的工程参数设置

Violations Associated with Buses：与总线有关的规则。

Violations Associated with Components：与元器件有关的规则。

Violations Associated with Documents：与文档有关的规则。

Violations Associated with Nets：与网络有关的规则。

Violations Associated with Others：与其他有关的规则。

Violations Associated with Parameters：与参数有关的规则。

每项都有多个条目，即具体的检查规则，在条目的右侧设置违反该规则时的报告模式，有“不报告”“警告”“错误”和“致命错误”4 种。

电气检查规则各选项卡一般情况下选择默认。

本例中由于信号驱动问题主要用于电路仿真检查，与 PCB 设计无关，故去除有关驱动信号和驱动信号源的违规选项，可以将它们的报告模式设置为“不报告”，如图 2-84 所示。

2. 通过原理图编译进行电气规则检查

如图 2-85 所示的 OSC.SchDoc 原理图中人为添加了违规内容：有两个电容的标号都是 C1（由于系统设置有自动检查功能，故元器件下方有红色波浪线），有 1 个未连接的接地符号。

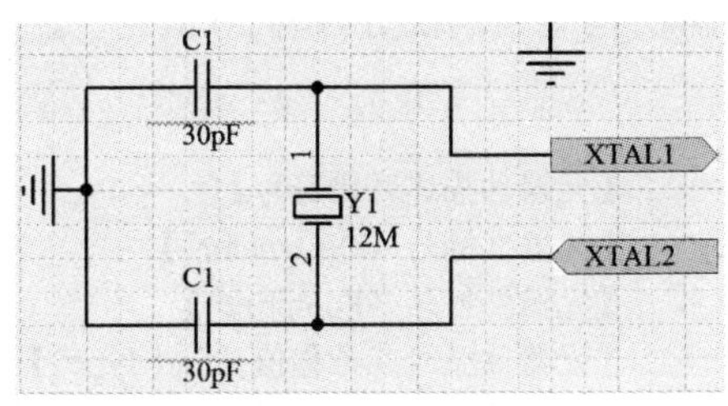

图 2-85　违规的电路

执行菜单“工程”→“Compile PCB Project 单片机最小系统.PrjPCB”，系统自动检查电路，并弹出“Messages”对话框，显示当前检查中的违规信息，如图 2-86 所示。

单击图中某项违规信息，屏幕弹出编译错误窗口，显示违规元器件的标号，同时违规处将高亮显示。

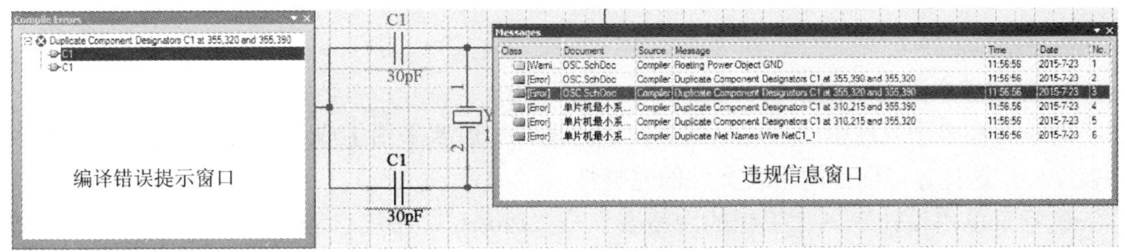

图 2-86　违规信息显示

从图中可以获得违规元器件的坐标位置，这样可以迅速找到违规元器件并进行修改，修改电路后再次进行编译，直到编译无误为止。

本例中按照系统提示的错误情况修改电路图，将图 2-85 中连接 Y1 的 2 脚的电容 C1 标号改为 C2，删除多余的接地符号，然后再次进行电气检查，错误消失。

注意：在编译过程中，可能出现不显示“Messages”对话框的问题，可以执行菜单“查看”→“工作区面板”→“System”→“Messages”，打开“Messages”对话框。

2.8.2　生成网络表

网络表文件（*.Net）是一张电路图中全部元器件和电气连接关系的列表，它主要说明电路中的元器件信息和连线信息，是原理图与印制电路板的接口，也是 PCB 自动布线的灵魂。用户可以生成某个原理图文件的网络表，也可以生成整个工程的网络表。

1. 生成单个原理图的网络表

执行菜单“设计”→“文件的网络表”→“Protel”，系统自动生成 Protel 格式的网络表，系统默认生成的网络表不显示，必须在工作区面板中的 Generated 中打开网络表文件

(*.NET)。

在网络表中，以“[”和“]”将每个元器件单独归纳为一项，每项包括元器件标号、标称值或型号及封装；以“(”和“)”把电气上相连的元器件引脚归纳为一项，并定义一个网络名。

下面是原理图 OSC.SchDoc 网络表的部分内容。(其中“【”与“】”中的内容是编者添加的说明文字)

```
[                    【元器件描述开始符号】
C1                   【元器件标号（Designator）】
RAD-0.3              【元器件封装（Footprint）】
30pF                 【元器件型号或标称值（Part Type）】
                     【三个空行用于对元器件作进一步说明，可用可不用】
]                    【元器件描述结束符号】
……
(                    【一个网络的开始符号】
NetC1_1              【网络名称】
C1-1                 【网络连接点：C1 的 1 脚】
Y1-1                 【网络连接点：Y1 的 1 脚】
)                    【一个网络结束符号】
……
```

2. 生成整个工程的网络表

对于存在多个原理图的工程，如层次电路图，一般要采用生成工程网络表的方式产生网络表文件，这样才能保证网络表文件的完整性。

执行菜单“设计”→“工程的网络表”→“Protel”，系统自动生成 Protel 格式的网络表，在工作区面板中可以打开网络表文件（*.NET）。

2.9 原理图及元器件清单输出

2.9.1 原理图输出

1. 打印预览

执行菜单“文件”→“打印预览”，屏幕弹出图 2-87 所示的“打印预览”对话框，从图中可以预览打印输出效果。单击对话框下方的“打印”按钮，系统弹出“打印文件”对话框，可以进行电路打印。

2. 打印输出

执行菜单“文件”→“打印”，或单击图 2-87 中的“打印”按钮，屏幕弹出图 2-88 所示的“打印文件”对话框，可以进行打印设置，并打印输出原理图。

对话框中各项说明如下。

“打印机”区“名称”下拉列表框：用于选择打印机。

“打印区域”区可选择打印输出的范围。

“页数”区设置打印的份数，一般要选中“比较”复选框。

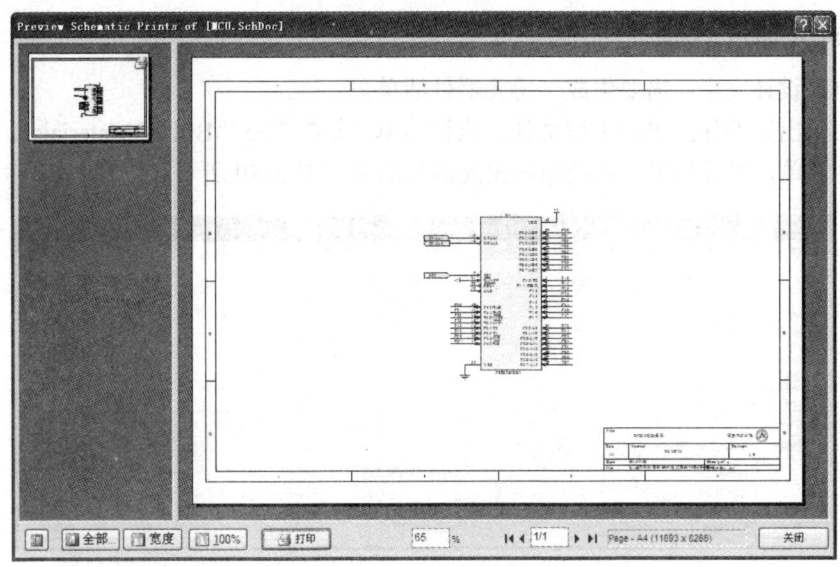

图 2-87 “打印预览”对话框

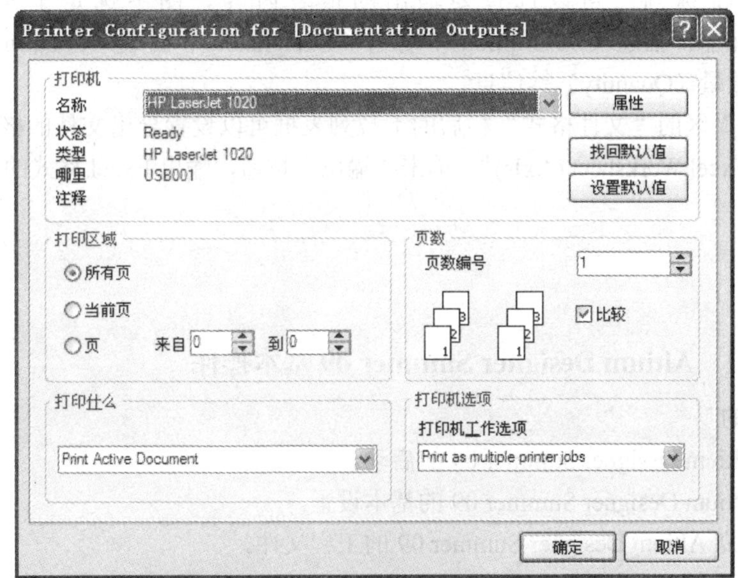

图 2-88 “打印文件”对话框

“打印什么”区用于设置要打印的文件，有 4 个选项，说明如下。

Print All Valid Documents：打印整个项目中的所有图。

Print Active Document：打印当前编辑区的全图。

Print Selection：打印编辑区中所选取的图件。

Print Screen Region：打印当前屏幕上显示的部分。

“打印机选项”区设置打印工作选项，一般采用默认。

所有设置完毕，单击“确定”按钮打印输出原理图。

2.9.2 生成元器件清单

一般电路设计完毕，需要生成一份元器件清单。

选中要输出元器件清单的工程文件，执行菜单“报告”→“Bill of Materials”，系统自动生成元器件清单，单片机最小系统原理图元器件清单如图 2-89 所示。

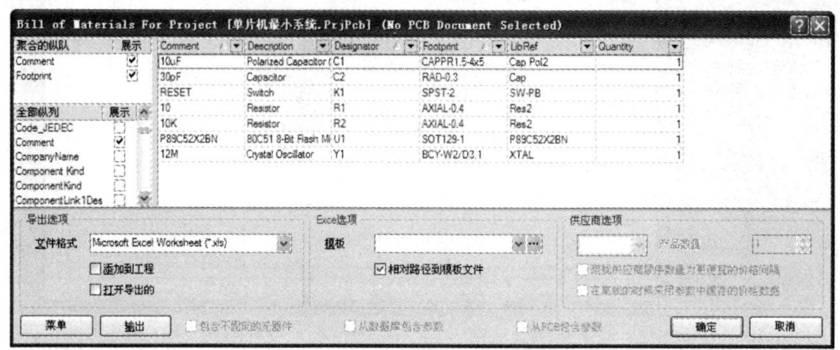

图 2-89 单片机最小系统原理图元器件清单

图中“全部纵列”可以选择要输出的报表内容。图中选定了元器件的标称（Comment）、元器件描述（Description）、标号（Designator）、封装（Footprint）、库元件名（Lib Ref）、及数量（Quantity）等信息。

“导出选项”区的“文件格式”栏后的下拉列表框可以设置导出文件的格式，本例中选择“Microsoft Excel Worksheet (*.xls)”，单击“输出”按钮，输出 Excel 格式的清单。

2.10 实训

2.10.1 实训 1 Altium Designer Summer 09 基本操作

1. 实训目的

1）掌握 Altium Designer Summer 09 的启动。

2）掌握 Altium Designer Summer 09 的基本设置。

3）学会建立 Altium Designer Summer 09 的工程文件。

2. 实训内容

1）启动 Altium Designer Summer 09。执行“开始”→“所有程序”→“Altium Designer Summer 09”→“Altium Designer Summer 09”启动该软件。

2）中英文菜单切换。在中文菜单状态，执行菜单“DXP”→“优选选项”，在弹出对话框的“本地化”区中取消“使用本地资源”复选框，单击“确定”按钮，关闭并重新启动 Altium Designer Summer 09 后，系统恢复为英文界面。

在英文菜单状态，执行菜单“DXP”→“Preferences”菜单，在弹出对话框的“Localization”区中，选中“Use localized resources”前面的复选框，单击“OK”按钮，关闭并重新启动 Altium Designer Summer 09，更换系统界面为中文界面。

3）自动备份设置。执行菜单“DXP”→“优先选项”，选中“System”下的“Backup”，将自动备份时间间隔设定为 15min、保存的版本数设置为 3，保存路径设置为 E:\My PCB。

4）工作区面板的显示与隐藏。用鼠标左键单击工作区面板右上角的按钮或按钮，实现工作区面板的自动隐藏或显示。

5）用鼠标左键点住工作区面板状态栏不放，拖动光标在窗口中移动，将工作区面板移动到所需的位置。

6）恢复系统默认的初始界面。执行菜单“查看”→“桌面布局”→“Default”恢复系统默认的初始界面。

7）新建工程文件。执行菜单“文件”→“新建”→“工程”→“PCB 工程”，创建工程文件“PCB_Project1.PrjPCB”，并将其另存为“My PCB.PrjPCB”。

8）在工程文件“My PCB.PrjPCB”中新建一个原理图文件和一个 PCB 文件。

9）用鼠标右键单击工程文件名，在弹出的菜单中选择“添加现有的文件到工程”，将系统安装路径中的任意原理图文件添加到当前工程中。

10）保存工程文件。

3. 思考题

1）如何将元器件库面板设置为显示状态？

2）如何追加已有的 PCB 文件到工程文件中？

2.10.2 实训 2 绘制简单原理图

1. 实训目的

1）掌握 Altium Designer Summer 09 的基本操作。

2）掌握原理图编辑器的基本操作。

3）学会设计简单的电路原理图。

2. 实训内容

1）新建工程文件，将文档另存为“共 E 放大.PrjPCB”。

2）新建原理图文件，将文档另存为“共 E 放大.SCHDOC”。

3）参数设置。设置电路图大小为 A4、横向放置、标题栏选用标准标题栏，捕获栅格和可视栅格均设置为 10。

4）载入元器件库 Miscellaneous Devices.IntLib 和 Miscellaneous Connectors.IntLib。

5）放置元器件。元器件放置如图 2-90 所示，从库中放置相应的元器件到电路图中，并对元器件做移动、旋转等操作。进行属性设置，其中无极性电容的封装采用 RAD-0.1，电解电容的封装采用 CAPPR1.5-4x5，电阻的封装采用 AXIAL-0.4。

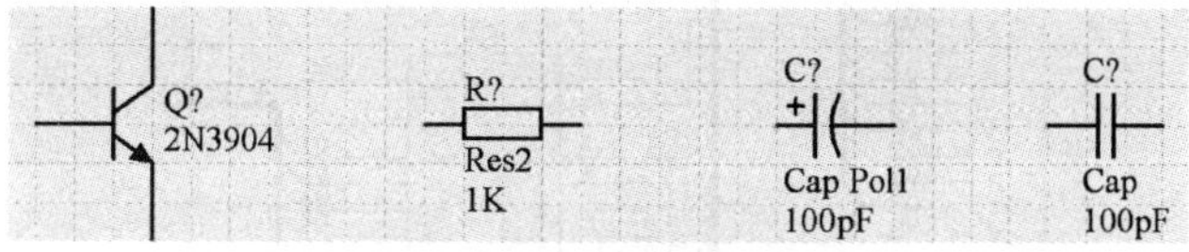

图 2-90 元器件放置

6）全局修改。将图 2-90 中各元器件的标号和标称值的字体改为 12 号宋体，设置元器件的“注释”为“=Value”，并隐藏“注释”，观察元器件变化。

7）通过查找元器件方式放置 SN7404N，并将其设置为使用第 3 套功能单元。

8）拉框选中所有元器件，将其删除。

9）绘制图 2-27 所示的共 E 放大电路，元器件封装使用默认，完成后将文件存盘。

10）如图 2-27 所示，在电路图上使用画图工具栏绘制波形。

11）如图 2-27 所示，在电路图上放置说明文字和文本框。

12）保存文件。

3. 思考题

1）为什么要给元器件定义封装？是否所有原理图中的元器件都要定义封装？

2）在进行线路连接时应注意哪些问题？

3）如何查找元器件？

4）如何实现全局修改和局部修改？

2.10.3 实训 3 绘制接口电路图

1. 实训目的

1）掌握较复杂电路图的绘制。

2）掌握总线和网络标号的使用。

3）掌握电路图的编译、电路错误修改和网络表的生成。

2. 实训内容

1）新建工程文件，将文档另存为“接口电路.PrjPCB”。

2）新建一张原理图，将文档另存为“接口电路.SCHDOC”。

3）绘制接口电路图。设置图样大小选择为 A4，绘制图 2-91 所示的接口电路图，其中元器件标号、标称值及网络标号均采用五号宋体，完成后将文件存盘。

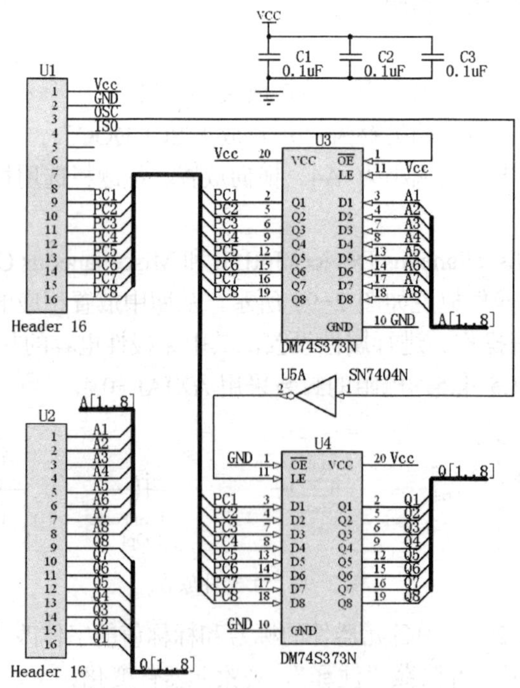

图 2-91 接口电路图

4）本例中已经设置有一个错误点，对电路图进行编译，修改图 2-91 中存在的错误，直到编译无原则性错误。

5）生成电路的网络表文件，查看网络表文件，看懂网络表文件的内容。

6）生成元器件清单。

3. 思考题

1）总线和一般导线有何区别？使用中应注意哪些问题？

2）使用网络标号时应注意哪些问题？

3）如何查看编译结果？它主要包含哪些类型的错误？

2.10.4 实训 4 绘制单片机最小系统层次电路图

1. 实训目的

1）熟练掌握原理图编辑器的操作。

2）掌握层次式电路图的绘制方法。

3）进一步熟悉原理图编译和网络表的生成。

2. 实训内容

1）新建工程文件，将文档另存为“单片机最小系统.PrjPCB”。

2）载入元器件库 Miscellaneous Devices.IntLib 和 Philips Microcontroller 8-Bit.IntLib。

3）新建原理图，将文档另存为“单片机最小系统.SCHDOC”，设置图纸大小设置为 A4，参照图 2-72 完成层次式电路图主图的绘制，主图电路设计完毕，保存文件。

4）执行菜单“设计”→“产生图纸”，将光标移到子图符号“MCU”上，单击鼠标左键，系统自动建立一个新电路图，并生成对应的 I/O 端口，在产生的新电路图上参照图 2-76 绘制第一张子图 MCU.SchDoc 并存盘。

5）采用同样方法，依次参照图 2-77 和图 2-78 绘制其余两张子图并保存。

6）执行菜单“放置”→“文本字符串”，参考图 2-81 放置标题栏参数字符串“Title”、“SheetNumber”和“SheetTotal”。

7）执行菜单“设计”→“文档选项”，在弹出的对话框中选中“参数”选项卡，在其中设置标题栏参数。以主图“单片机最小系统.SCHDOC”为例，其中参数“Title”设置为“单片机最小系统”，参数“SheetNumber”设置为“1”（表示第 1 张图），参数“SheetTotal”设置为“4”（表示共有 4 张图），设置完毕单击“确定”按钮结束。采用同样方法依次将其余 3 张图样的编号设置为 2～4，图样总数均为 4，设置完毕保存文件。

8）执行菜单“工具”→“设置原理图参数”，选中“Graphical Editing”选项，选中“转化特殊字符”复选框，显示标题栏信息。

9）对整个层次式电路图进行编译，若有错误则加以修改，观察编译结果中的警告信息，查看警告的原因。

10）生成层次式电路的网络表，检查网络表各项内容，是否与电路图相符。

3. 思考题

1）简述设计层次式电路图的步骤。

2）设计层次式电路图时应注意哪些问题？

2.11 习题

1. 如何设置 Altium Designer Summer 09 为中文菜单界面？

2. 如何设置自动备份时间？

3. 在 E:\下新建一个名为 DET.PrjPCB 的 PCB 工程文件，并在其中新建一个原理图文件。

4. 采用元器件搜索的方式将 ADC-8、7400、89C52 所在的元器件库设置为当前库。

5. 新建一张原理图，设置图样尺寸为 A4，图样纵向放置，图样标题栏采用标准型。

6. 绘制图 2-27 所示的共 E 放大电路。

7. 绘制图 2-92 所示的串联调整型稳压电源电路。

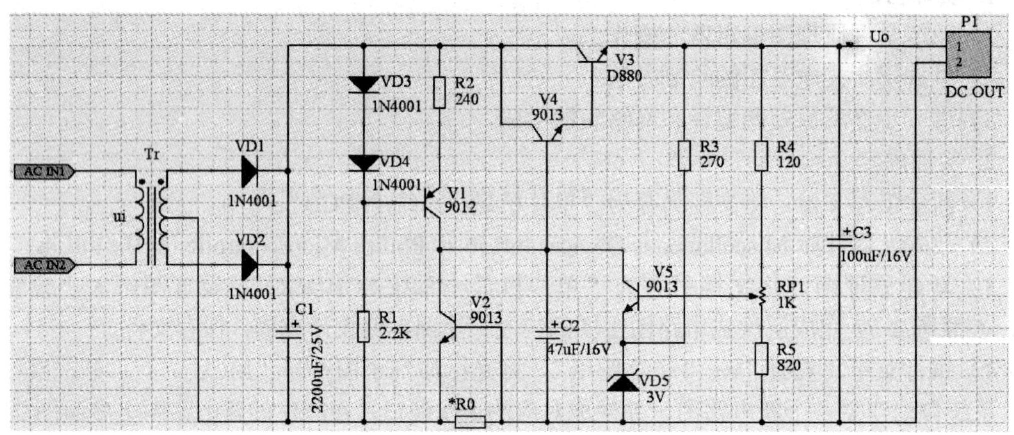

图 2-92 串联调整型稳压电源电路

8. 绘制图 2-91 所示的接口电路，并说明总线的使用方法。

9. 绘制一个正弦波波形。

10. 网络标号与标注文字有何区别？使用中应注意哪些问题？

11. 根据图 2-72、图 2-76、图 2-77 和图 2-78 绘制单片机最小系统层次电路。

12. 如何从原理图生成网络表文件？

13. 如何进行原理图编译？在 PCB 设计中哪些编译信息可以忽略？

14. 如何生成元器件清单？

15. 如何打印输出原理图？

第 3 章　原理图元器件设计

随着新型元器件不断推出，在电路设计中时常会用到一些新的元器件，而系统的元器件库中并未提供这些元器件，这就需要用户自己动手创建元器件的电气图形符号，或者到 Altium 公司的网站下载最新的元器件库。

3.1　认知元器件库编辑器

原理图库编辑器基本操作界面与原理图编辑界面相似，但增加了专门用于元器件设计的工具。

3.1.1　启动元器件库编辑器

进入 Altium Designer Summer 09，执行菜单"文件"→"新建"→"库"→"原理图库"，系统打开原理图库编辑器，并自动产生一个原理图库文件"Schlib1.SchLib"，同时自动新建元器件"Component_1"，原理图库编辑器主界面如图 3-1 所示。

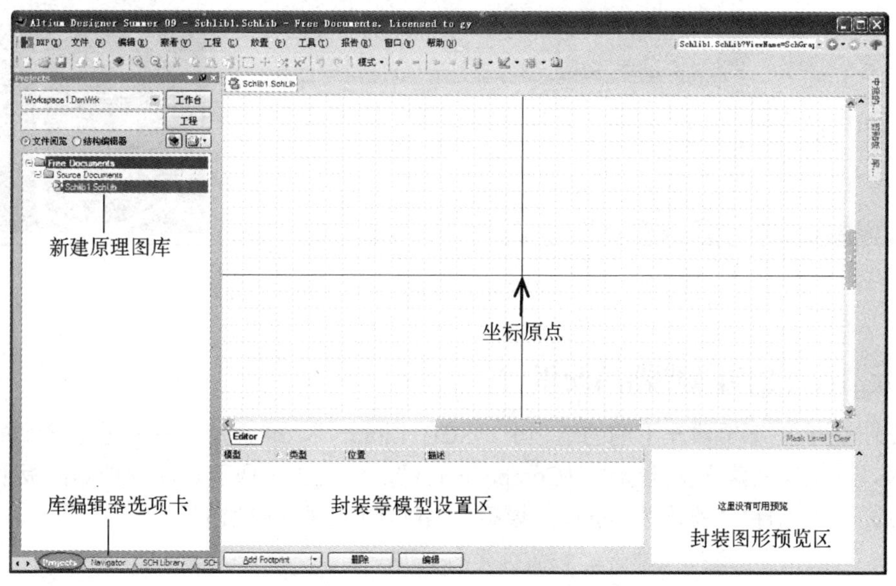

图 3-1　原理图库编辑器主界面

图中元器件库编辑器的工作区划分为四个象限，像直角坐标一样，其中心位置坐标为（0，0），编辑元器件通常在第四象限进行。

执行菜单“文件”→“保存为”，将该库文件保存到指定文件夹中。

当库编辑器控制面板处于隐藏状态时，库编辑器选项卡位于主界面的左侧上方，单击“SCH Library”选项卡可以显示当前库中的元器件，并在模型区显示模型信息，在预览区显示预览结果。图 3-2 所示为执行菜单“文件”→“打开”，打开并抽取源后的“Miscellaneous Devices.IntLib”的库编辑器主界面。（由于 Miscellaneous Devices.IntLib 是集成库，故打开该元器件库时，屏幕弹出对话框提示是否抽取源，单击“摘取源文件”按钮打开库。）

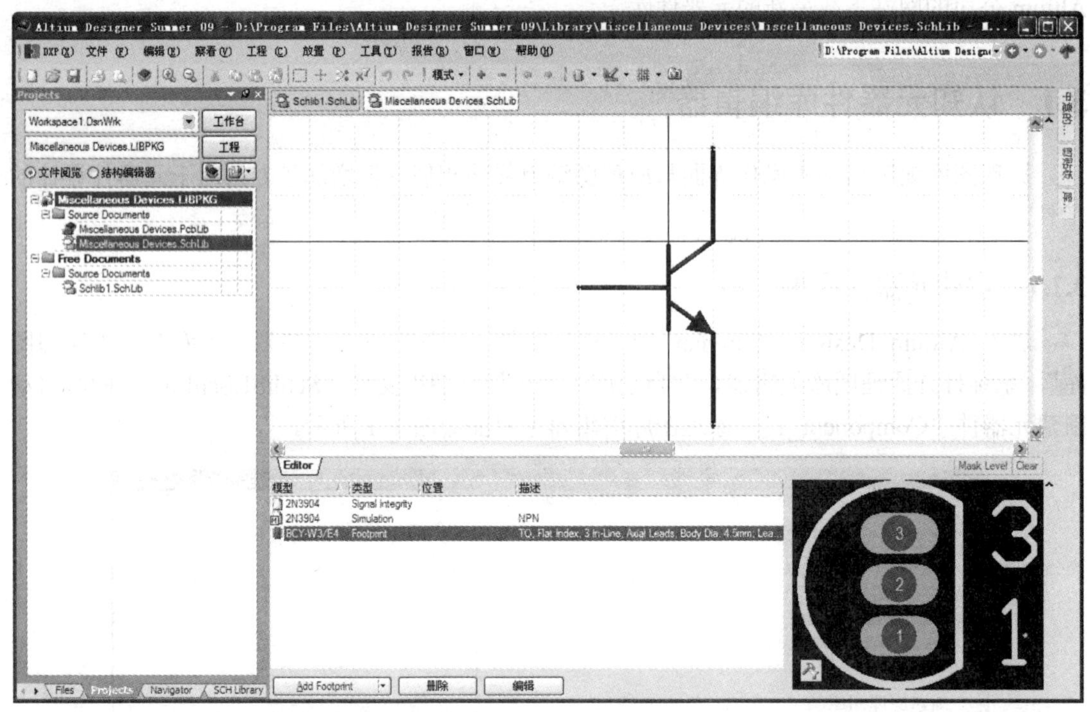

图 3-2　显示元器件信息的原理图库编辑器主界面

3.1.2　元器件库编辑管理器的使用

单击图 3-1 中编辑器左下侧的选项卡“SCH Library”，屏幕弹出原理图元器件库编辑管理器面板，系统默认建立新元器件“Component_1”，如图 3-3 所示。库管理器面板主要包含四个区域，即“元件”“别名”“Pins”“模型”，各区域主要功能如下。

“元件”区：用于选择元器件，设置元器件信息。

“别名”区：用于设置元器件的别名，一般不设置。

“Pins”区：用于元器件引脚信息的显示及引脚编辑。

“模型”区：用于设置元器件的 PCB 封装、信号的完整性及仿真模型等。

图 3-3 中由于元器件还未进行设计，故所有区域的内容都是空的。

图 3-4 所示为集成元器件库 Miscellaneous Devices.IntLib 中的原理图元器件库编辑管理器，从图中可以看到各区域的相关信息。

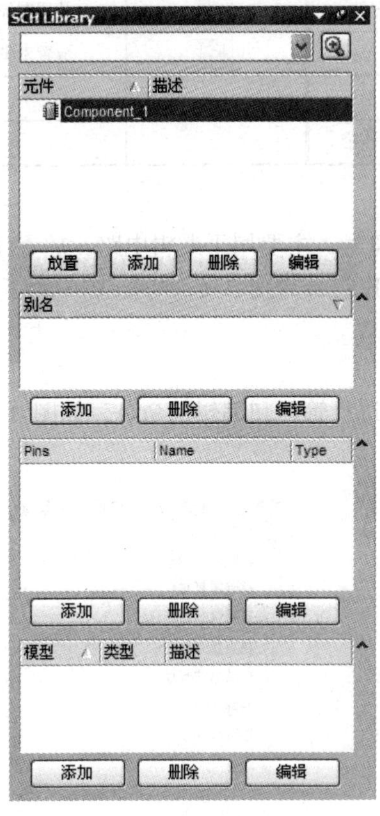

图 3-3　新元器件的库管理器

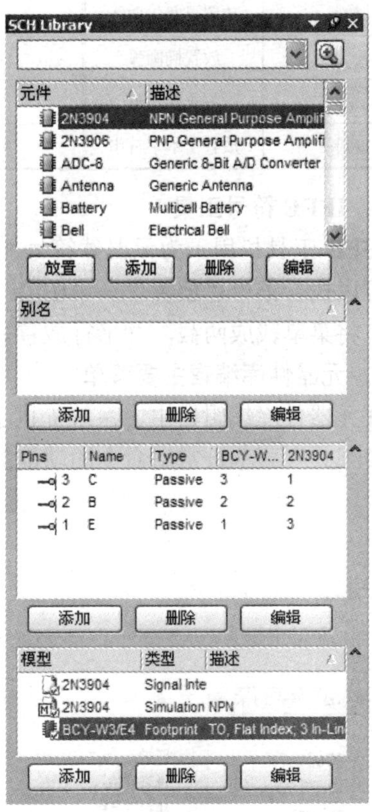

图 3-4　原理图元器件库编辑管理器

3.1.3　元器件绘制工具

原理图元器件设计需要使用绘制工具，Altium Designer Summer 09 提供有绘图工具、IEEE 符号工具及“工具”菜单下的相关命令来完成元器件绘制。

1. 绘图工具栏

1）打开实用工具栏。

执行菜单“查看”→“工具条”→“实用”打开实用工具栏，该工具栏中包含 IEEE 工具栏、绘图工具栏及栅格设置工具栏等。

2）绘图工具栏。

绘图工具栏如图 3-5 所示，利用绘图工具栏可以新建元器件，增加元器件的功能单元，绘制元器件的外形及放置元器件的引脚等，按钮作用与原理图中绘图工具栏对应按钮作用相同。与绘图工具栏相应的菜单命令均位于“放置”菜单下，绘图工具栏的按钮功能如表 3-1 所示。

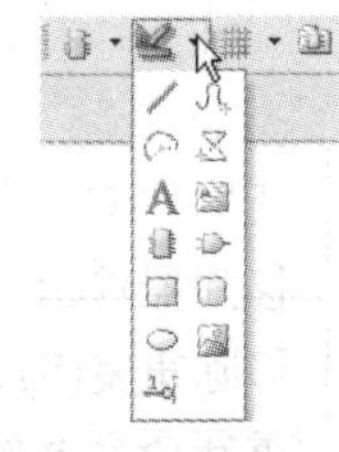

图 3-5　绘图工具栏

表 3-1 绘图工具栏的按钮功能

按 钮	功 能	按 钮	功 能	按 钮	功 能
	放置线		放置文本框		放置椭圆
	放置贝塞尔曲线		新建元器件		放置图像
	放置椭圆弧		增加功能单元		放置引脚
	放置多边形		放置矩形		
	放置文本字符串		放置圆角矩形		

2. IEEE 符号工具

IEEE 工具栏用于为元器件符号加上常用的 IEEE 符号，主要用于逻辑电路。放置 IEEE 符号可以执行菜单“放置”→“IEEE 符号”进行，IEEE 符号如图 3-6 所示。图中为了显示方便，将菜单裁成两截，并平行放置。

3. 元器件库编辑主要菜单

在元器件库编辑器中，系统提供了一系列对元器件进行管理和编辑的命令，如图 3-7 所示的“工具”菜单，常用命令的功能如下。

图 3-6 IEEE 符号

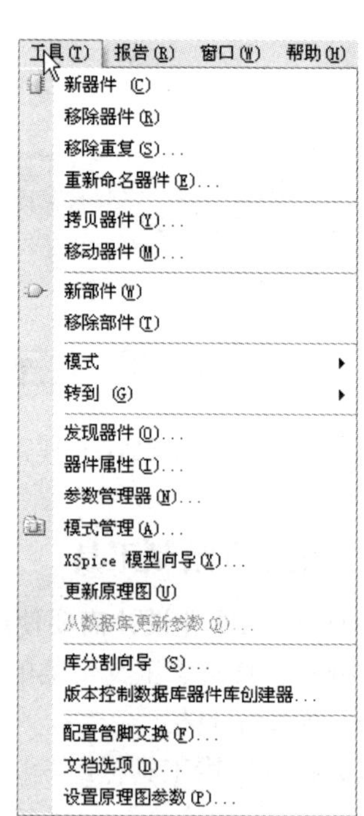

图 3-7 “工具”菜单

新器件(C)：在当前编辑的元器件库中建立新元器件。

移除器件(R)：删除在库管理器中选中的元器件。

移除重复(S)...：删除元器件库中的同名元器件。

重新命名器件(E)...：修改选中元器件的名称。

拷贝器件(Y)...：将元器件复制到当前元器件库中。

移动器件(M)...：将选中的元器件移动到目标元器件库中。

新部件(W)：给当前元器件增加一个新的功能单元（部件）。

移除部件(T)：删除当前元器件的某个功能单元（部件）。

模式：用于增减新的元器件模式，即在一个元器件中可以定义多种元器件符号供选择。

器件属性(I)...：设置元器件的属性。

3.2 规则的集成电路元器件设计——TEA2025

设计元器件的一般步骤如下。

1）新建元器件库。

2）新建元器件并修改元器件名称。

3）设置库编辑器参数。

4）在第四象限的原点附近绘制元器件外形。

5）放置元器件引脚并设置引脚属性。

6）设置元器件属性。

7）设置元器件封装。

8）保存元器件。

3.2.1 元器件的标准尺寸

在设计原理图元器件前必须了解元器件的基本图形和引脚的尺寸，以保证设计出的元器件与 Altium Designer Summer 09 自带库中元器件的风格相同，保证图样的一致性。

下面以集成元器件库 Miscellaneous Devices.IntLib 中的元器件为例查看元器件信息。由于该库是集成库，即把原理图库和 PCB 库集成在一起，所以必须抽取库的源文件。

执行菜单“文件”→“打开”，系统弹出“选择打开文件”对话框，在“Altium Designer Summer 09\Library”文件夹下选中集成元器件库“Miscellaneous Devices.IntLib”，单击“打开”按钮，屏幕弹出“摘录源文件或安装文件”对话框，如图 3-8 所示，本例中要查看库的源文件，故单击“摘取源文件”按钮打开该库。

图 3-8 “摘录源文件或安装文件”对话框

选中该库，单击编辑区左侧的选项卡“SCH Library”，屏幕弹出元器件库管理器，在其中可以浏览元器件的图形及引脚的定义方式。

下面以电容（CAP）、电阻（RES2）、二极管（DIODE）、晶体管（NPN）和集成电路

（ADC-8）为例查看元器件的图形和引脚特点，元器件样例如图 3-9 所示。

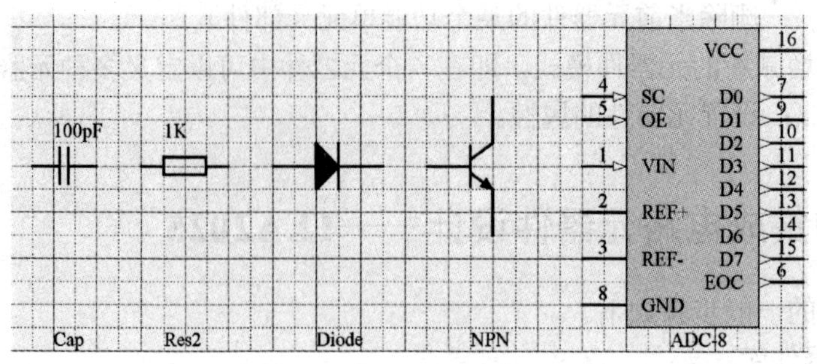

图 3-9　元器件样例

图中每个小栅格的间距为 10，从图中可以看出每个元器件图形和引脚的设置方法各不相同，元器件图形和引脚的设置特点如表 3-2 所示。

表 3-2　元器件图形和引脚的设置特点

类型	元器件名	图形尺寸	引脚尺寸	引脚间距	元器件图形	引脚状态
不规则	Cap	10	10	----	采用直线绘制，默认引脚	隐藏引脚名称和引脚号
不规则	Res2	20	10	----	采用直线绘制，默认引脚	隐藏引脚名称和引脚号
不规则	Diode	10	20	----	采用直线和多边形绘制，默认引脚	隐藏引脚名称和引脚号
不规则	NPN	10	20	----	采用直线和多边形绘制，默认引脚	隐藏引脚名称和引脚号
规则	ADC-8	根据 IC 定	20	最小 10	采用矩形绘制，引脚设置电气特性	显示引脚名称和引脚号

在元器件设计时，需参考表 3-2 中的尺寸进行绘制，以保证原理图风格的一致性。

3.2.2　元器件库编辑器参数设置

1．将光标定位到坐标原点

在绘制元器件图形时，一般要在坐标原点处开始设计，而实际操作中由于光标移动造成偏离坐标原点，影响元器件设计。

执行菜单“编辑”→“跳转”→“原点”，光标将跳回坐标原点。

2．设置栅格尺寸

执行菜单“工具”→“文档选项”，打开“库编辑器工作台”对话框，在“栅格”区中设置捕获栅格（Snap）和可视栅格（可见的）尺寸，一般均设置为 10。

在绘制不规则图形时，有时还需要适当减小捕获栅格的尺寸以便完成图形绘制，绘制完毕需将捕获栅格尺寸还原为 10。

3．关闭自动滚屏

执行菜单“工具”→“设置原理图参数”，屏幕弹出“参数选择”对话框，选择“Schematic”下的“Graphical Editing”选项，在“自动面板选项”的“类型”下拉列表框中选中“Auto Pan Off”取消自动滚屏。

3.2.3 新建元器件库和元器件

1．新建元器件库

执行菜单“文件”→“新建”→“库”→“原理图库”，新建原理图元器件库Schlib1.Schlib。

2．新建元器件

新建元器件库后，系统会自动在该库中新建一个名为Component_1的元件。

若要再增加元器件，可以执行菜单“工具”→“新器件”，屏幕弹出“New Component Name”（新元器件名）对话框，输入元器件名后单击“确定”按钮新建元器件。

3．元器件更名

新建元器件库后系统自动创建的元器件名为Component_1，通常需要对其进行更名。

在元器件库编辑管理器中选中Component_1，执行菜单“工具”→“重新命名器件”，屏幕弹出“Rename Component”（元器件重新命名）对话框，输入新元器件名后单击“确定”按钮更改元器件名。

本例中将元器件名设置为“TEA2025”。

3.2.4 绘制元器件图形与放置引脚

TEA2025是一款立体声集成音频功率放大器，其图形比较规则，只需绘制矩形框，放置引脚并定义引脚属性，设置好元器件属性即可，TEA2025设计过程图如图3-10所示。

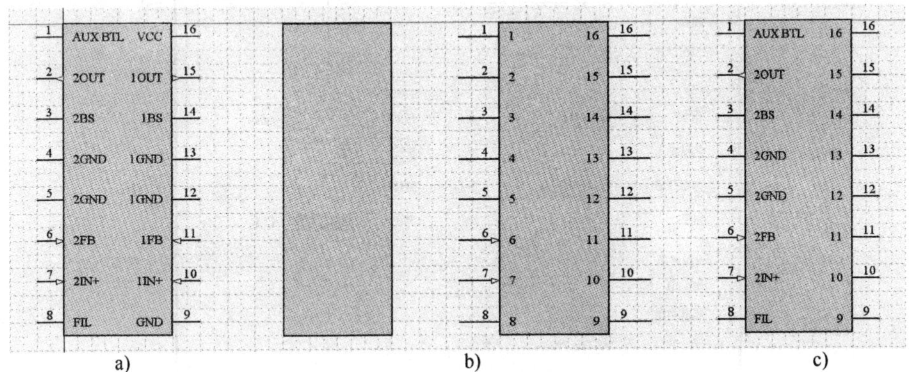

图3-10 TEA2025设计过程图

a) 设计好的元器件 b) 放置矩形 c) 放置引脚 d) 设置引脚属性

1．绘制元器件图形

执行菜单“放置”→“矩形”，在坐标原点单击鼠标左键定义矩形块起点，移动光标在第四象限拉出80×230的矩形块，再次单击鼠标左键确定矩形块的终点完成矩形块放置，单击鼠标右键退出放置状态。

2．放置引脚

执行菜单“放置”→“引脚”，光标上粘附着一个引脚，单击键盘的〈空格〉键可以旋转引脚的方向，移动光标到要放置引脚的位置，单击鼠标左键放置引脚。本例中在图上相应位置放置引脚1～16。

引脚只有一端具有电气特性，在放置时应将带有引脚名称的一端与元器件图形相连。

3．设置引脚属性

用鼠标双击某个引脚（如引脚 2），屏幕弹出如图 3-11 所示的“Pin 特性”对话框，其中“显示名称”设置为“2OUT”，表示引脚名为 2OUT；“标识”设置为“2”，表示引脚号为“2”；“电气类型”下拉列表框设置为“Output”，表示该引脚为输出引脚；“长度”设置为“20”。

“电气类型”下拉列表框共有 Input（输入）、I/O（双向输入/输出）、Output（输出）、Open Collector（集电极开路）、Passive（无源）、HiZ（高阻）、Open Emitter（发射极开路）及 Power（电源）8 中选择。

参考图 3-10 设置其他引脚属性，其中引脚 1IN+、2IN+、1FB、2FB 的“电气类型”为“Input”（输入）；引脚 1OUT 的“电气类型”为“Output”（输出）；引脚 VCC、GND、1GND、2GND 的“电气类型”为“Power”（电源）；引脚 FIL、1BS、2BS、AUX BTL 的“电气类型”为“Passive”（无源）；所有引脚“长度”均设置为 20。

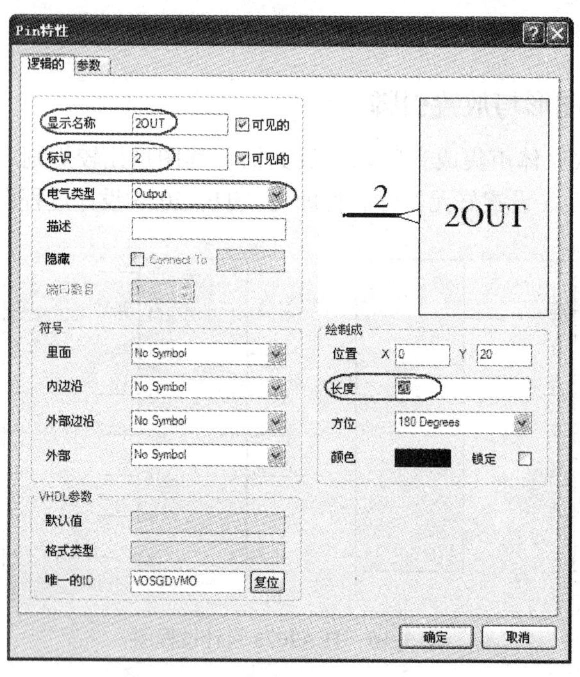

图 3-11 “Pin 特性”对话框

3.2.5 设置元器件属性

单击编辑器左侧的选项卡“SCH Library”，屏幕弹出元器件库编辑管理器，选中 TEA2025，单击“元件”区的“编辑”按钮，屏幕弹出“元器件属性设置”对话框，参考图 3-12 设置元器件属性。

1．元器件属性设置

图中“属性”区的“Defaul Designator”栏用于设置元器件默认的标号，图中设置为“U？”，即在原理图中放置元器件后屏幕上显示的元器件标号为 U?；“注释”栏一般用于设置元器件的型号或标称值，集成电路一般设置为其型号，图中设置为“TEA2025”；“描述”栏用于设置元器件的说明信息，用于说明元器件的功能，可以不设置，图中设置为“立体声集成音频功率放大器”。

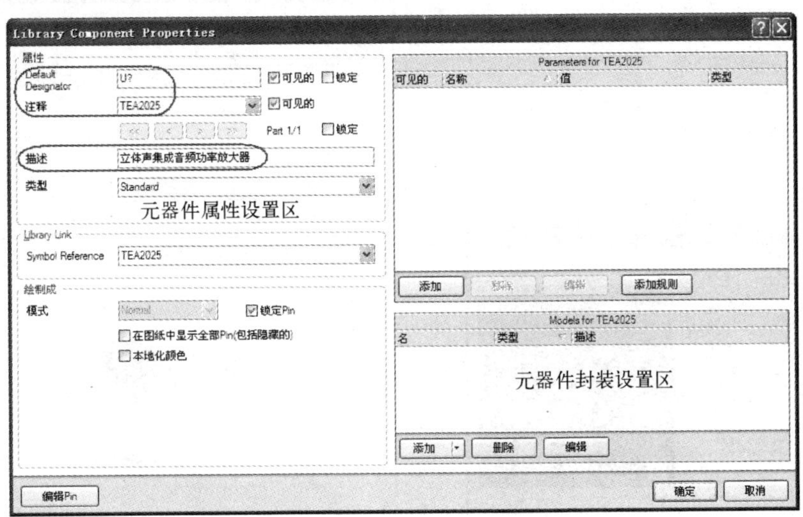

图 3-12　设置元器件属性

以上设置完毕，放置元器件 TEA2025 时，除了显示元器件图形外，还显示“U？”和“TEA2025”。

“Parameters”区用于设置元器件的参数模型，用于电路仿真，在 PCB 设计中无需设置。

2．元器件封装设置

TEA2025 是一个双列直插式 16 脚的集成电路，采用通孔式双列直插式封装的 DIP16。

元器件封装设置的方法与原理图设计中元器件封装追加的方法相同，可参考图 2-53、图 2-55～图 2-57 进行设置。

单击图 3-12 中“Models”区的“添加”按钮，屏幕弹出“添加新模型”对话框，选中“Footprint”，单击“确认”按钮，屏幕弹出图 2-53 所示的“PCB 模型”对话框，单击图中的“浏览”按钮，屏幕弹出图 2-55 所示的“浏览库”对话框，单击“发现”按钮，屏幕弹出“搜索库”对话框，单击“Advanced”按钮，在搜索区输入“DIP16”，选中“库文件路径”前的复选框，如图 2-56 所示，单击“搜索”按钮进行封装查找。

找到封装后，系统将在“浏览库”对话框中显示找到的封装名和封装图形，元器件封装查找结果如图 3-13 所示，在其中可以查看封装图形是否符合要求。

选中封装后单击“确定”按钮，系统弹出一个对话框提示是否将该库设置为当前库，单击“是”按钮将该库设置为当前库，系统返回“PCB 模型”对话框，单击“确定”按钮完成封装设置。

如果知道元器件封装在哪个库中，则可以直接进行添加，如本例中元器件封装也可以采用 DIP-16，它在 Miscellaneous Devices.IntLib 中。在图 2-53 所示的“PCB 模型”对话框中的“封装模型区”中“名称”栏输入“DIP-16”，在“PCB 库”区选中“库路径”复选框，单击“选择”按钮在系统安装路径下找到 Miscellaneous Devices.IntLib 库，此时“选择封装”区将显示封装图形，单击“确定”按钮完成封装设置，直接添加元器件封装如图 3-14 所示。

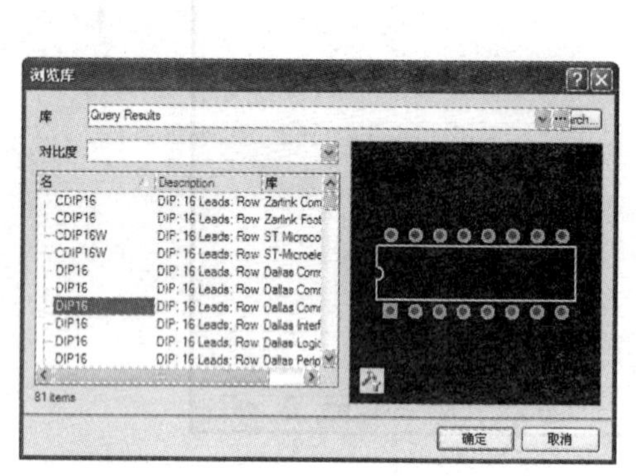

图 3-13　元器件封装查找结果

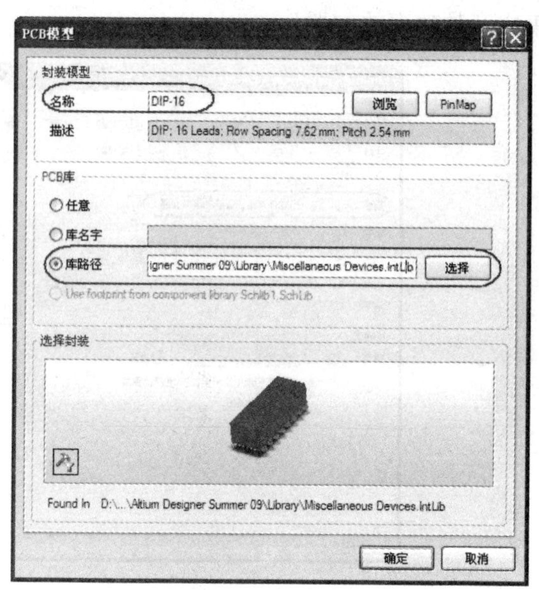

图 3-14　直接添加元器件封装

检查元器件设计无误后保存元器件完成 TEA2025 设计。

3.3　不规则分立元器件设计

对于不规则元器件来说，元器件图形比较复杂，下面以 PNP 型晶体管和行输出变压器为例介绍设计方法。

3.3.1　PNP 型晶体管设计

1）在元器件库 Schlib1.Schlib 中新建元器件。执行菜单“工具”→“新器件”，屏幕弹出“新器件名”对话框，输入元器件名“PNP”后单击“确定”按钮新建元器件。

2）光标回原点。执行菜单“编辑”→“跳转”→“原点”，光标自动回到坐标原点。

3）设置栅格。执行菜单“工具”→“文档选项”，打开“库编辑器工作台”对话框。在“栅格”区中设置捕获栅格为 1。

4）放置直线。执行菜单“放置”→“线”，绘制晶体管的外形，在走线过程中单击键盘的〈空格〉键，切换直线的转弯方式，晶体管设计过程图如图 3-15 所示。放置线时应将连接引脚的直线端子放置在可视栅格上，便于后期连接引脚。

5）放置多边形。执行菜单“放置”→“多边形”，系统进入放置多边形状态，按键盘上的〈Tab〉键，屏幕弹出“多边形”属性对话框，将“边缘宽度”设置为“Smallest”，如图 3-16 所示，在“填充颜色”中，用鼠标双击色块将颜色设置为与边缘色相同的颜色，单击“确定”按钮完成设置，移动光标在图中绘制箭头符号，绘制完毕单击鼠标右键退出。

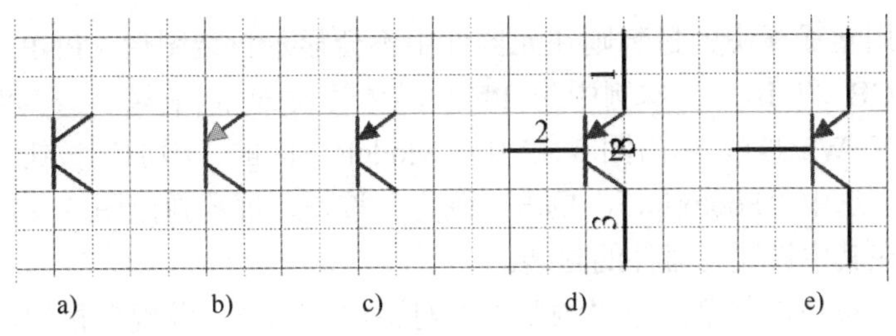

图 3-15　晶体管设计过程图

a) 画直线　b) 画多边形　c) 修改颜色　d) 放置引脚　e) 完成设置的晶体管

6）放置引脚。将捕获栅格设置为 10，执行菜单“放置”→“引脚”，光标上粘附着一个引脚，单击键盘的〈空格〉键可以旋转引脚的方向，移动光标到要放置引脚的位置，单击鼠标左键放置引脚。

由于引脚只有一端具有电气特性，在放置时应将不具有电气特性（即无光标符号端）的一端与元器件图形相连，放置元器件引脚如图 3-17 所示。采用相同方法放置元器件的其他两个引脚。

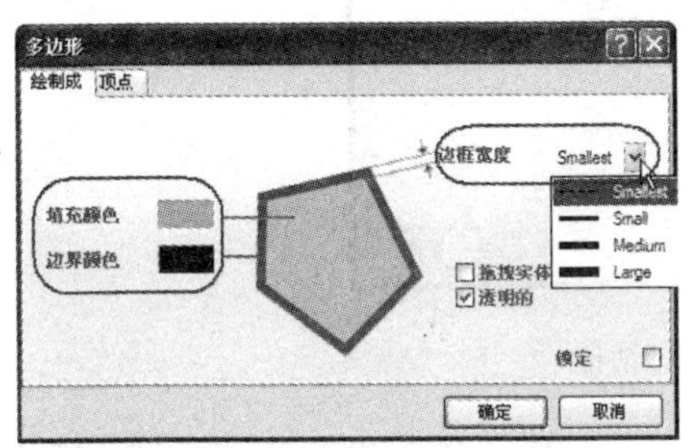

图 3-16　“多边形”属性对话框

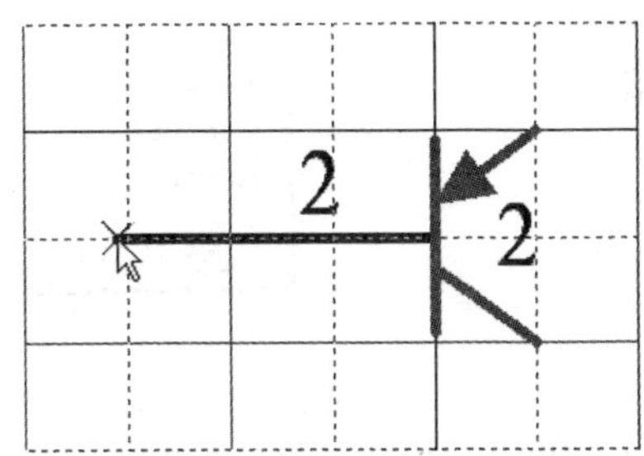

图 3-17　放置元器件引脚

用鼠标双击晶体管基极的引脚，屏幕弹出“引脚属性”对话框，将“显示名称”（即引脚名称，可以不设置）设置为“B”，将“标识”（即引脚号，必须设置）设置为“2”，将“长度”设置为“20”，去除“显示名称”和“标识”栏后的“可见的”复选框，将其隐藏，最后单击“确定”按钮完成设置。

采用同样的方法设置好发射极（“显示名称”为“E”，“标识”为“1”）和集电极（“显示名称”为“C”，“标识”为“3”），完成元器件引脚设置。

7）元器件属性设置。单击库编辑器左侧的选项卡“SCH Library”，在工作区中打开元器件库编辑管理器，选中 PNP，单击“元件”区的“编辑”按钮，屏幕弹出“元器件属性设置”对话框，在其中可以设置元器件的常用信息，元器件属性设置如图 3-18 所示。

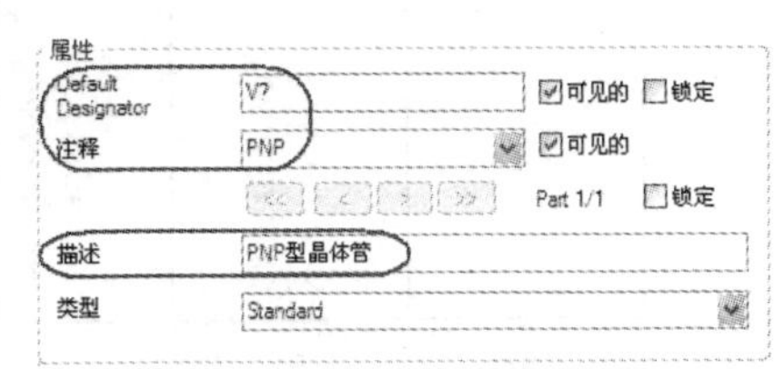

图 3-18　元器件属性设置

图中“属性”区的“Default Designator”栏设置为“V？”；“注释”栏设置为“PNP”；“描述”栏设置为“PNP 型晶体管”。

8）设置元器件封装。元器件封装的设置可以调用 PCB 库中的封装，也可以使用集成库中的封装，若采用集成库中的封装则在元器件中不会显示封装图形。PNP 晶体管有 3 种管型，即 EBC、ECB 和 BCE，本例中为 PNP 晶体管设置 3 个封装与其对应，即 TO92、TO92-132 和 BCY-W2/231。单击图 3-12 中“Models”区的“添加”按钮，屏幕弹出“添加新模型”对话框，选中“Footprint”，单击“确定”按钮，屏幕弹出图 3-14 所示的“PCB 模型”对话框，可在其中设置元器件的封装。

单击“浏览”按钮，屏幕弹出“浏览库”对话框，单击“发现”按钮，屏幕弹出“搜索库”对话框，如图 3-19 所示。如果屏幕弹出的是图 2-56 所示的“搜索库”对话框，则单击“〈〈Simple”按钮进入图 3-19 所示对话框。

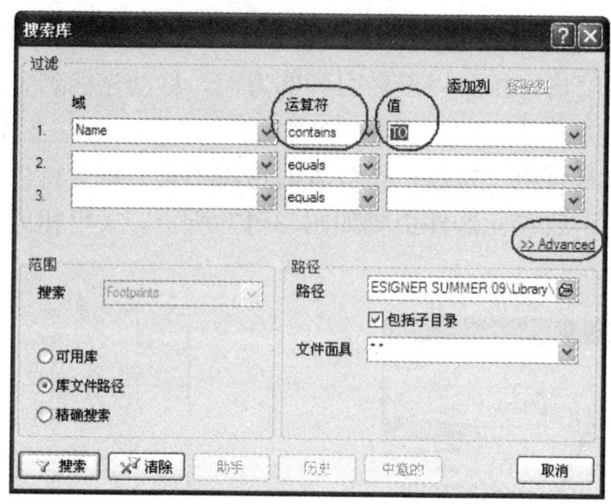

图 3-19 “搜索库”对话框

参考图 3-19 进行参数设置，“运算符”选择“contains”，“值”设置为“TO”，选中“库文件路径”，单击“搜索”按钮进行封装查找，系统将所有包含“TO”的封装全部查找出来，在其中选中封装“TO92”，单击“确定”按钮添加封装。

采用同样方法设置封装 TO92-132 和 BCY-W3/231。

9）执行菜单“文件”→“保存”，保存元器件完成设计工作。

3.3.2 行输出变压器设计

行输出变压器是一种一体化多级一次升压结构的脉冲功率变压器，是 CRT 电视机行扫描电路中的一个重要元件，行输出变压器设计过程图如图 3-20 所示。

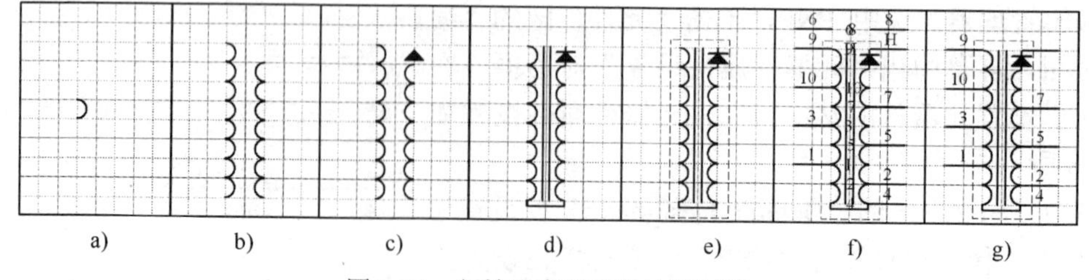

图 3-20 行输出变压器设计过程图

a) 放置半圆弧 b) 复制半圆弧 c) 放置多边形 d) 放置直线 e) 放置虚线 f) 放置引脚 g) 完成的元器件

1）在 Schlib1.Schlib 库中新建元件 FBT。

2）设置栅格尺寸，可视栅格为 10，捕获栅格为 5。

3）将光标定位到坐标原点。

4）执行菜单“放置”→“弧”，放置直径为 5 的半圆弧。

5）用鼠标拉框选中半圆弧，执行菜单“编辑”→“拷贝”，复制该半圆弧。

6）执行菜单“编辑”→“粘贴”， 粘贴半圆弧，参考图 3-20 放置 15 个半圆弧，移动圆弧位置使之连接正常。

7）执行菜单“放置”→“多边形”，根据图中位置和大小放置三角图形，并将多边形的边缘色和填充色设置成相同的颜色。

8）设置捕获栅格为 1，执行菜单“放置”→“直线”，根据图中位置放置直线。

9）放置虚线。执行菜单“放置”→“直线”，按下〈Tab〉键，屏幕弹出“线设置”对话框，在“排列风格”下拉列表框中选择“Dashed”，单击“确定”按钮，移动光标放置虚线。

10）设置捕获栅格为 10，执行菜单“放置”→“引脚”，参考图中位置放置 11 个引脚。

11）设置引脚属性。用鼠标双击引脚，屏幕弹出“Pins 特性”对话框，参考图 3-21 设置引脚 1、2、3、4、5、7、9、10、H 的属性，“显示名称”隐藏，引脚长度 20，引脚 H 的属性中取消“标识”后的“可视”，隐藏引脚号 H。引脚 6、8 为空脚，用于固定器件，不需要对外连接，参考图 3-22，选中“隐藏”后的复选框，将引脚 6 和 8 隐藏。

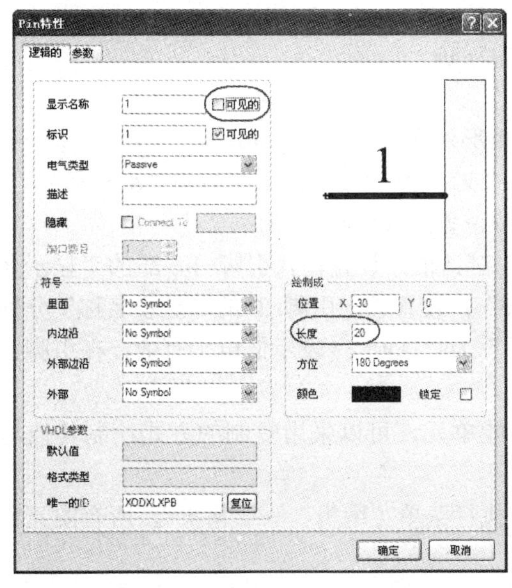

图 3-21　设置引脚 1

图 3-22　隐藏引脚 6

12）设置元器件属性。单击库编辑器左侧的选项卡“SCH Library”，打开原理图元器件库编辑管理器，选中 FBT，单击“元件”区的“编辑”按钮，在弹出的对话框中设置“Default Designator”为“T？”。

由于行输出变压器规格大小、形状不一，故无须设置封装，在 PCB 设计时根据实际情况再进行设置。

13）保存元器件完成设计。

3.4 多功能单元元器件设计

在某些集成电路中含有多个相同的功能单元（如 DM74LS00 中含有四个相同的 2 输入与非门，双联电位器中含有两个相同的电位器），其图形符号都是一致的，对于这类的元器件，只需设计一个基本符号，通过适当的设置即可完成整个元器件设计。

3.4.1 DM74LS00 设计

下面以 DM74LS00 为例介绍多功能单元元器件设计，该元器件含有 4 套相同的 2 输入与非门，DM74LS00 设计过程图如图 3-23 所示。

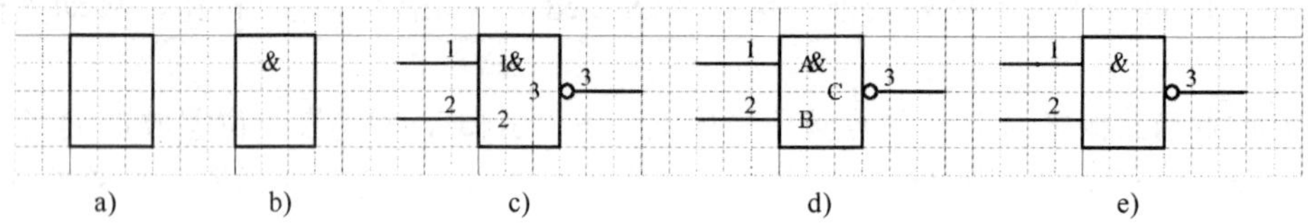

图 3-23 DM74LS00 设计过程图

a) 放置直线 b) 放置文本& c) 放置引脚 d) 定义引脚属性 e) 隐藏引脚名

1）在 Schlib1.Schlib 库中新建元器件 DM74LS00。

2）设置栅格尺寸，可视栅格为 10，捕获栅格为 10。

3）将光标定位到坐标原点。

4）执行菜单“放置”→“线”，绘制元器件矩形外框，尺寸 30×40。

5）设置捕获栅格为 5，执行菜单“放置”→“文本字符串”，放置字符串“&”。

6）执行菜单“放置”→“引脚”，在图上对应位置放置引脚 1～3。

7）用鼠标双击引脚，屏幕弹出“Pin 特性”对话框，设置输入引脚 1、2 的“显示名称”分别为“A”“B”“电气类型”为“Passive”；设置输出引脚 3 的“显示名称”分别为 Y，“电气类型”为“Passive”，“外部边沿”为“Dot”（表示低电平有效，在引脚上显示一个小圆圈）。至此第一套功能单元设计结束。

8）由于 DM74LS00 中含有 4 个相同的功能单元，可以采用复制的方式绘制其他功能单元。

用鼠标拉框选中第一个与非门的所有图元，执行菜单“编辑”→“拷贝”，所有图元均被复制入剪切板。

执行菜单“工具”→“新部件”，屏幕出现了一张新的工作窗口，在元器件库管理器中可以观察到当前是“Part B”（即第 2 个功能单元）。

执行菜单“编辑”→“粘贴”，将光标移动到坐标原点处单击左键，将剪切板中的图件粘贴到新窗口中。

用鼠标双击元件引脚，将引脚 1 的“标识”改为 4，将引脚 2 的“标识”改为 5，将引脚 3 的“标识”改为 6，完成第 2 套功能单元设计，如图 3-24 所示。

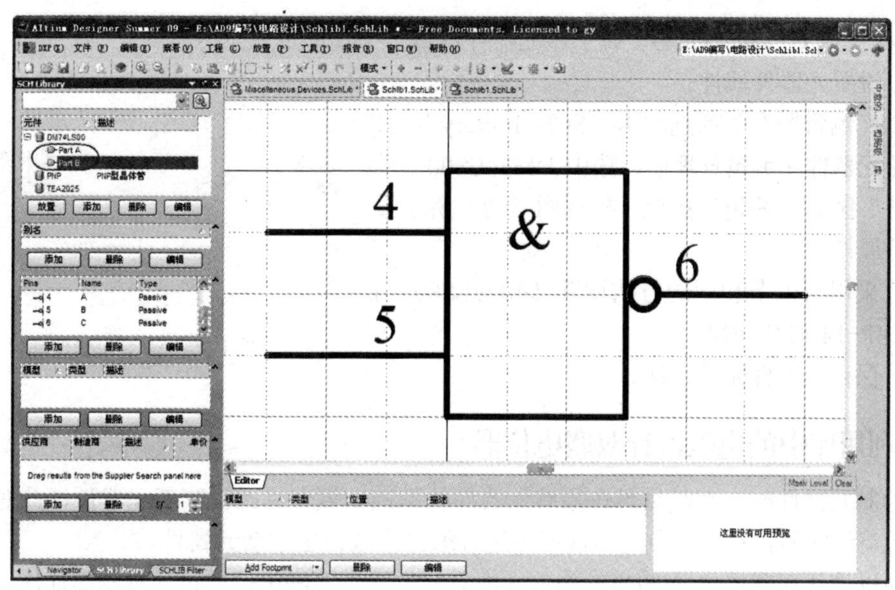

图 3-24　第 2 套功能单元设计

9）按照同样的方法，绘制完成其他两个功能单元。其中 Part C 中引脚 8、9 为输入端，引脚 10 为输出端；Part D 中引脚 11、12 为输入端，引脚 13 为输出端。

10）在 Part D 中放置隐藏的电源引脚。

执行菜单“放置”→“引脚”，按下〈Tab〉键，屏幕弹出“Pin 特性”对话框中，参考图 3-25 设置并放置电源 VCC，引脚号 14；参考图 3-26 设置并放置接地脚 GND，引脚号 7。

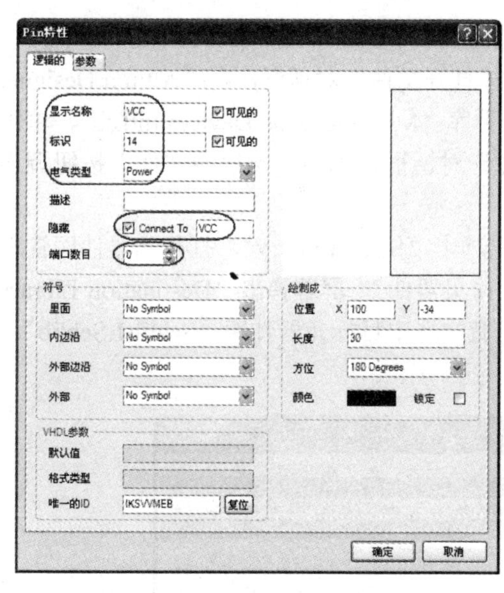

图 3-25　设置隐藏的电源端 VCC

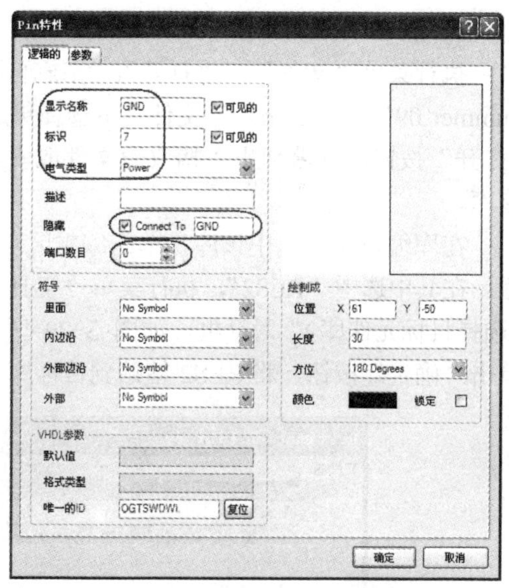

图 3-26　设置隐藏的电源端 GND

图中“电气类型”设置为“Power”；选中“隐藏”，“Connect To”设置为“VCC”（或“GND”），该脚将自动隐藏并与 VCC 网络（或 GND 网络）相连；“端口数目”设置为

“0”，这样“VCC”和“GND”属于该元器件的每一个功能单元。

11）设置元器件属性。

单击库编辑器左侧的选项卡“SCH Library”，打开原理图元器件库编辑管理器，选中 DM74LS00，单击“元件”区的“编辑”按钮，根据图 3-27 所示设置元器件属性。

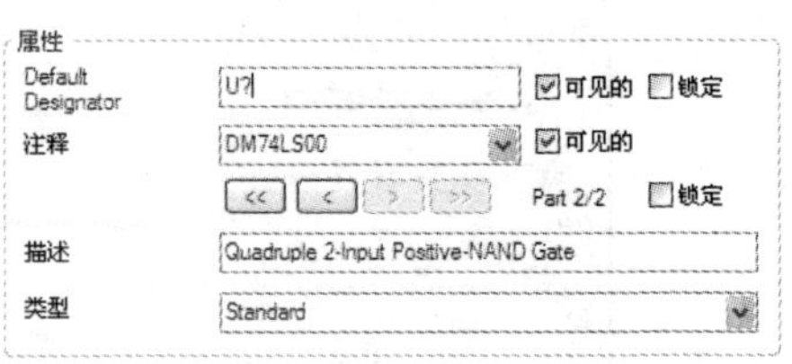

图 3-27 设置元器件属性

12）采用与上节相同的方法设置 DM74LS00 的封装为 DIP-14 和 SOP14。

13）保存元器件完成设计。

3.4.2 利用库中的电阻设计双联电位器

在绘制元器件时，有时只想在原有元器件的基础上做些修改得到新元器件，此时可以在抽取源后将该元器件符号复制到当前库中进行编辑修改，生成新元器件。

下面以设计双联电位器 POT2 为例介绍设计方法，双联电位器设计过程图如图 3-28 所示，封装由于要根据实际元器件物理尺寸设定，此处不设置。

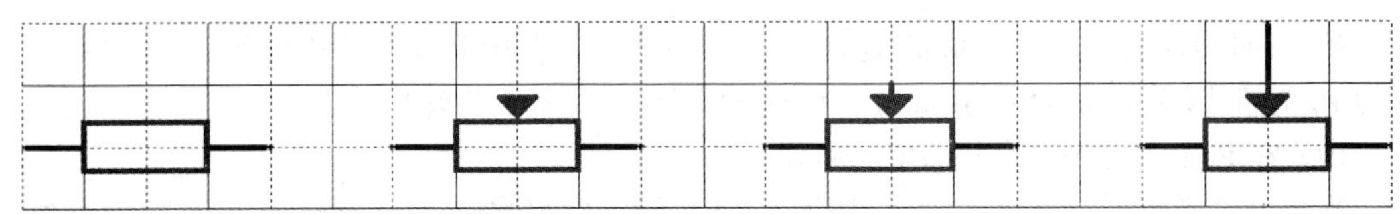

图 3-28 双联电位器设计过程图

1）从 Miscellaneous Devices.IntLib 库中复制电阻 RES2 的图形到 Schlib1.Schlib 库中。

执行菜单“文件”→“打开”，系统弹出“选择打开文件”对话框，在“Altium Designer Summer 09”→“Library”文件夹下选择集成元器件库“Miscellaneous Devices.IntLib”，单击“打开”按钮，屏幕弹出“摘取源文件或安装文件”对话框，单击“摘取源文件”按钮调用该库。

在库编辑器中选中该库，单击编辑区左侧的选项卡“SCH Library”，打开元器件库管理器，在其中选中“RES2”，执行菜单“工具”→“拷贝器件”，屏幕弹出“Destination Library（选择目标元件库）”对话框，如图 3-29 所示，在其中选中目标元器件库“Schlib1.Schlib”，单击“确定”按钮，将 RES2 粘贴到目标库中。

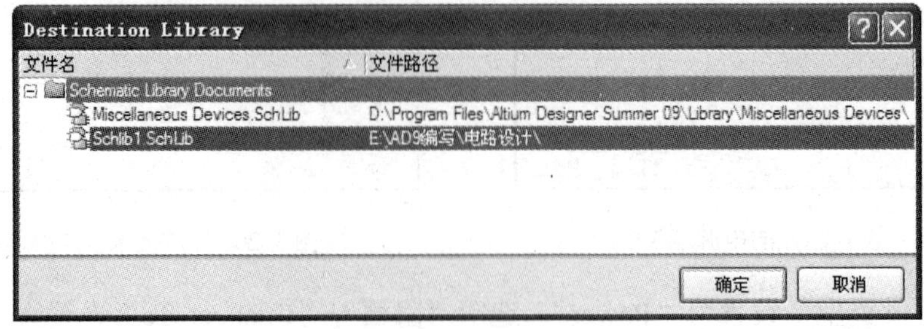

图 3-29 “选择目标元件库”对话框

2）将元器件库切换到 Schlib1.Schlib，选中 RES2，执行菜单“工具”→“重新命名器件”将“RES2”更名为“POT2”。

3）执行菜单“放置”→“多边形”，在电阻上方放置三角形，绘制前适当修改捕获栅格。

4）执行“放置”→“引脚”，在三角形上方放置引脚。

5）用鼠标双击新放置的引脚，设置引脚属性，其中“显示名称”和“标识”均设置为“3”，可视状态取消；“电气特性”设置为“Passive”；“长度”设置为 10，设置结束保存元器件。

6）执行菜单“工具”→“新部件”，增加一套功能单元“Part B”，将前面设计好的电位器复制到当前功能单元中。

7）用鼠标双击元器件的引脚，修改引脚属性，从左到右，将三个引脚的“显示名称”和“标识”依次修改为“4”“6”“5”。

8）设置元器件属性。“Default Designator”设置为“Rp？”

9）保存元器件完毕设计。

3.5　在原理图中直接编辑元器件

有时在设计电路原理图过程中，由于元器件较多，排列紧密，造成连线困难，想缩短元件引脚以增加连线的空间，但重新进行原理图元器件设计耗时较多，影响设计进度。

在 Altium Designer Summer 09 中，用户可以在原理图编辑器中直接进行元器件编辑。下面以缩短晶体管的引脚长度为例介绍编辑方法。

晶体管编辑前后示意图如图 3-30 所示，原理图库中晶体管的引脚长度定义为 20，若进行连接，图中的空间不足，会造成引脚重叠，为消除这种情况出现，图中将晶体管的引脚长度设置为 10，解决空间不足的问题。

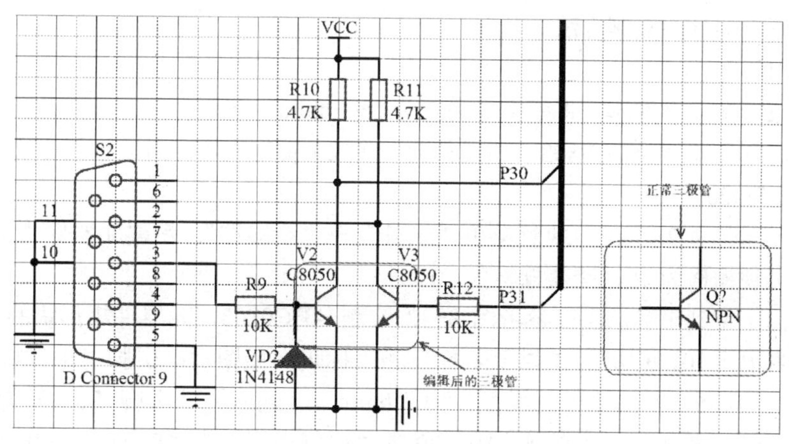

图 3-30　晶体管编辑前后示意图

在原理图中直接编辑元器件的方法如下。

用鼠标双击要编辑的元器件，屏幕弹出图 2-43 所示的“元件属性”对话框，单击对话框左下角的“编辑 Pin”按钮，屏幕弹出“元器件引脚编辑器”对话框，如图 3-31 所示。

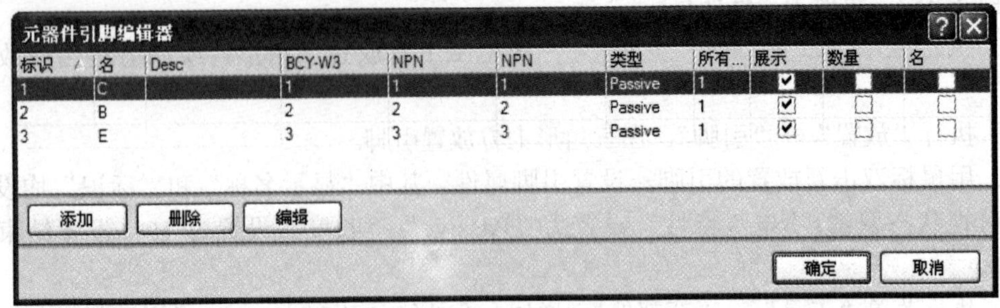

图 3-31 “元器件引脚编辑器”对话框

选中要编辑的引脚，如图中的“1”，单击“编辑”按钮，屏幕弹出图 3-11 所示的“Pin 特性”对话框，将“绘制成”区的“长度”设置为 10，设置完毕单击“确定”按钮返回“元件引脚编辑器”，再次单击“确定”按钮完成引脚长度修改。

采用同样方法修改其他两个引脚完成晶体管引脚长度的编辑。

采用直接编辑元器件的方法不会改变库中的元器件，只改变当前原理图上被编辑的元器件。如果需要修改的量比较大，建议在元器件编辑器中进行元器件修改，然后执行菜单“工具”→“更新原理图”进行全图更新。

3.6 实训 原理图库元器件设计

1．实训目的

1）掌握元器件库编辑器的功能和基本操作。

2）掌握规则和不规则元器件设计方法。

3）掌握多功能单元元器件设计。

4）掌握库元器件的复制方法。

2．实训内容

1）新建原理图元器件库，将库文件另存为 MySchlib.Scblib。

2）设计规则元器件 ADC0803。该器件为一个 20 脚集成块，封装设置为通孔式的 DIP-20 和贴片式的 SO20。

① 新建元器件 ADC0803。执行菜单“工具”→“新器件”，新建元器件“ADC0803”。

② 设置可视栅格为 10，捕获栅格为 10。

③ 将光标定位到坐标原点，参考图 3-32 绘制 ADC0803，元器件矩形块的尺寸为 80×130mm；引脚间距 10，引脚的“显示名称”和“标识”如图示；引脚“电气特性”如下：引脚 1、2、3、4、6、7 的“电气类型”为“Input”（输入），引脚 5、19 脚的“电气类型”为“Output”（输出），引脚 8、10、20 的“电气类型”为“Power”（电源），引脚 9 的“电气类型”为“Passive”（无源），引脚 11～18 的“电气类型”为“Hiz”（高阻）；设置引脚 1、2、3、5 的“显示名称”为 C\S\、R\D\、W\R\、I\N\T\R\，其他引脚参考图 3-32；设置引脚 4 的“内部边沿”为“Clock”，其他引脚默认；设置全部引脚的“引脚

长度”为 20。

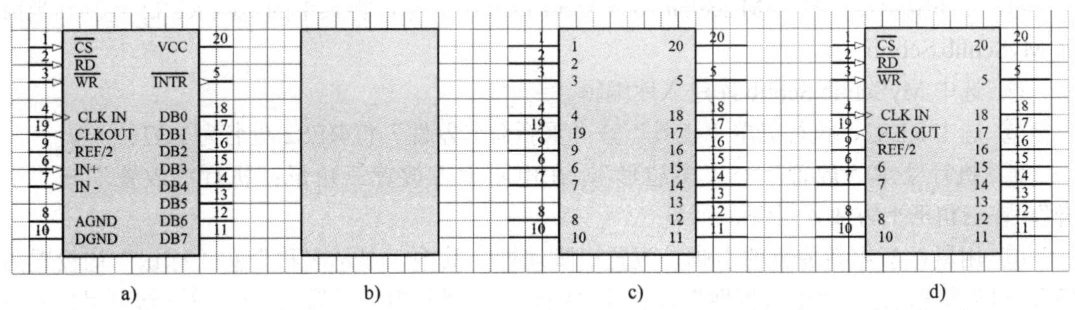

图 3-32　ADC0803 设计过程图

a) 设计好的元器件　b) 放置矩形　c) 放置引脚　d) 设置引脚属性

④ 设置元器件属性。“Default Designator”设置为“U？”，“注释”设置为“ADC0803”，“描述”设置为“8-Bit Analog-to-Digital Converter with Differential Inputs”。

⑤ 设置元器件的封装为 ST Logic Register.IntLib 库中通孔式封装 DIP20，ST Logic Buffer Line Driver.IntLib 库中贴片式封装 SO20。

⑥ 保存元器件完成设计。

3）设计发光二极管 LED。

设计图 3-33 所示的发光二极管 LED，元器件名设置为 LED，封装名设置为 LED-1。

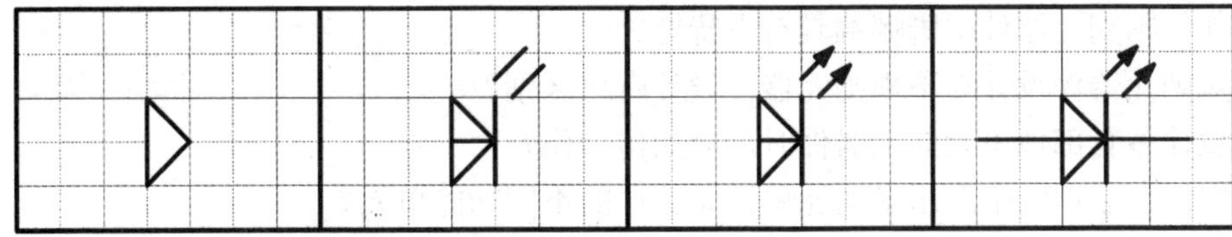

图 3-33　LED 设计过程图

① 新建元器件 LED。

② 设置可视栅格为 10，捕获栅格为 1。

③ 根据图 3-33 绘制 LED 的图形，其中三角形采用“多边形”绘制，大三角形的“填充色”设置为无色“233”，箭头三角形的“填充色”设置为蓝色“229”，其他采用“线”绘制。

④ 放置元器件引脚。

二极管正端引脚的“显示名称”设置为“A”，可视状态取消；“标识”设置为“1”，可视状态取消；“电气特性”设置为“Passive”；“长度”设置为 20。

二极管负端引脚的“显示名称”设置为“K”，可视状态取消；“标识”设置为“2”，可视状态取消；“电气特性”设置为“Passive”；“长度”设置为 20。

⑤ 设置元器件属性。“Default Designator”设置为“VD？”。

⑥ 设置元器件的封装形式为 Miscellaneous Devices PCB.PcbLib 库中的 LED-1。

⑦ 保存元器件完成设计。

4）设计双联电位器 POT。

设计双联电位器 POT，即在一个元器件中绘制两套功能单元，元器件图形设计过程如

图 3-28 所示，封装由于要根据实际元器件物理尺寸设定，本例中不设置封装。

① 在库编辑器中打开 Miscellaneous Devices.IntLib 库，将其中的电阻 RES2 复制到当前库 MySchlib.Scblib 中。

② 选中 MySchlib.Scblib 库进入库编辑。

③ 选中 RES2，执行菜单“工具”→“重新命名器件”将 RES2 更名为 POT。

④ 执行菜单“放置”→“多边形”，在电阻上方放置三角形；执行“放置”→“引脚”，在三角形上方放置引脚。

⑤ 用鼠标双击新放置的引脚，设置引脚属性，其中“显示名称”和“标识”均设置为“3”，可视状态取消；“电气特性”设置为“Passive”；“长度”设置为 10，设置结束保存元器件。

⑥ 执行菜单“工具”→“新部件”，增加一套功能单元“Part B”，将前面设计好的电位器复制到当前功能单元中。

⑦ 用鼠标双击元器件的引脚，修改引脚属性，从左到右，将 3 个引脚的“显示名称”和“标识”依次修改为“4”“6”“5”。

⑧ 设置元器件属性。“Default Designator”设置为“Rp？”。

⑨ 保存元器件完成设计。

5）将设计好的 3 个元器件依次放置到电路图中，观察设计好的元器件是否正确及双联电位器两个功能单元的区别。

3．思考题

1）如何判别元器件引脚哪端具有电特性？

2）规则元器件设计与不规则元器件设计有何区别？

3）设计多套部件单元的元器件时，应如何操作？

4）如何在原理图中选用多功能单元元器件的不同功能单元？

3.7 习题

1．叙述设计元器件的基本步骤。

2．创建一个新元器件库 NewLIB.Schlib，从 Miscellaneous Devices.InLib 库中复制元器件 RES2、CAP Pol2、2N3904、ADC-8 及 DIODE，组成新库。

3．如何在原理图中设置多功能单元元器件的不同单元？

4．绘制图 3-34 所示的 DS1302，封装设置为 DIP-8。其中，2、3、5、7 脚为输入引脚；8～13 脚为输出引脚；6 脚为 I/O；4 脚为地；1、8 脚为电源；7 脚的“内部边沿”为“Clock”。

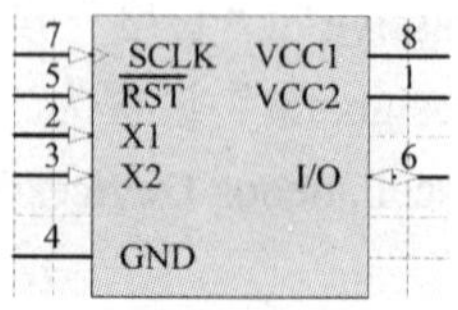

图 3-34　DS1302

5．绘制图 3-35 所示的 74LS02，该集成块中有四个 2 输入或非门，元器件名为 74LS02，封装设置为 DIP-14，接地 7 脚和电源 14 脚设置为隐藏。

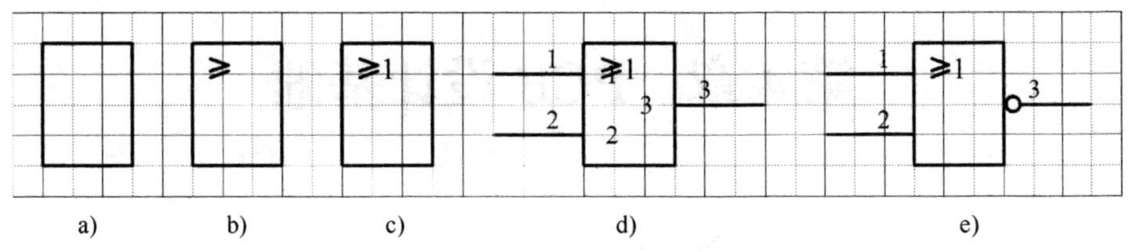

图 3-35　74LS02 设计过程图

a) 放置直线　b) 绘制≥　c) 放置文本 1　d) 放置引脚　e) 定义属性后的引脚

6．如何进行多功能单元元器件的电源脚的隐藏和连接网络设置？

7．上网搜索 CY7C68013 系列芯片的资料，设计元器件 CY7C68013-56PVC，封装为 SSOP-G56。

第 4 章　PCB 设计基础

4.1　认知 PCB 编辑器

本节主要介绍 PCB 编辑器的组成与常用设置。

4.1.1　启动 PCB 编辑器

进入 Altium Designer Summer 09 主窗口，执行菜单“文件”→“新建”→“工程”→“PCB 工程”建立新的 PCB 工程文件，执行菜单“文件”→“新建”→“PCB”，系统自动产生一个 PCB 文件，默认文件名为 PCB1.PcbDoc，并进入 PCB 编辑器，PCB 编辑器主界面如图 4-1 所示。

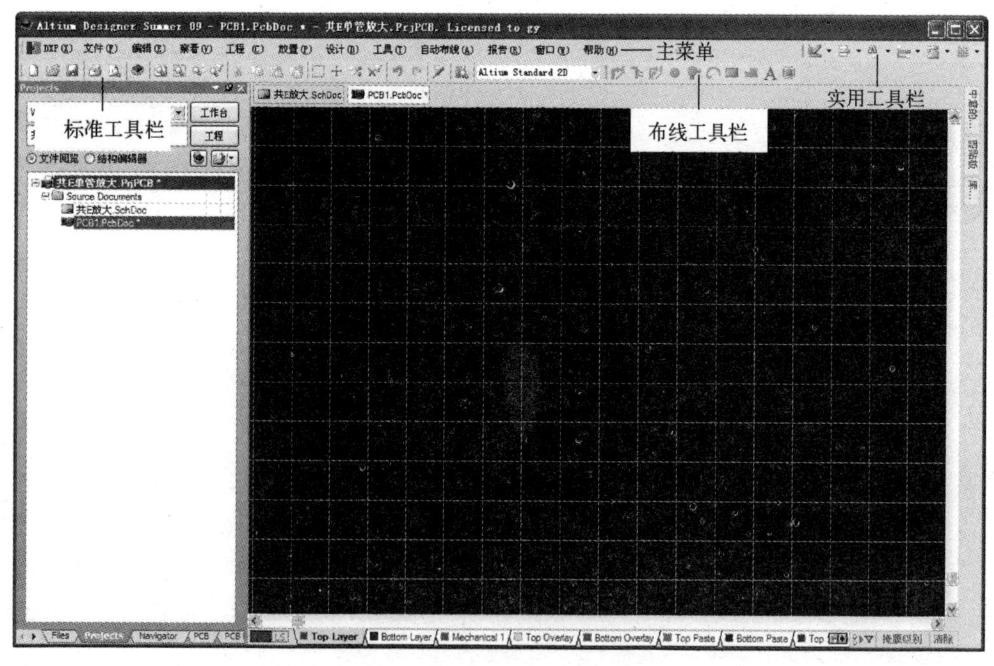

图 4-1　PCB 编辑器主界面

1. 主菜单

PCB 编辑器的主菜单与原理图编辑器的主菜单基本相似，操作方法也类似。在绘制原理图中主要是对元器件的操作和连接，而在进行 PCB 设计主要是针对元器件封装、焊盘、过孔等的操作和布线工作。

2．工具栏

PCB 编辑器的工具栏主要有 PCB 标准工具栏、布线工具栏和实用工具栏等，其中实用工具栏中包括应用工具、排列工具、发现选择、放置尺寸、放置 Room 及栅格等 6 个工具。

执行菜单“查看”→“工具条”下的相关菜单，可以设置打开或关闭相应的工具栏。

4.1.2 PCB 编辑器的管理

1．PCB 窗口管理

在 PCB 编辑器中，窗口管理可以执行菜单“查看”下的子菜单实现，常用如下。

执行菜单“查看”→“合适板子”，可以实现 PCB 全板显示，便于用户快捷地查找。

执行菜单“查看”→“区域”，用户可以用鼠标拉框选定放大的区域。

执行菜单“查看”→“切换到 3 维显示”，可以显示整个印制板的 3D 模型，一般在 PCB 布局或布线完毕，使用该功能观察元器件的布局或布线是否合理。

2．坐标系

PCB 编辑器的工作区是一个二维坐标系，其绝对原点位于电路板图的左下角。

用户可以自定义新的坐标原点，执行菜单“编辑”→“原点”→“设置”，将光标移到要设置为新的坐标原点的位置，单击左键，即可设置新的坐标原点。

执行菜单“编辑”→“原点”→“复位”，可恢复到绝对坐标原点。

3．PCB 浏览器使用

单击在 PCB 编辑器主界面左下侧的选项卡“PCB”，可以打开 PCB 浏览器，PCB 浏览器使用如图 4-2 所示。在浏览器左上方的下拉列表框中可以选择浏览器的类型，常用的如下。

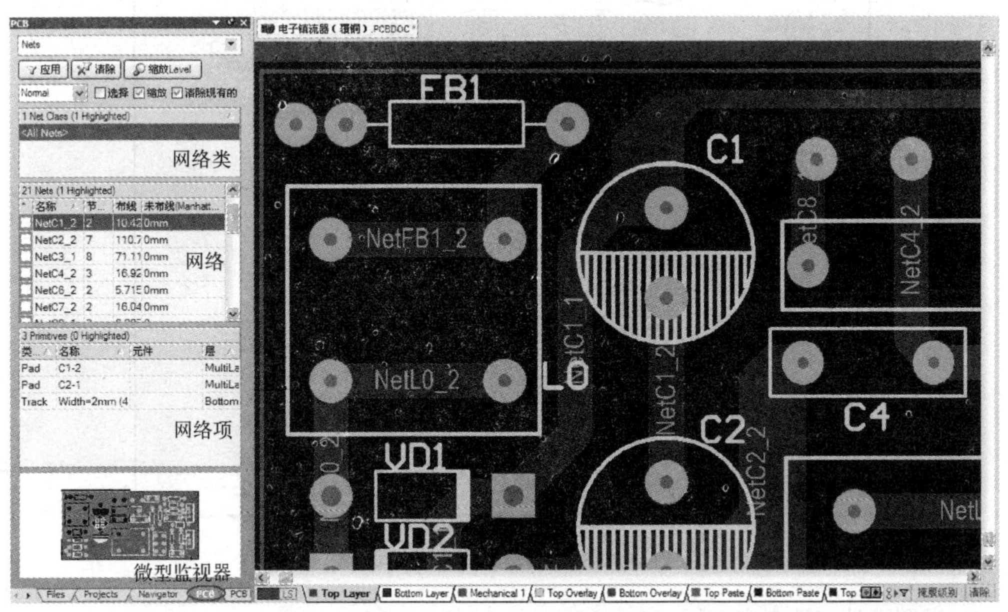

图 4-2　PCB 浏览器使用

1）Nets。网络浏览器，显示板上所有网络名。图 4-2 所示即为网络浏览器，在“网络类”区中用鼠标双击“All Nets”，在“网络”区中将显示所有网络，选中某个网络（图中为 NetC1_2），在“网络项”区中将显示与此网络有关的焊盘和连线的信息，同时工作区中与该网络有关的焊盘和连线将高亮显示。

在 PCB 浏览器的左下方，还有一个微型监视器屏幕，在监视器中显示全板的结构，并以虚线框的形式显示当前工作区中的工作范围。拖动虚线框可在 PCB 浏览器中局部浏览当前区域的信息。

2）Component。元器件浏览器，它将显示当前 PCB 中的所有元器件名称和所选元器件的所有焊盘。

3）From-To Editor。选取此项设置为飞线编辑器，可以查看并编辑元器件的网络节点和飞线。

4）Split Plane Editor。选取此项设置为内电层分割编辑器，可在多层板中对电源层进行分割。

5）Polygons。选取此项设置为覆铜浏览器，可以查看并编辑当前 PCB 中的覆铜。

4．关闭自动滚屏

有时在进行线路连接或移动元器件时，会出现窗口中的内容自动滚动的问题，这样不利于操作，主要原因在于系统默认的设置为“自动滚屏”。

要消除这种现象，可以关闭“自动滚屏”功能。执行菜单“工具”→“优先选项”，系统弹出图 4-3 所示的“参数选择”对话框，在“Autopan 选项”区的“类型”下拉列表框中选中“Disable”，单击“确定”按钮关闭自动滚屏功能。

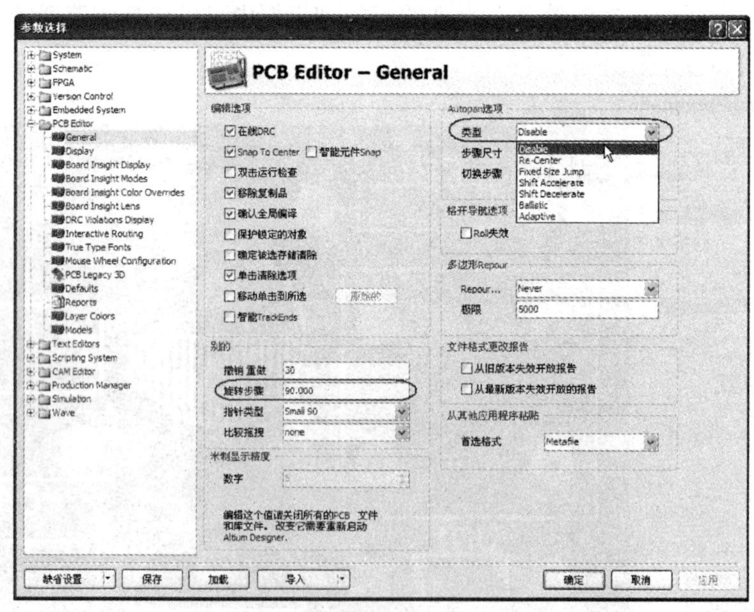

图 4-3 “参数选择”对话框

5．设置图件旋转角度

在 PCB 设计时，有时板的尺寸很小，元器件无法全部横平竖直排列，需要有特殊的旋转角度以满足实际要求，而系统默认的旋转角度为 90°，此时需要重新设置旋转角度。

设置旋转角度在图 4-3 所示的对话框中的“别的”区进行，在“旋转步骤”后键入所需的旋转角度数值即可。

4.1.3 设置单位制和布线栅格

1．单位制设置

Altium Designer Summer 09 中设有两种单位制，即 Imperial（英制，单位为 mil）和 Metric（公制，单位为 mm），执行菜单“查看”→“切换单位”可以实现英制和公制的切换。

单位制的设置也可以执行菜单“设计”→“板参数选项”，屏幕弹出“板选项”对话框，如图 4-4 所示，在“度量单位”区中的“单位”下拉列表框中选择所需的单位制。

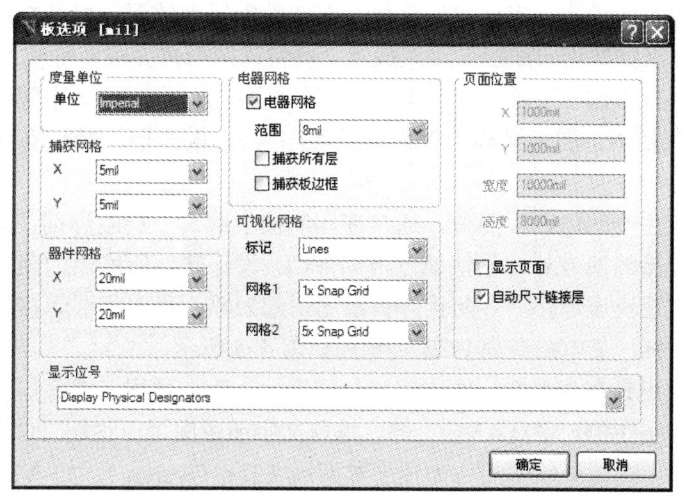

图 4-4 “板选项”对话框

2．设置栅格

在图 4-4 所示的“板选项”对话框中可以进行捕获栅格、器件栅格、电气栅格、可视栅格、图样及单位制等设置。

1）捕获栅格设置。在“捕获网格”区中“X”“Y”分别设置光标在 X 方向、Y 方向上的位移量。

2）元器件移动栅格设置。在“器件网格”区中“X”“Y”分别设置元器件在 X 方向、Y 方向上的位移量。

3）电气栅格设置。在“电器网格”区中选中“电器网格”复选框，然后再设置电气栅格范围。

4）可视栅格设置。在“可视化网格”区中“标记”用于设置栅格的样式，有 Dots（点状）和 Lines（线状）两种供选择；可视栅格有两种尺寸，其中“网格 1”一般设置的尺寸比较小，只有工作区放大到一定程度时才会显示；“网格 2”一般设置的尺寸比较大，进入 PCB 编辑器时看到的栅格是网格 2 的栅格。

若要显示网格 1 的栅格，可以执行菜单“设计”→“板层颜色”，在弹出的对话框中的“系统颜色”区，选中“Visible Grid 1”后的复选框。

可视栅格尺寸可以设置具体的数值，也可以设置为捕获栅格的倍数，在其后的下拉列表框中可以选择，也可以自己键入所需数值，键入的数值要带有完整的单位，如 1mm。图中“网格 2”中设置为“5x Snap Grid”表示网格 2 的尺寸设置为捕获栅格的 5 倍。

4.2 认知 PCB 的基本组件和工作层面

4.2.1 PCB 设计中的基本组件

1．板层

板层（Layer）分为敷铜层和非敷铜层，平常所说的几层板是指敷铜层的层面数。一般在敷铜层上放置焊盘、线条等完成电气连接；在非敷铜层上放置元器件描述字符或注释字符等；还有一些层面（如禁止布线层）用来放置一些特殊图形来完成特殊作用或指导生产。

敷铜层一般包括顶层（又称为元件面）、底层（又称为焊接面）、中间层、电源层及地线层等；非敷铜层包括印记层（又称为丝网层、丝印层）、板面层、禁止布线层、阻焊层、助焊层及钻孔层等。

对于一个批量生产的电路板而言，通常在印制板上铺设一层阻焊剂，阻焊剂一般是绿色或棕色，除了要焊接的地方外，其他地方根据 PCB 设计软件所产生的阻焊图来覆盖一层阻焊剂，这样可以实现快速焊接，并防止焊锡溢出引起短路；而对于要焊接的地方，通常是焊盘，则要涂上助焊剂，某电路局部 PCB 实物图如图 4-5 所示。

为了让电路板更具有直观性，便于安装与维修，一般在顶层（或底层）之上要印一些文字或图案，如图 4-6 中的 VD3、VCC 等，这些文字或图案用于说明 PCB 的，通常称为丝网，属于非布线层。在顶层丝网的称为顶层丝网层（Top Overlay），如 VD3；而在底层丝网的则称为底层丝网层（Bottom Overlay），如 R6，某 PCB 局部图如图 4-6 所示。

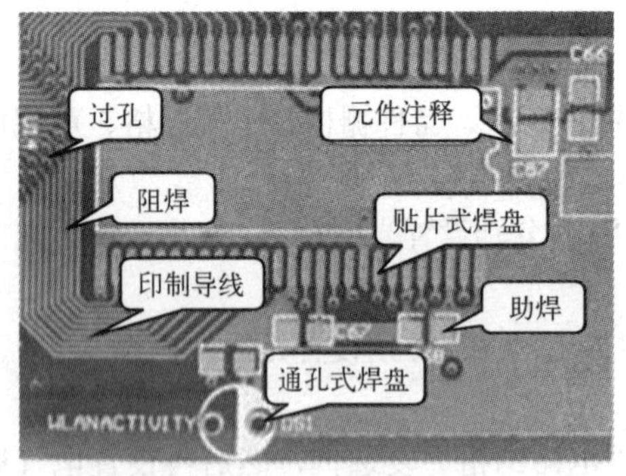

图 4-5　某电路局部 PCB 实物图

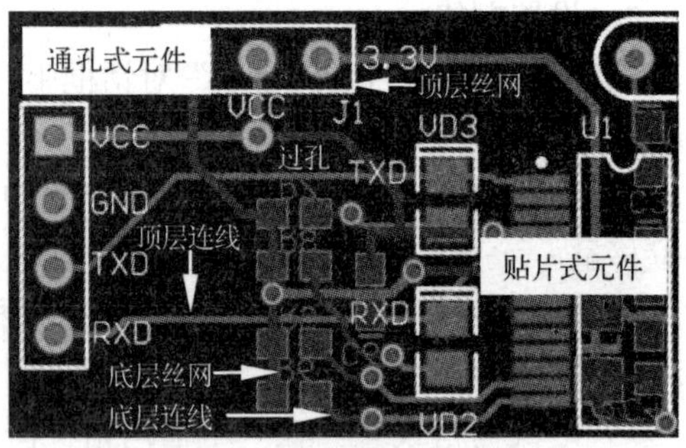

图 4-6　某 PCB 局部图

2．元器件封装

元器件封装（Component Package）是指实际元器件焊接到电路板时所指示的元器件外形轮廓和引脚焊盘的间距。不同的元器件可以使用同一个元器件封装，同种元器件也可以有不同的封装形式。元器件的封装是元器件在 PCB 上的图形信息，为 PCB 后续的装配、调试及检修提供方便。

元器件的封装主要分为两大类：通孔式封装（THT）和表面安装式封装（SMT），图 4-7

所示为双列 14 脚集成块的两种类型的元器件封装图，它们的区别主要在元器件尺寸和焊盘上。通孔式封装是针对直插类元器件的，这种类型的元器件在焊接时先要将元器件引脚插入焊盘导孔中，然后再焊接。由于导孔贯穿整个电路板，所以在焊盘属性中，其板层属性为 Multi Layer；表面安装式封装的焊盘只限于表面板层，即顶层（Top Layer）或底层（Bottom Layer），在焊盘属性中，其板层属性必须是单一的层面。

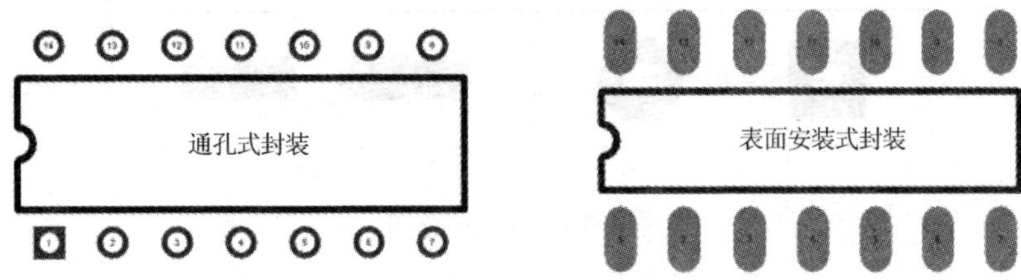

图 4-7　双列 14 集成块的两种类型的元器件封装图

元器件封装的命名遵循一定的原则，即元器件类型+焊盘距离（或焊盘数）+元器件外形尺寸。通常可以通过元器件封装名来判断封装的规格，在元器件封装的描述栏中一般会提供元器件的尺寸信息。

如电阻封装 AXIAL-0.4，表示此元器件封装为轴状，两焊盘间距为 0.4 英寸或 400mil（1 英寸=1000mil=2.54cm）；封装 DIP-8 表示双列直插式元器件封装，8 个焊盘引脚；CAPPR1.5-4x5 表示极性电容类元器件封装，焊盘间距为 1.5mm，元器件的直径为 4×5mm。

元器件封装中数值的意义如图 4-8 所示。

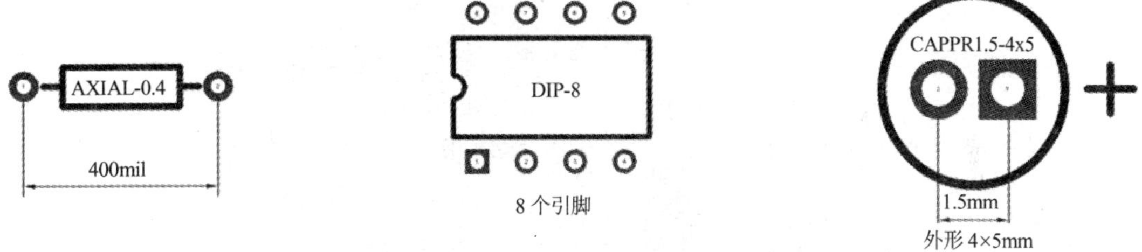

图 4-8　元器件封装中数值的意义

在进行 PCB 设计时要分清原理图和印制板中的元器件，原理图中的元器件是一种电路符号，有统一的标准；而印制板中的元器件是元器件的封装，代表的是实际元器件的物理尺寸和焊盘，集成电路的尺寸一般是固定的，而分立元器件一般没有固定的尺寸，元器件封装可以根据需要设定，原理图元器件与 PCB 封装对照图如图 4-9 所示。

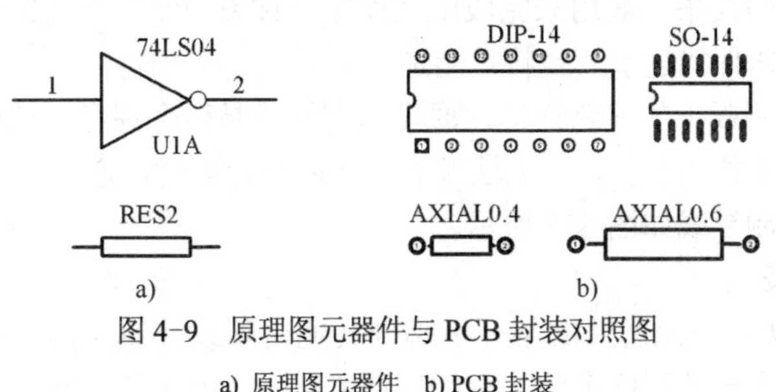

图 4-9　原理图元器件与 PCB 封装对照图

a) 原理图元器件　b) PCB 封装

3．焊盘

焊盘（Pad）用于固定元器件引脚或用于引出连线、测试线等，它有圆形、矩形、八角形及圆矩形等形状。焊盘的参数有焊盘编号、X 方向尺寸、Y 方向尺寸及钻孔孔径尺寸等。

焊盘可分为通孔式及表面贴片式两大类，其中通孔式焊盘必须钻孔，而表面贴片式焊盘无须钻孔，图 4-10 所示为焊盘示意图。

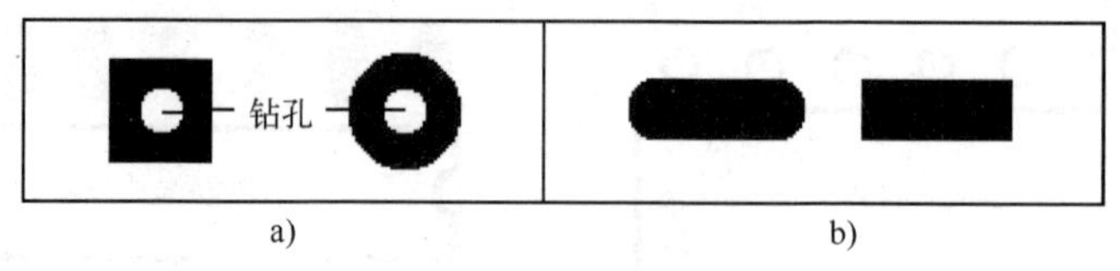

图 4-10　焊盘示意图

a) 通孔式焊盘　b) 表面贴片式焊盘

4．金属化孔

金属化孔（Via）也称为过孔，在双面板和多层板中，为连通各层之间的印制导线，通常在各层需要连通的导线的交汇处钻上一个公共孔，即过孔，在工艺上，过孔的孔壁圆柱面上用化学沉积的方法镀上一层金属，用以连通各层需要连接的铜箔，而过孔的上下两面做成圆形焊盘形状，过孔的参数主要有孔的外径和钻孔尺寸。

过孔不仅可以是通孔，还可以是掩埋式。所谓通孔式过孔是指穿通所有敷铜层的过孔；掩埋式过孔则仅穿通中间几个敷铜层面，仿佛被其他敷铜层掩埋起来。图 4-11 为六层板的过孔剖面图，包括顶层、电源层、中间 1 层、中间 2 层、地线层和底层。

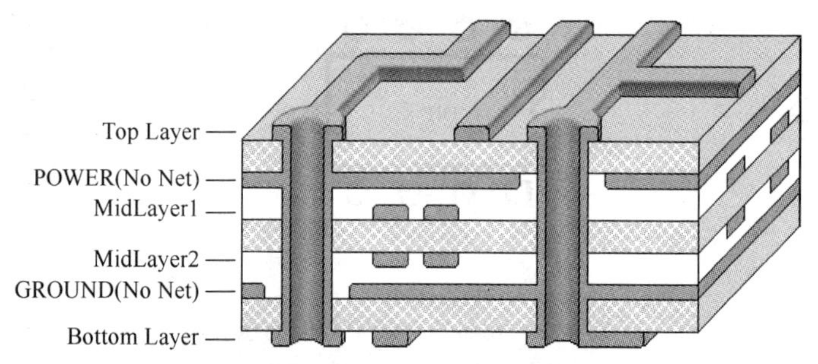

图 4-11　六层板的过孔剖面图

5．连线

连线（Track、Line）是指有宽度、有位置方向（起点和终点）、有形状（直线或弧线）的线条。在敷铜面上的线条一般用来完成电气连接，称为印制导线或铜膜导线；在非敷铜面上的连线一般用作元器件描述或其他特殊用途。

印制导线用于印制板上的线路连接，通常印制导线是两个焊盘（或过孔）间的连线，而大部分的焊盘就是元器件的引脚，当无法顺利连接两个焊盘时，通过跳线或过孔实现转接。

焊盘、过孔和印制导线如图 4-5 所示。

6．网络和网络表

网络（Net）是从一个元器件的某个引脚到其他引脚或其他元器件的引脚的电气连接关系。每一个网络均有唯一的网络名称，有的网络名是人工添加的，有的是系统自动生成的，系统自动生成的网络名由该网络内两个连接点的引脚名称构成。

网络表（Netlist）描述电路中元器件特征和电气连接关系，一般可以从原理图中获取，它是原理图和 PCB 之间的纽带。

7．飞线

飞线（Connection）是在 PCB 进行自动布线时供观察用的类似橡皮筋的网络连线，飞线不是实际连线。通过网络表调入元器件后，就可以看到该布局下的网络飞线，为提高自动布线的布通率，要尽量减少飞线之间的交叉，通过调整元器件的位置和方向，使网络飞线的交叉最少。

自动布线结束，未布通的网络上仍然保留网络飞线，此时可用手工连线的方式连接这些未布通的网络。

8．安全间距

安全间距（Clearance）是在进行 PCB 设计时，为了避免导线、过孔、焊盘及元器件之间的相互干扰，而在它们之间留出的一定间距，安全间距可以在设计规则中进行设置。

9．栅格

栅格（Grid）用于 PCB 设计时的位置参考和光标定位，栅格有公制和英制两种单位制，类型有可视栅格、捕获栅格、元件栅格和电气栅格 4 种。

4.2.2 PCB 工作层

在 Altium Designer Summer 09 的 PCB 设计中，系统提供了多个工作层面，主要工作层面类型如下。

1）信号层（Signal layers）。信号层主要用于放置与信号有关的电气元素，共有 32 个信号层。其中顶层（Top layer）和底层（Bottom layer）可以放置元器件和铜膜导线，其余 30 个为中间信号层（Mid layer1～30），只能布设铜膜导线，置于信号层上的元件焊盘和铜膜导线代表了电路板上的敷铜区。系统为每层都设置了不同的颜色以便区别。

2）内部电源/接地层（Internal plane layers）。通常称为内电层，共有 16 个电源/接地层（Plane1～16），专门用于多层板的电源连接，信号层内需要与电源或地线相连接的网络通过过孔实现连接，这样可以大幅度缩短供电线路的长度，降低电源阻抗。同时，专门的电源层在一定程度上隔离了不同的信号层，有利于降低不同信号层间的干扰。

3）机械层（Mechanical layers）。用于定义设计中电路板机械数据的图层，共有 16 个机械层（Mech1～16），一般用于设置印制板的物理尺寸、数据标记、装配说明及其他机械信息。

4）丝印层（Silkscreen layers）。也称为丝网层，主要用于放置元器件的外形轮廓、元器件标号和注释等信息，包括顶层丝印层（Top Overlay）和底层丝印层（Bottom Overlay）两种。

5）阻焊层（Solder mask layers）。阻焊层是负性的，放置其上的焊盘和元器件代表电路板上未敷铜的区域，分为顶层阻焊层和底层阻焊层。设置阻焊层的目的是防止焊锡的粘连，避免在焊接相邻焊点时发生意外短路，所有需要焊接的焊盘和铜箔都需要该层，是制造 PCB 的要求。

6）锡膏防护层（Paste mask layers）。主要用于 SMD 元器件的安装，锡膏防护层是负性的，放置其上的焊盘和元器件代表电路板上未敷铜的区域，分为顶层防锡膏层和底层防锡膏层。Paste Mask 是 SMD 钢网层，是需要回流焊的焊盘使用的，Paste mask 是 PCB 组装的要求。

7）钻孔层（Drill Layers）。钻孔层提供制造过程的钻孔信息，包括钻孔指示图（Drill Guide）和钻孔图（Drill Drawing）。

8）禁止布线层（Keep Out Layer）。禁止布线层用于定义放置元器件和布线的区域范围，一般禁止布线区域必须是一个封闭区域。

9）多层（Multi Layer）。用于放置电路板上所有的通孔式焊盘和过孔。

4.2.3 PCB 工作层设置

1．打开或关闭工作层

执行菜单“设计”→“板层颜色”，屏幕弹出“视图配置”对话框，板层和颜色设置如图 4-12 所示。

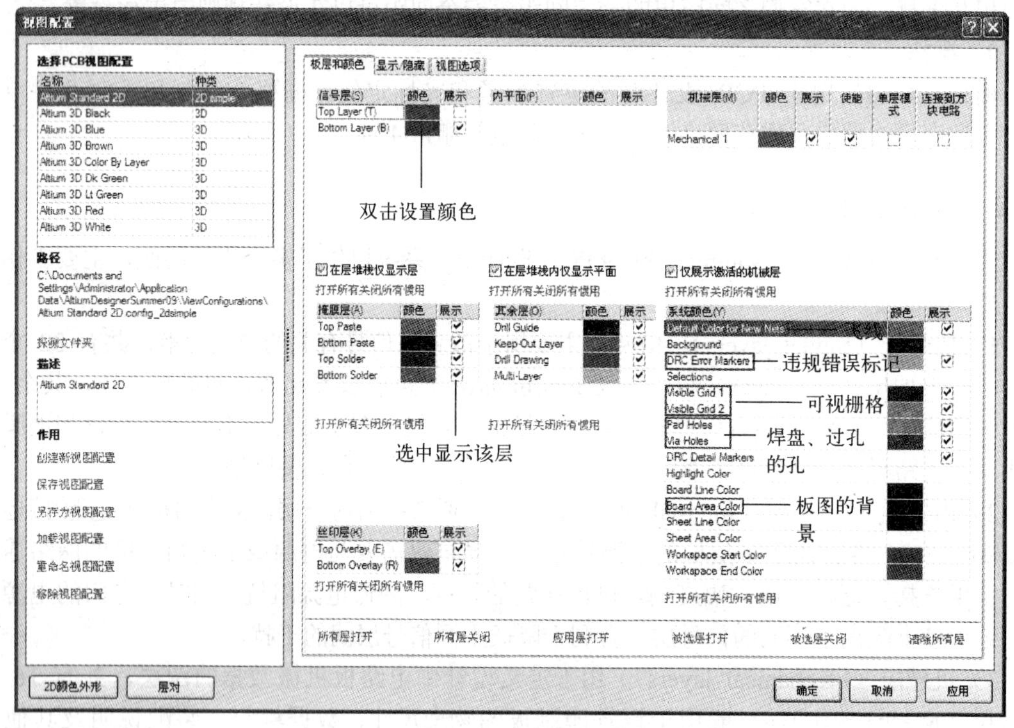

图 4-12　板层和颜色设置

在图中，去除各层后的“展示”复选框的选中状态可以关闭该层，选中则打开该层。若要打开所有正在使用的层，可以单击鼠标左键，单击“应用层打开”按钮。

系统默认设置的工作层面为 Top Layer 和 Bottom Layer，并设置为打开状态；默认机械层面为 Mechanical 1。

2．设置工作层显示颜色及显示状态

在 PCB 设计中，由于层数多，为区分不同层上的铜膜线，必须将各层设置为不同颜色。

在图 4-12 中，单击工作层名称右边的色块，系统弹出“选择颜色”对话框，在其中可以修改工作层的颜色。

在“系统颜色”区中，“Default Color for New Nets”用于设置网络飞线的颜色，“DRC Error Makers”用于设置违规错误标记；“Visible Grid 1”用于设置可视栅格；“Pad Holes”和“Via Holes”用于设置焊盘和过孔的钻孔；“Board Area Color”用于设置板图工作区的背景颜色。

一般情况下，使用系统默认的颜色。

用鼠标左键单击色块后的“展示”区的复选框可以设置显示或隐藏该项内容。

3．增加工作层

如果要增加信号层和电源层可以执行菜单“设计”→“层叠管理”进行设置。

如果要增加机械层面则去除图 4-12 中的“只展示激活的机械层”复选框的选中状态，屏幕显示所有机械层，从中可以选择所需的机械层。

4．当前工作层选择

在进行布线时，必须先选择相应的工作层，然后再进行布线。

设置当前工作层可以用鼠标左键单击工作区下方工作层选项卡栏上的某一个工作层实现，设置当前工作层如图 4-13 所示，图中选中的工作层为 Top Layer，其左边的色块代表该层的颜色。

Top Layer | Bottom Layer | Top Overlay | Bottom Overlay | Keep-Out Layer | Multi-Layer

图 4-13　设置当前工作层

当前工作层的转换也可以使用快捷键实现，按下小键盘上的〈*〉键，可以在所有打开的信号层间进行切换；按下小键盘上的〈+〉键和〈-〉键可以在所有打开的工作层间进行切换。

4.3　简单 PCB 设计

PCB 设计可以直接从原理图中调用元器件封装，也可以手工放置封装，其设计的一般步骤如下。

1）规划印制电路板，设置元器件库。

2）加载元器件封装或手工放置封装。

3）元器件布局。

4）放置焊盘、过孔等图件。

4）PCB 布线。

5）布线调整。

下面以图 4-14 所示共 E 放大电路为例介绍 PCB 布线方法，PCB 的尺寸为 50mm×40mm。

图 4-14 中有 3 种元器件，其封装均在 Miscellaneous Device.IntLIB 库中，其中电阻的封装选择 AXIAL-0.4，晶体管的封装选择 BCY-W3/E4，电解电容的封装选择 CAPPR2-5x6.8。

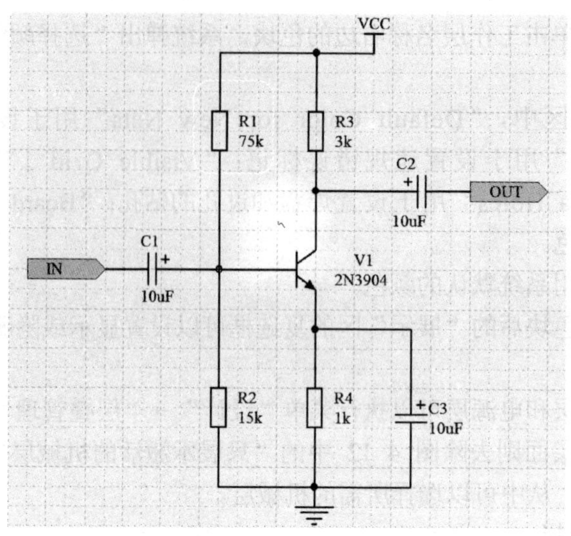

图 4-14　共 E 放大电路

为了说明 PCB 设计方法，图中的 R1 特意未设置封装，R2 封装设置为 AXIAL，由于封装设置不对，在自动加载元器件封装时，R1、R2 的元器件封装将丢失。

4.3.1　规划 PCB 尺寸

在进行 PCB 设计前首先需要规划 PCB 的外观形状和尺寸，大多数情况下 PCB 的外形采用矩形。规划 PCB 实际上就是定义印制板的机械轮廓和电气轮廓。

印制板的机械轮廓是指电路板的物理外形和尺寸，机械轮廓定义在机械层上，比较合理的规划机械层的方法是在一个机械层上绘制电路板的物理轮廓，而在其他的机械层上放置物理尺寸、队列标记和标题信息等。

印制板的电气轮廓是指电路板上放置元器件和进行布线的范围，电气轮廓一般定义在禁止布线层（Keep Out Layer）上，是一个封闭的区域，一般的 PCB 设计仅规划电气轮廓。

建立工程“共 E 单管放大”，将设计好的共 E 放大电路的原理图移动到当前的工程文件中，新建 PCB 文件并保存为“共 E 放大.PcbDoc”。

本例采用公制规划尺寸，具体步骤如下。

1）执行菜单“设计”→“板参数选项”，设置单位制为 Metric（公制）；设置可视网格 1、可视网格 2 分别为 1mm 和 10mm；捕获网格 X、Y 和器件网格 X、Y 均为 0.5mm，电器网格为 0.25mm，栅格设置如图 4-15 所示。

2）执行菜单“设计”→“板层颜色”，设置显示可视栅格 1（Visible Grid1）和焊盘孔（Pad Holes）。

3）执行菜单“工具”→“优先选项”，屏幕弹出“参数选择”对话框，选中“Display”选项，单击“跳转到激活视图配置”按钮，屏幕弹出“视图配置”对话框，在“展示”区中选中“原点标记”复选框，显示坐标原点。

4）执行菜单“编辑”→“原点”→“设置”，在板图左下角定义相对坐标原点，设定后，沿原点往右为+x 轴，往上为+y 轴。

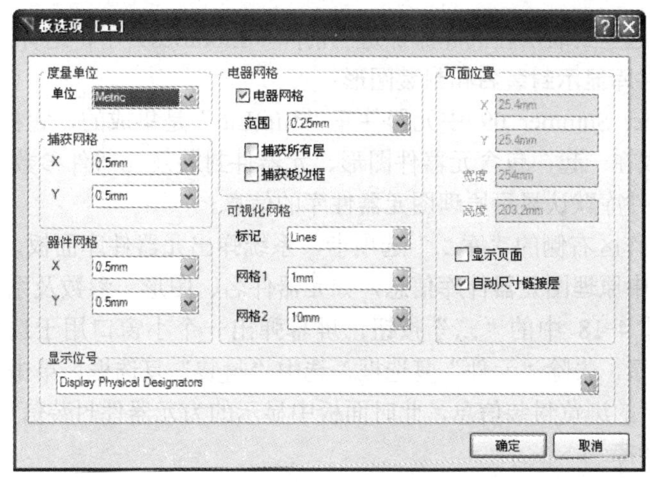

图 4-15　栅格设置

5）用鼠标单击工作区下方选项卡中的 Keep-Out Layer，将当前工作层设置为 Keep Out Layer。

6）执行菜单“放置”→“走线”进行边框绘制，将光标移到坐标原点（0，0），单击鼠标左键，确定导线起点，移动鼠标到坐标（50，0）双击鼠标左键确定下底边水平连线，继续将光标移动到左边（50，40）双击鼠标左键确定右边垂直连线，继续将光标移动到坐标（0，40）双击鼠标左键确定上边水平连线，继续将光标移动到（0，0）双击鼠标左键确定左边垂直连线，绘制一个闭合的 50mm×40mm 矩形框完成电气轮廓设计，规划 PCB 如图 4-16 所示，此后放置元器件和 PCB 布线都要在此框内进行。

电气轮廓设置也可任意放置 4 条走线，然后用鼠标双击走线，屏幕弹出图 4-17 所示的“轨迹”对话框中，其中在设置走线的“开始”和“结尾”的坐标，完成走线修改。依次修改 4 条走线的坐标定义闭合矩形框完成电气轮廓设置。

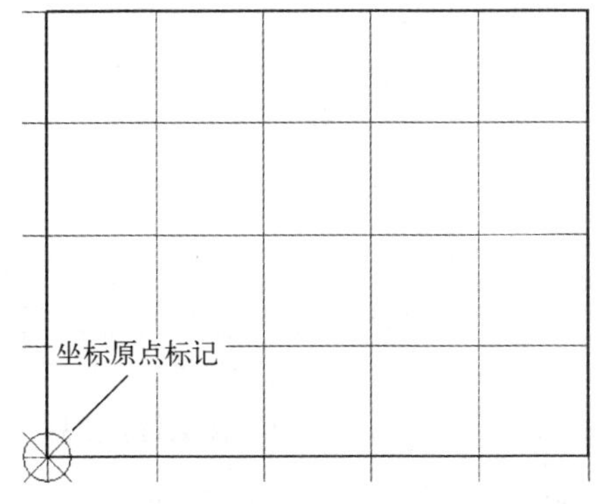

图 4-16　规划 PCB

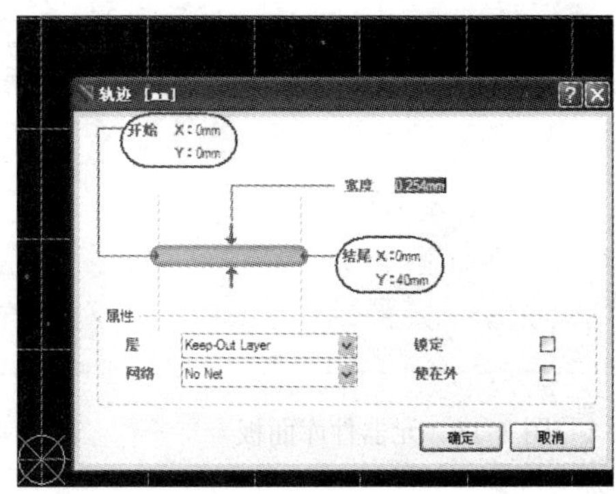

图 4-17　“轨迹”对话框

4.3.2　设置 PCB 元器件库

在进行 PCB 设计前，首先要知道使用的元器件封装在哪一个库中，有些特殊的元器件可能系统的封装库中没有提供，用户还必须使用系统提供的 PCB 元器件库编辑器自行设计元器件封装，并将这些封装所在的库添加进当前库（Libraries）中，这样才能调用。

1．设置元器件库显示封装名和封装图形

Altium Designer Summer 09 中元器件库“*.IntLib”是集成的，它将原理图元器件库和PCB 元器件库集成在一起，包含元器件图形、元器件封装及元器件参数等信息，进入 PCB 设计系统后，元器件库默认显示原理图元器件库的信息。

用鼠标单击工作区右侧的“库...”选项卡，系统弹出元器件库面板，如图 4-18 所示，面板上显示集成库中原理图元器件库信息，如元器件名、图形、参数及系统默认的封装等。

用鼠标单击图 4-18 中的“...”按钮，屏幕弹出一个小窗口用于选择元器件库显示信息，如图 4-19 所示，去除“元件”复选框、选中“封装”复选框，单击“Close”按钮，屏幕显示图 4-20 所示的浏览封装信息，此时面板中显示的为元器件封装信息。

2．加载元器件库

在 Altium Designer Summer 09 中，PCB 库文件一般集成在集成库中，文件的扩展名为“.IntLib”，在原理图设计中可直接设置元器件的封装。该软件也提供了一些未集成的 PCB 库，文件的扩展名为“.PcbLib”，位于 Altium Designer Summer 09\Library\Pcb 目录下。

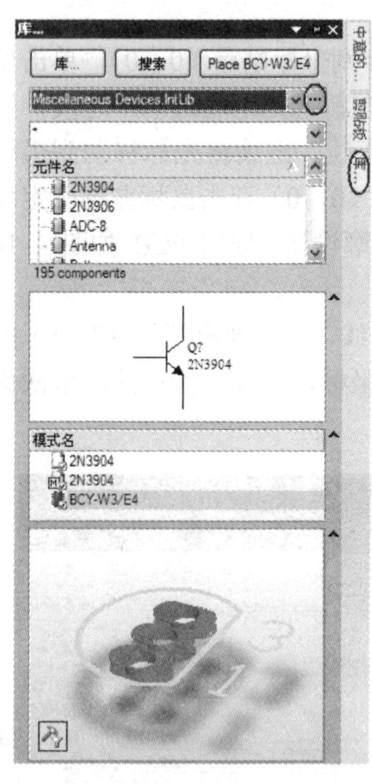

图 4-18　元器件库面板

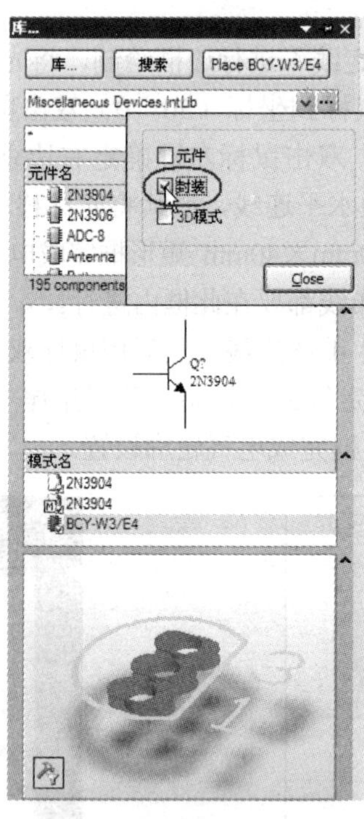

图 4-19　设置显示信息

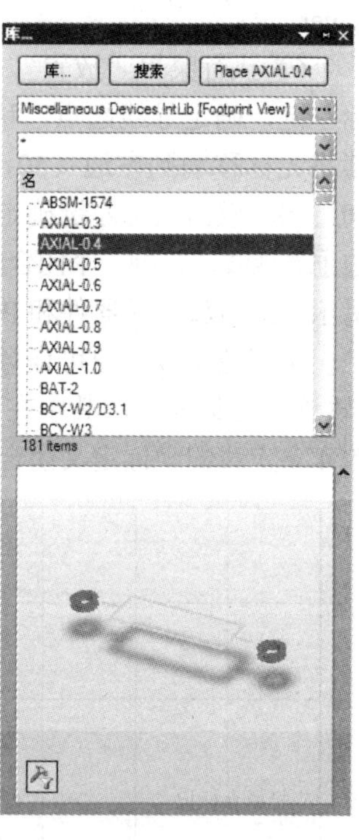

图 4-20　浏览封装信息

加载元器件库的方法与原理图设计中的相同，可以单击图 4-18 中的“库...”按钮进行元器件库设置，本例的元器件封装均在 Miscellaneous Device.IntLib 库中。

3．设置指定路径下所有元器件库为当前库

有时不知道元器件封装所在的库和元器件封装的详细信息，可以通过设置路径的方式，将所有的库设置为当前库，以便从中查找所需的元器件封装图形和名称。

单击图 4-18 中的“库...”按钮，屏幕弹出“可用库”对话框，选中“搜索路径”选项卡，单击“路径”按钮，屏幕弹出图 4-21 所示的“PCB 工程选项”对话框。

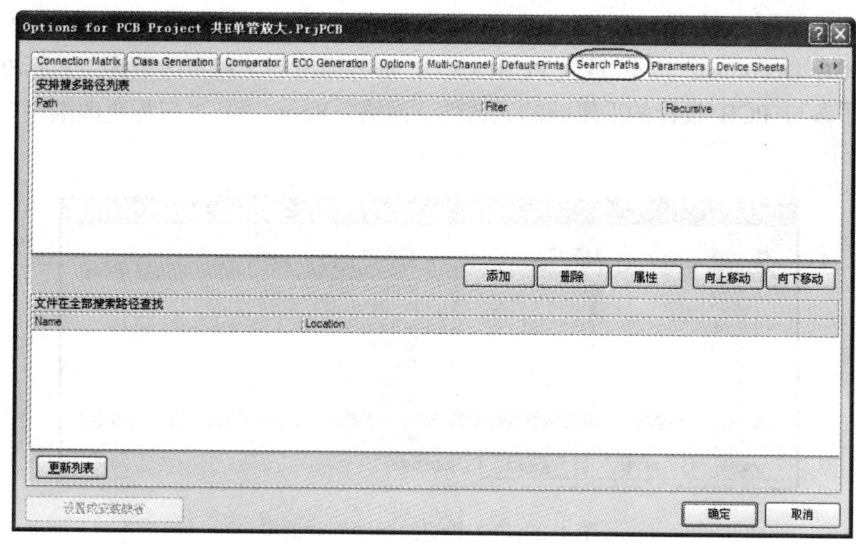

图 4-21 “PCB 工程选项”对话框

选中“Search Paths”选项卡，单击“添加”按钮，屏幕弹出“编辑搜索路径”对话框，单击“...”按钮，屏幕弹出“浏览文件夹”对话框，用于设置元器件库所在的路径，本例中路径选择“Altium Designer Summer 09\Library\Pcb”，设置路径如图 4-22 所示。

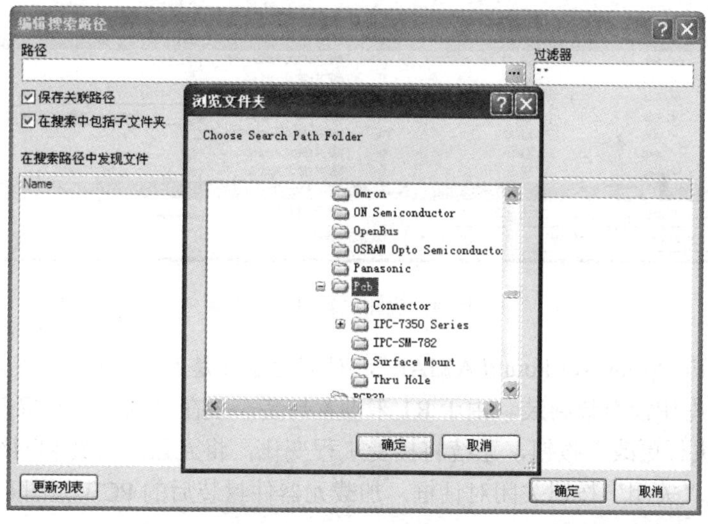

图 4-22 设置路径

选好路径后单击“确定”按钮完成设置，系统返回“编辑搜索路径”对话框，单击“确定”按钮完成全部设置工作，将该目录下的元器件库设置成当前库。

注意：如果路径设置中选择“Altium Designer Summer 09Altium2004 SP2\Library\Pcb”，只包含 PCB 封装库；如果选择“Altium Designer Summer 09\Library”，则包含集成元器件库和 PCB 封装库。

4.3.3 从原理图加载网络表和元器件封装到 PCB

1）打开前面设计好的原理图文件“共 E 放大.SCHDOC”，执行菜单“设计”→“Update PCB Document 共 E 放大.PCBDOC”，屏幕弹出“工程更改顺序”对话框，该对话框中显示了参与 PCB 设计的受影响的元器件、网络、Room 等，“工程更改顺序”对话框如图 4-23 所示。

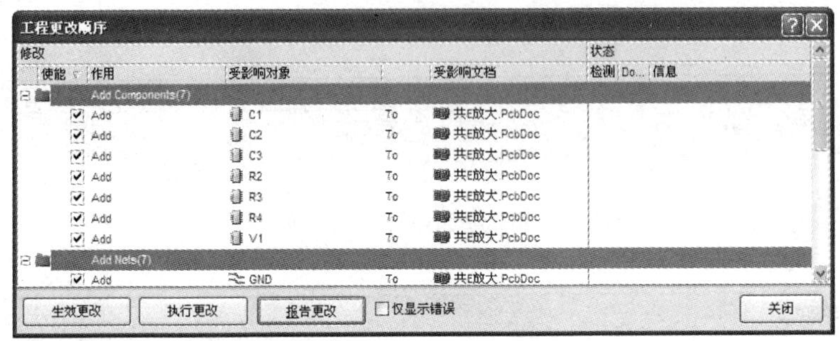
工程更改顺序

使能	作用	受影响对象		受影响文档	检测	Do...	信息
	Add Components(7)						
☑	Add	C1	To	共E放大.PcbDoc			
☑	Add	C2	To	共E放大.PcbDoc			
☑	Add	C3	To	共E放大.PcbDoc			
☑	Add	R2	To	共E放大.PcbDoc			
☑	Add	R3	To	共E放大.PcbDoc			
☑	Add	R4	To	共E放大.PcbDoc			
☑	Add	V1	To	共E放大.PcbDoc			
	Add Nets(7)						
☑	Add	GND	To	共E放大.PcbDoc			

生效更改 执行更改 报告更改 □仅显示错误 关闭

图 4-23 “工程更改顺序”对话框

2）单击图 4-23 中的“生效更改”按钮，系统将自动检测各项变化是否正确有效，所有正确的更新对象，在“检测”栏内显示“√”符号，不正确的显示“×”符号，并在“信息”栏中描述检测不通过的原因，检测更新对象的结果如图 4-24 所示。

工程更改顺序

使能	作用	受影响对象		受影响文档	检测	Do...	信息
	Add Components(7)						
☑	Add	C1	To	共E放大.PcbDoc	√		
☑	Add	C2	To	共E放大.PcbDoc	√		
☑	Add	C3	To	共E放大.PcbDoc	√		
☑	Add	R2	To	共E放大.PcbDoc	×		Footprint Not Found AXIAL
☑	Add	R3	To	共E放大.PcbDoc	√		
☑	Add	R4	To	共E放大.PcbDoc	√		
☑	Add	V1	To	共E放大.PcbDoc	√		
	Add Nets(7)						
☑	Add	GND	To	共E放大.PcbDoc	√		

生效更改 执行更改 报告更改 □仅显示错误 关闭

图 4-24 检测更新对象的结果

图中显示“Footprint Not Found AXIAL”，对应元器件是 R2，说明封装 AXIAL 未找到，原因是当前封装库中没有该封装。由于 R1 未设置封装，故在“受影响对象”栏中少了 R1。

3）单击“执行更改”按钮，系统将接受工程变化，将元器件封装和网络表添加到 PCB 编辑器中，单击“关闭”按钮关闭对话框，加载元器件封装后的 PCB 如图 4-25 所示。

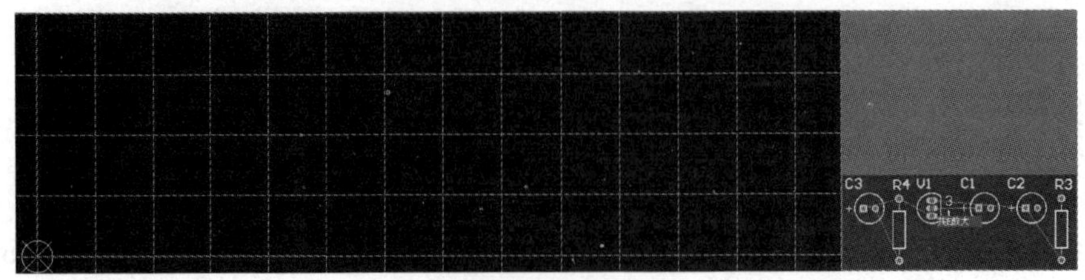

图 4-25 加载元器件封装后的 PCB

从图 4-25 中可以看出，系统自动建立了一个 Room 空间“共 E 放大”，同时加载的元器件封装和网络表放置在规划好的 PCB 边界之外，相连的焊盘间通过网络飞线连接。

注意：“Update PCB Document...”命令只能在工程中才能使用，必须将原理图文件和 PCB 文件保存到同一个工程中，且在执行该命令前必须先保存 PCB 文件。

4.3.4 放置元器件封装

本例中由于在原理图设计中 R1 未设置封装，R2 封装名设置不正确，故在图 4-25 中缺少了 R1 和 R2。

1．通过菜单或相应按钮放置元器件封装

添加缺失的元器件封装，可以通过放置元器件封装的方式将其放置到 PCB 中，并根据原理图修改标号，但这种方式放置的封装没有网络，必须重新从原理图中加载网络表更新 PCB，为增加的封装添加网络。

执行菜单“放置”→“器件”或单击布线工具栏上按钮，屏幕弹出“放置元件”对话框，如图 4-26 所示，在“封装”栏中输入封装名，如图中电阻封装的 AXIAL-0.4；在“位号”栏中输入元器件标号，如图中的 R1；在“注释”栏中输入元器件的型号或标称值，如图中的 75k。参数设置完毕，单击“确定”按钮，将元器件移动到适当的位置单击鼠标左键放置元器件。

单击“封装”栏后的“...”按钮可以进行元器件浏览，屏幕弹“浏览库”对话框，可以浏览当前库中的所有元器件封装，从中选择封装放置。

放置元器件封装后，光标上粘贴着一个相同的封装，标号自动加 1（如 R2），可继续放置同类元器件封装。

若要退出当前放置状态，单击鼠标右键，屏幕弹出“放置元件”对话框，可以重新设置要放置的封装；单击“取消”按钮则退出放置状态。

本例中，放置电阻 R1 和 R2，封装均为 AXIAL-0.4，添加缺失封装后的 PCB 如图 4-27 所示。图中 R1、R2 的焊盘均无网络，需重新加载网络。

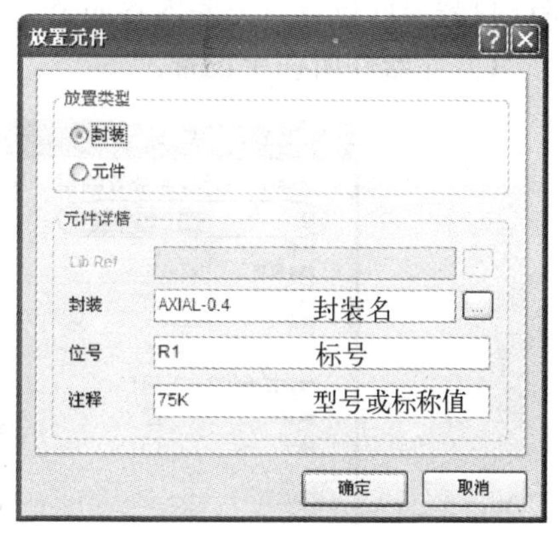

图 4-26 “放置元件”对话框

图 4-27 添加缺失封装后的 PCB

2．从元器件库中直接放置

有时在进行 PCB 设计时，不知道元器件封装名，可以通过元器件库面板上的图形浏览窗逐个浏览元器件，并从中选择所需的封装，从元器件库放置封装如图 4-28 所示。

用鼠标单击元器件库面板上方的下拉列表框按钮，屏幕列出已经设置的所有元器件库，可在其中选择要浏览的元器件库。

选中元器件库后，下方将显示该库中的所有的封装名和封装图形，此时可以用键盘上的〈↑〉键和〈↓〉键在其中逐个浏览元器件封装信息。

选择好封装，单击右上角的放置按钮 Place AXIAL-0.4，屏幕弹出“放置元件”对话框，在其中可以设置封装信息并放置封装。（选择元器件封装后，放置按钮 “Place”的后面会自动加上该元器件的封装名，如 AXIAL-0.4）

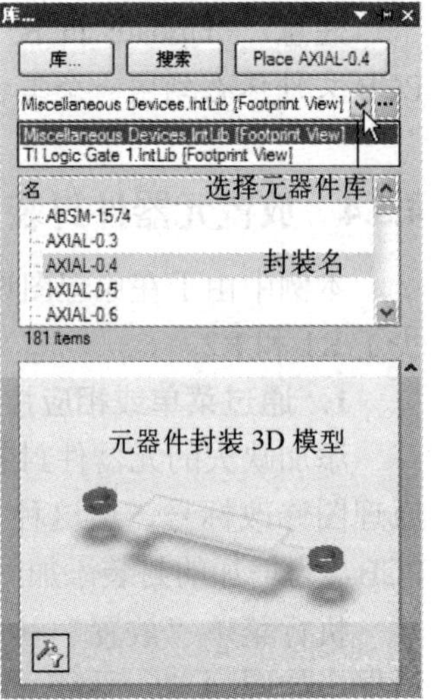

图 4-28 从元器件库放置封装

3．重新加载网络

由于手工放置的元器件封装的焊盘上没有网络，不利于后期的布线，需重新加载网络表。

返回原理图编辑器，执行菜单“设计”→“Update PCB Document 共 E 放大.PCBDOC”再次加载元器件封装和网络表，此时 R1、R2 的焊盘上将加载网络，并显示网络飞线。

4．设置元器件属性

用鼠标双击元器件封装，屏幕弹出图 4-29 所示的“元器件”属性对话框，可以进行元器件封装属性设置，主要内容如下。

1）元器件所在层设置。

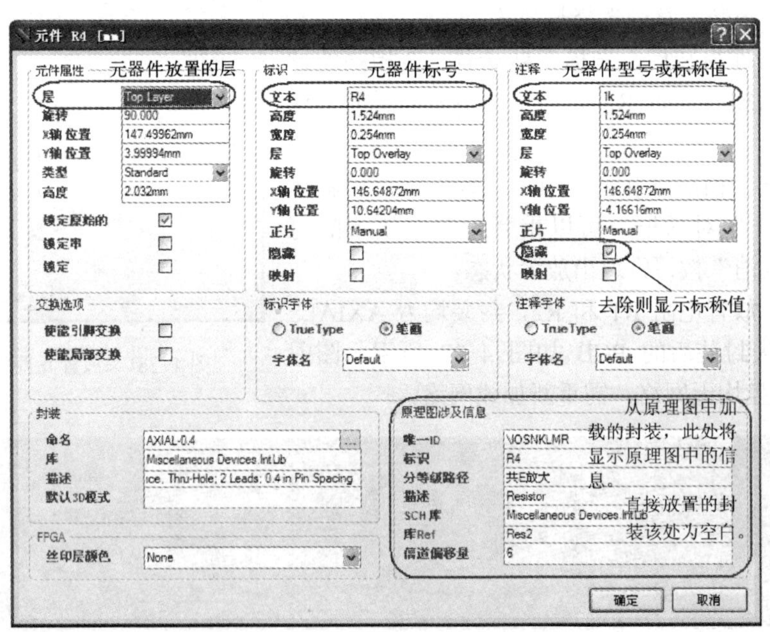

图 4-29 元器件封装属性设置

用于设置元器件放置的工作层，系统默认“Top Layer”。对于单面板，设置为“Top Layer”；对于双面以上的板则根据封装放置情况，可设置为顶层（Top Layer）或底层

(Bottom Layer)。

2）标识符设置。

用于设置元器件的标号，元器件标号必须是唯一的，默认为显示状态。

3）注释设置。

用于设置元器件的标称值或型号，默认状态为隐藏。一般为了便于 PCB 装配时识别元器件，需将其设置为显示状态。图 4-27 中元器件封装显示了标号，但未显示标称值，一般布线结束后，需将标称值设置为显示状态，并合理调整其位置。

根据图 4-14，逐个检查并设置元器件封装的属性。

5. 通过修改原理图添加封装

添加缺失的元器件封装，也可以返回原理图中重新设置元器件的封装，保存文件后重新从原理图中加载网络表和元器件封装更新 PCB，将缺失的封装调用出来，此时的封装上将自动加载网络，并显示网络飞线，重新加载网络表后的 PCB 如图 4-30 所示。

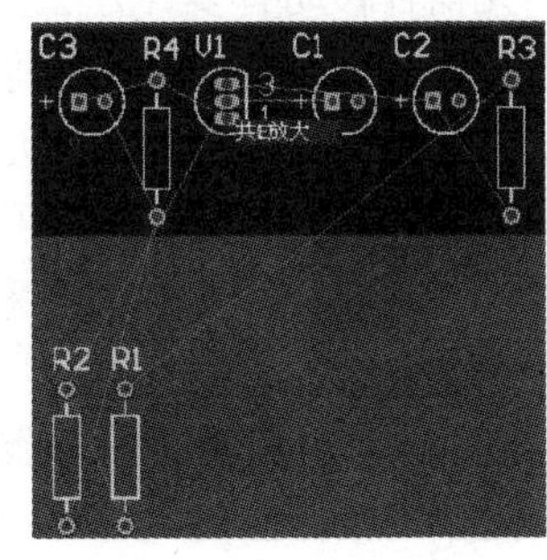

图 4-30　重新加载网络表后的 PCB

4.3.5　元器件布局调整

图 4-27 中，元器件分散在电气轮廓之外的，显然不能满足布局的要求，此时可以通过 Room 空间布局方式将元器件移动到规划的印制板中，然后通过手工调整的方式将元器件移动到适当的位置。

1. 通过 Room 空间移动元器件

从原理图中调用元器件封装和网络表后，系统自定义一个 Room 空间（本例中系统自定义的 Room 空间为“共 E 放大”，它是根据原理图文件名定义的），其中包含了所有载入的元器件，移动 Room 空间，对应的元器件也会跟着一起移动。

用鼠标左键点住“共 E 放大”Room 空间，将 Room 空间移动到电气边框内，执行菜单“工具”→“器件布局”→“按照 Room 排列”，移动光标至 Room 空间上单击鼠标左键，元器件将自动按类型整齐排列在 Room 空间内，单击鼠标右键结束操作，此时屏幕上会有一些画面残缺，可以执行菜单“查看”→“刷新”进行画面刷新，Room 空间布局后的 PCB 如图 4-31 所示。

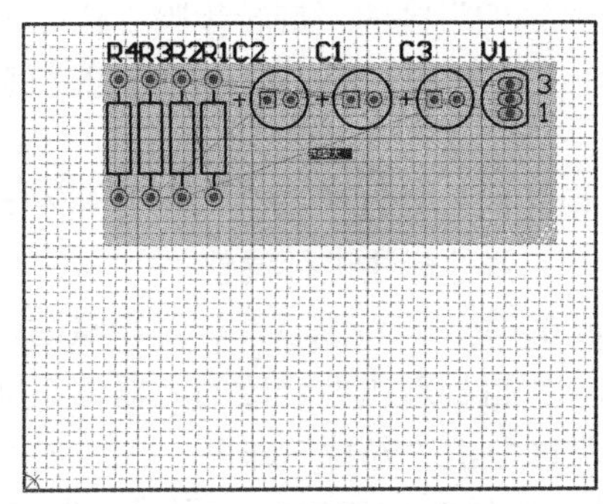

图 4-31　Room 空间布局后的 PCB

元器件布局后，图 4-31 中 Room 空间“共 E 放大”是多余的，用鼠标单击选中该 Room 空间，按键盘的〈Delete〉键删除 Room 空间。

2．手工布局调整

手工布局就是通过移动和旋转元器件，将其移动到合适的位置，同时尽量减少元器件之间网络飞线的交叉。

（1）用鼠标移动元器件

元器件移动有多种方法，比较快捷的方法是直接使用鼠标进行移动，即将光标移到元器件上，按住鼠标左键不放，将元器件拖动到目标位置。

（2）使用菜单命令移动元器件

执行菜单“编辑”→“移动”→“器件”，光标变为“十”字，移动光标到需要移动的元器件处，单击该元器件，移动光标即可其移动到所需的位置，单击鼠标左键放置该元器件。

若图样比较大，板上元器件数量比较多，不易查找元器件，则执行该命令后，在板上的空白处单击鼠标左键，屏幕弹出“选择元件”对话框，列出板上的元器件标号清单，在其中选择要移动的元器件后单击“确定”按钮选中元器件进行移动。

（3）同时拖动元器件和连线

对于已连接印制导线的元器件，有时希望移动元器件时，印制导线也跟着一起移动，则在进行移动前，必须进行拖动连线的系统参数设置，设置方法如下。

执行菜单“工具”→“优先选项”，屏幕弹出“参数选择”对话框，选择“General”选项，在“别的”区的“比较拖拽”下拉列表框，选中“Connected Tracks”设定拖动连线。

此时执行菜单“编辑”→“移动”→“拖动”，可以实现元器件和连线同时拖动。

（4）在 PCB 中快速定位元器件

在 PCB 较大时，查找元器件比较困难，此时可以采用“跳转”命令进行元器件定位。

执行菜单“编辑”→“跳转”→“器件”，屏幕弹出一个对话框，提示输入要查找的元器件标号，输入标号后单击“确定”按钮，光标跳转到指定元器件上。

3．旋转元器件

用鼠标单击选中元器件，按住鼠标左键不放，同时按下键盘的〈X〉键进行水平翻转；按〈Y〉键进行垂直翻转；按〈空格〉键进行 90° 旋转。

元器件的旋转的角度可以自行设置，执行菜单“工具”→“优先选项”，在弹出的对话框中选择“General”选项，在“别的”区的“旋转步骤”栏中设置旋转角度。

图 4-32 所示为布局调整后的 PCB 图，图中相连的焊盘之间存在网络飞线。

4．调整元器件标注

元器件布局调整后，往往标注的位置过于杂乱，尽管并不影响 PCB 的正确性，但可读性变差，所以布局结束还必须对元器件标注进行调整。

在 Altium Designer Summer 09 中，系统默认注释是隐藏的，实际使用时为了便于装配和维修，应将其设置为显示状态。用鼠标双击要修改的元器件，屏幕弹出图 4-29 所示的“元器件”属性对话框，在“注释”区取消“隐藏”即可。

标注文字的调整采用移动和旋转的方式进行，用鼠标左键点住标注文字，按下键盘的〈X〉键进行水平翻转；按〈Y〉键进行垂直翻转；按〈空格〉键进行 90° 旋转，调整好方向后拖动标注文字到目标位置，放开鼠标左键即可。

修改标注尺寸可直接用鼠标双击该标注文字，在弹出的对话框中修改“高度”和“宽度”的值。

元器件标注文字一般要求排列要整齐，文字方向要一致，不能将元器件的标注文字放在元器件的框内或压在焊盘或过孔上。经过标注调整后的 PCB 布局如图 4-33 所示。

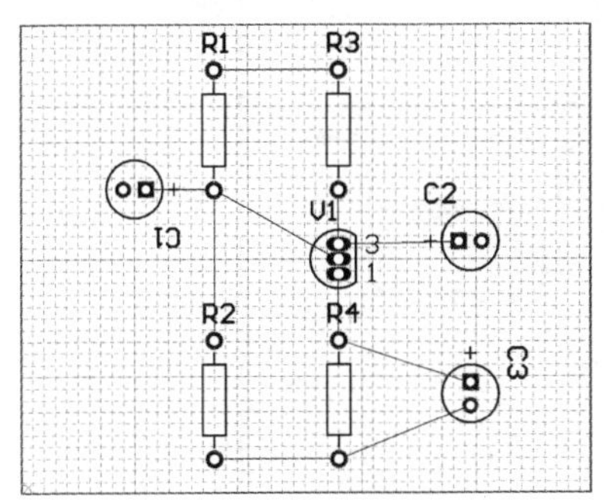

图 4-32　元器件布局图

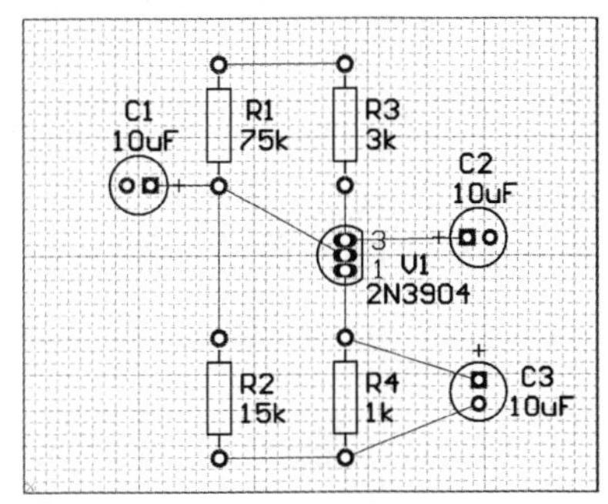

图 4-33　标注调整后的 PCB 布局

4.3.6　放置焊盘和过孔

图 4-33 所示的 PCB 中还缺少连接电源的焊盘及电路输入、输出的焊盘，需要手工放置，并设置与之连接的网络。

1．放置焊盘

焊盘有通孔式的，也有仅放置在某一层面上的贴片式（主要用于表面封装元件），外形有圆形（Round）、矩形（Rectangle）八角形（Octagonal）和圆矩形（Rounded Rectangle）等，通孔式焊盘的 4 种基本形状如图 4-34 所示。

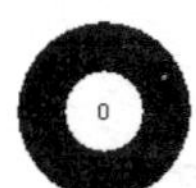

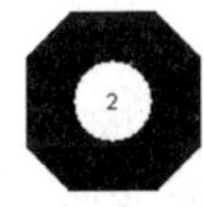

图 4-34　通孔式焊盘的 4 种基本形状

执行菜单“放置”→“焊盘”或单击放置工具栏上按钮，进入放置焊盘状态，移动光标到合适位置后，单击鼠标左键，放下一个焊盘，此时仍处于放置状态，可继续放置焊盘，每放置一个焊盘，焊盘编号自动加 1，放置完毕，单击鼠标右键，退出放置状态。

在焊盘处于悬浮状态时，按下键盘上的〈Tab〉键，调出“焊盘属性”对话框，如图 4-35 所示。在对话框中主要设置孔径（通孔尺寸）、尺寸（X-Size、Y-Size）、形状、标识（焊盘编号）、层、网络及焊盘的钻孔壁是否要镀铜（镀金的）等。

若要设置焊盘为贴片式，则将其 “层”设置为所需的工作层即可，如顶层贴片焊盘选择 Top Layer，底层底层贴片焊盘则选择 Bottom Layer。

用鼠标双击焊盘也可以调出“焊盘属性”对话框。用鼠标左键点住焊盘，拖动鼠标可以移动焊盘。

本例中，添加 6 个通孔式焊盘，其中输入两个焊盘、电源端及接地端两个焊盘，输出两个焊盘，以便与外部电路相连接。

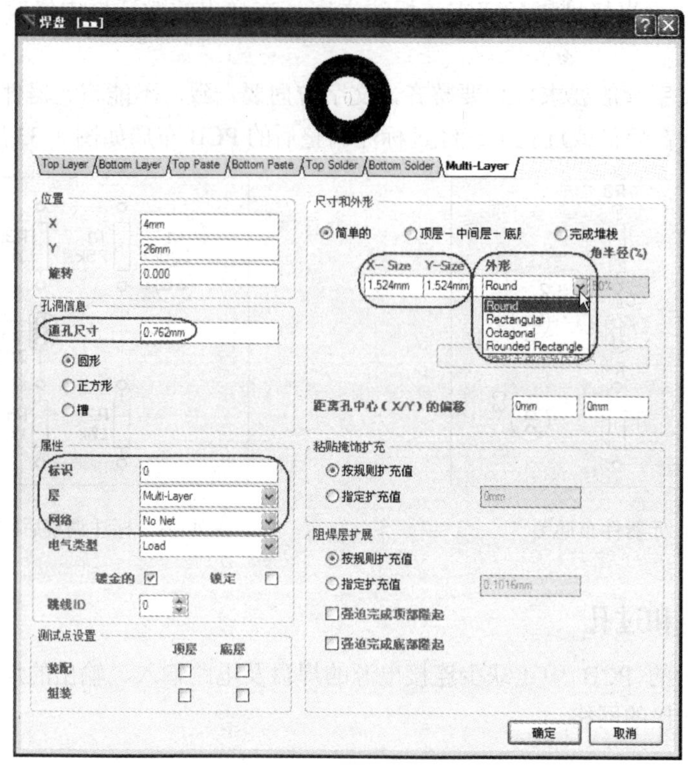

图 4-35 “焊盘属性”对话框

2．查看元器件焊盘的网络

本例中，电路的输入端接 C1 的负端，故两个输入端焊盘中一个与 C1 的负端相连，另一个与地相连。

在图 4-33 中看不到 C1 负端的网络，此时将光标移动到 C1 负端的焊盘上，同时按下键盘上的〈Shift〉键+〈X〉键，屏幕弹出一个对话框显示焊盘的网络信息，元器件焊盘网络如图 4-36 所示，从图中可以看出 C1 负端的网络为“NetC1_2”。

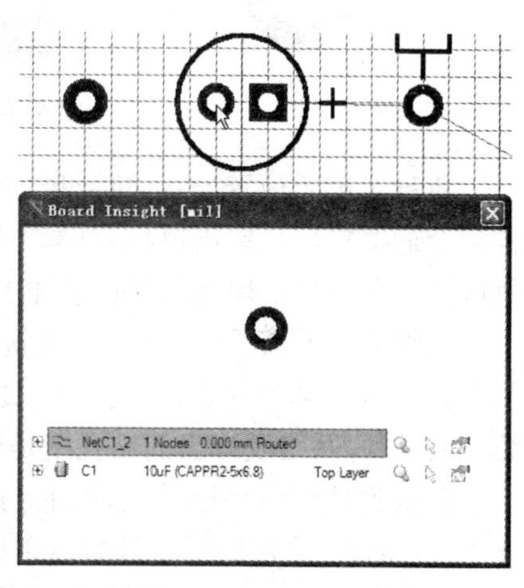

图 4-36 元器件焊盘网络

3．设置焊盘的网络

本例中焊盘是手工放置的，图 4-35 中“网络”下拉列表框中显示为“Not Net”（无网络）。

在交互式布线中，必须对独立焊盘进行网络设置，这样才能完成布线。设置网络的方法为在图 4-35 中的“网络”下拉列表框中选定所需的网络。

焊盘网络的设置必须根据原理图进行，下面以输入端焊盘为例进行说明。电路输入端接 C1 的负端，从图 4-36 中可以得出其网络为“NetC1_2”，故用鼠标双击要与 C1 的负端相连的焊盘，在弹出的“焊盘属性”对话框中，单击“属性”区的“网络”后的下拉列表框，选择“NetC1_2”，单击“确定”按钮完成焊盘网络设置。

采用同样方法设置其他独立焊盘的网络。

4．放置过孔

过孔用于连接不同层上的印制导线，过孔有 3 种类型，分别是通透式（Multi-layer）、隐藏式（Buried）和半隐藏式（Blind）。通透式过孔导通底层和顶层，隐藏式过孔导通相邻内部层，半隐藏式过孔导通表面层与相邻的内部层。

执行菜单“放置”→“过孔”或用单击放置工具栏上按钮，进入放置过孔状态，移动光标到合适位置后，单击鼠标左键，放下一个过孔，此时仍处于放置过孔状态，可继续放置过孔。

在放置过孔状态下，按下键盘的〈Tab〉键，调出图 4-37 所示的“过孔属性”对话框，可以设置孔尺寸、直径、过孔始层和末层及过孔所在网络等。

本例是单面 PCB，无须使用过孔。

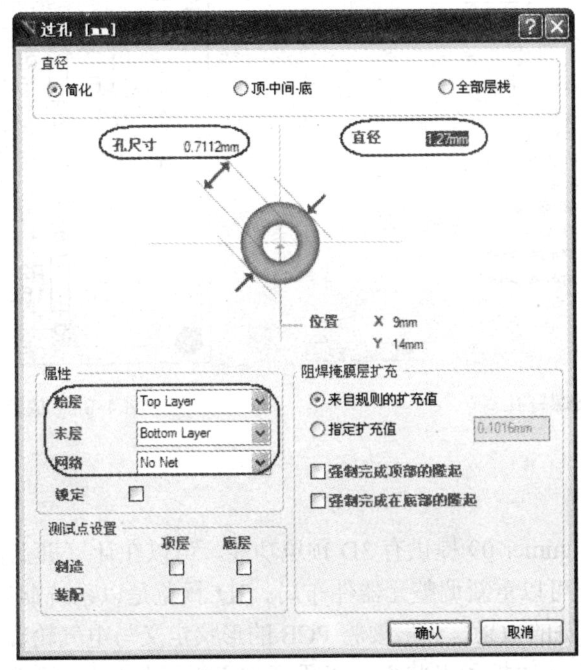

图 4-37 “过孔属性”对话框

4.3.7 制作螺钉孔

在电路板中，经常要用螺钉来固定散热片和 PCB，需要设置螺钉孔，它们与焊盘或过孔不同，一般无需导电部分。在实际设计中，可以利用放置焊盘或过孔的方法来制作螺钉孔。下面以放置焊盘的方法为例介绍螺钉孔的制作过程。

一般焊盘的里层是通孔的孔径，在孔壁上有覆铜，外层是一圈铜箔，利用它来制作螺钉孔的具体步骤如下。

1）执行菜单“放置”→“焊盘”，进入放置焊盘状态，按下键盘的〈Tab〉键，出现“焊盘属性”对话框，选择圆形焊盘，并设置 X-Size、Y-Size 和通孔尺寸为相同值（本例中放置 3mm 的安装孔，故数值都设置为 3mm），目的是不要表层铜箔，定义螺钉孔如图 4-38 所示。

2）在“属性”区中，取消“镀金的”后的复选框，目的是取消在孔壁上的铜。

3）单击“确定”按钮，退出对话框，移动光标到合适的位置放置焊盘，此时放置的就是一个螺钉孔。图 4-39 中在板的四周放置了 4 个 3mm 的螺钉孔，放置螺钉孔后的 PCB，如图 4-39 所示。

螺钉孔也可以通过放置过孔的方法来制作，具体步骤与利用焊盘方法相似，只要在“过孔属性”对话框中设置“孔尺寸”和“直径”为相同值即可。

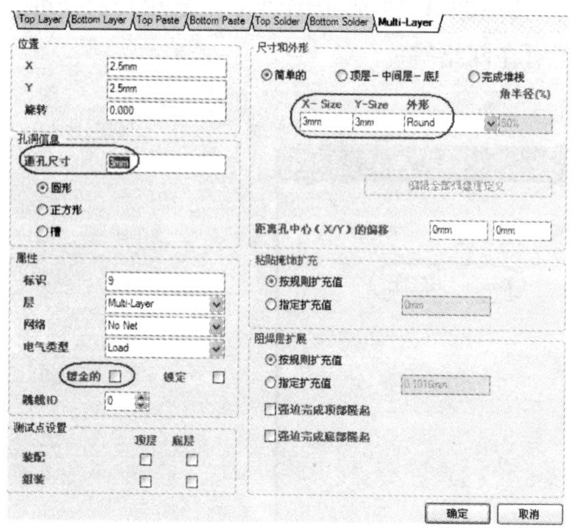

图 4-38 定义螺钉孔

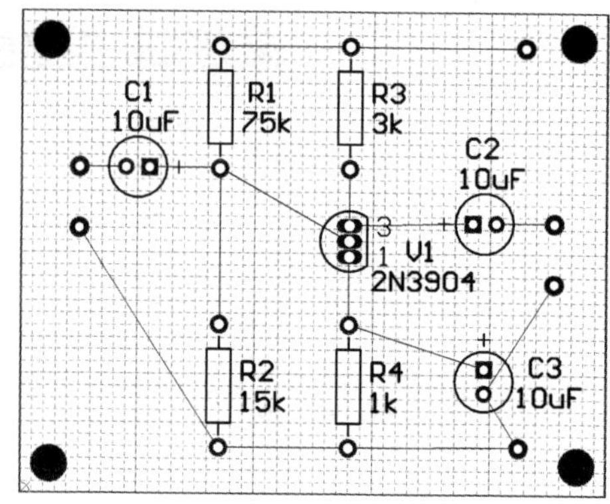

图 4-39 放置螺钉孔后的 PCB

4.3.8 3D 预览

Altium Designer Summer 09 提供有 3D 预览功能，可以在计算机上直接预览 PCB 的设计效果，根据预览的情况可以重新调整元器件布局。3D 预览是以系统默认的 PCB 的形状进行显示的，为保证 3D 预览的效果，一般要将 PCB 的形状定义与电气轮廓一致。

执行菜单“设计”→“板子形状”→“重新定义板子外形”，屏幕出现“十”字光标，移动鼠标到电气轮廓的一个顶点，单击鼠标左键确定起点，依次移动到电气轮廓的其他顶点单击鼠标左键确定画线，根据电气轮廓重新定义与其相同的 PCB 外形。

PCB 外状设置完毕就可以开始显示 3D 印制板。

执行菜单“查看”→“切换到 3 维显示”，对电路板进行 3D 预览，系统自动产生 3D 预览图，如图 4-40 所示，由于库中的元器件没有 3D 模型，故只显示 2D 图形。

3D 预览中的主要控制功能如下。

1）3D 板子快速放大或缩小。按住鼠标滚轮然后前后拖动鼠标进行放大或缩小 3D 板子；或按住鼠标右键的同时按下〈Ctrl〉键并前后拖动鼠标也可以进行放大或缩小 3D 板子。

2）旋转 3D 板子。将光标移动到板子中心，按住〈Shift〉键然后按住鼠标右键并上下左右移动鼠标，则 3D 板子会沿着鼠标移动的方向旋转，如图 4-41 所示。

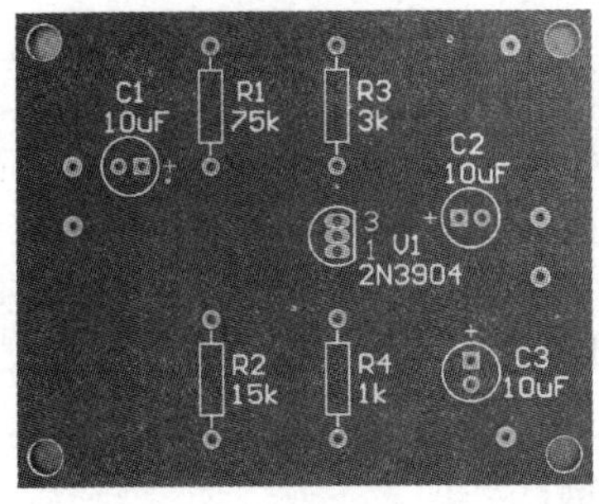

图 4-40　调整好布局的 3D 预览图

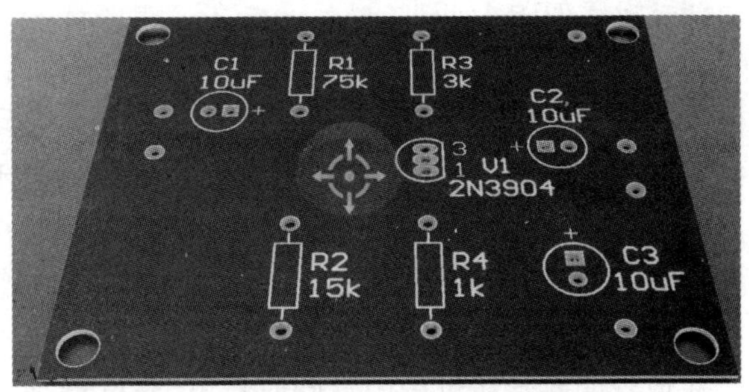

图 4-41　旋转 3D 板子

3）3D 板子恢复水平放置。按键盘上的〈0〉键，3D 板子恢复水平放置。

4）3D 板子水平翻转。同时按下键盘上的〈V〉键+〈B〉键，3D 板子水平翻转。

5）3D 板子 90° 旋转。按键盘上的〈9〉键，3D 板子进行 90° 旋转。

6）2D/3D 显示切换。按键盘上的〈2〉键，板子从 3D 显示状态恢复到 2D 显示状态，按键盘上〈3〉键则恢复 3D 显示状态。

4.3.9　手工布线

图 4-39 中元器件之间通过网络飞线连接，网络飞线不是实际的连线，它只是表示了哪些元器件焊盘的网络是相同的，它们之间必须连接在一起，在进行布线时必须用印制导线将其相连。

在 PCB 设计中有两种布线方式，可以通过执行菜单“放置”→“走线”进行布线，或执行菜单“放置”→“Interactive Routing”进行交互式布线。前者一般用于没有加载网络的线路连接，后者用于有加载网络的线路连接。

1．设置工作层

执行菜单“设计”→“板层颜色”，屏幕弹出“视图配置”对话框，在要设置为显示状态的工作层中后的“展示”复选框内单击打勾，选中该层。

本例中采用单面布线，元器件采用通孔式元器件，故选中 Bottom Layer（底层）、Top Overlay（顶层丝网层）、Keep-out Layer（禁止布线层）及 Multi-Layer（焊盘多层）。

PCB 单面布线的布线层为 Bottom Layer，故在工作区的下方单击“Bottom Layer”标签，将工作层设置为 Bottom Layer，以便在其上进行布线。

2．为手工布线设置捕获栅格

在进行手工布线时，如果栅格设置不合理，布线可能出现锐角，或者印制导线无法连接到焊盘中心，因此必须合理地设置捕获栅格尺寸。

设置捕获栅格尺寸可以在电路工作区中单击鼠标右键，在弹出的菜单中选择“跳转栅格”子菜单，从中可以选择捕获栅格尺寸，本例中选择 0.500mm。

3．布线的基本方法

执行菜单“放置”→“走线”进入放置 PCB 导线状态，系统默认放置线宽为 10mil 的连线，若在放置连线的初始状态时，单击键盘上的〈Tab〉键，屏幕弹出图 4-42 所示的“线约束”对话框，在其中可以修改线宽和线的所在层。修改线宽后，其后均按此线宽放置导线，线宽设置如图 4-42 所示。

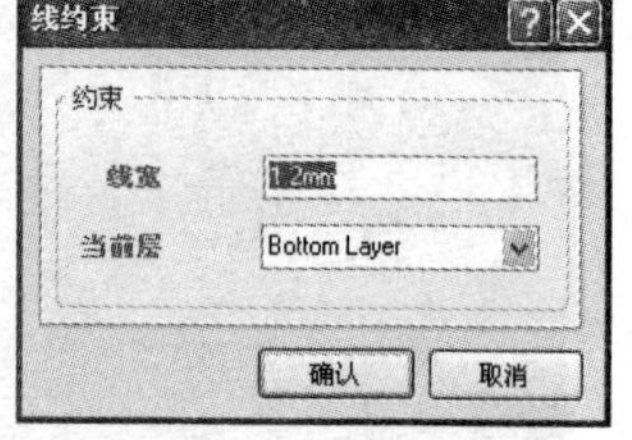

图 4-42　线宽设置

单击鼠标左键定下印制导线起点，移动光标，拉出一条线，到需要的位置后再次单击鼠标左键，即可定下一条印制导线，若要结束连线，单击鼠标右键，此时光标上还呈现“十”字，表示依然处于连线状态，还可以再决定另一个线条的起点，如果不再需要连线，再次单击鼠标右键，结束连线操作，连线示意图如图 4-43 所示。

在放置印制导线过程中，同时按下〈Shift〉+〈空格〉键，可以切换印制导线转折方式，共有 6 种，分别是 45°、弧线、90°、圆弧角、任意角度和 1/4 圆弧转折，连线的转折方式如图 4-44 所示。

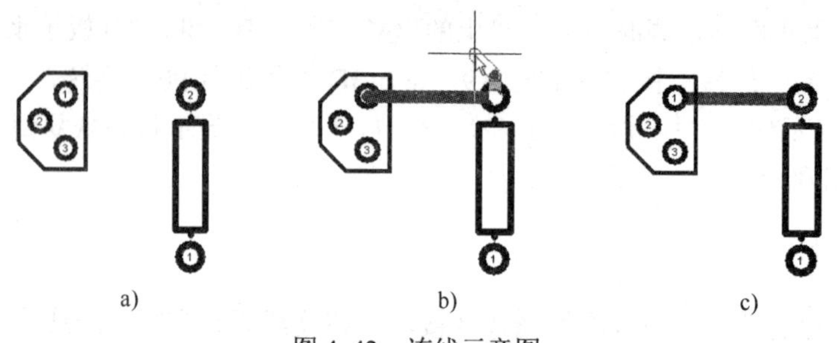

图 4-43　连线示意图

a) 连线前　b) 连线后，光标上继续连着线条　c) 完成连线的线条

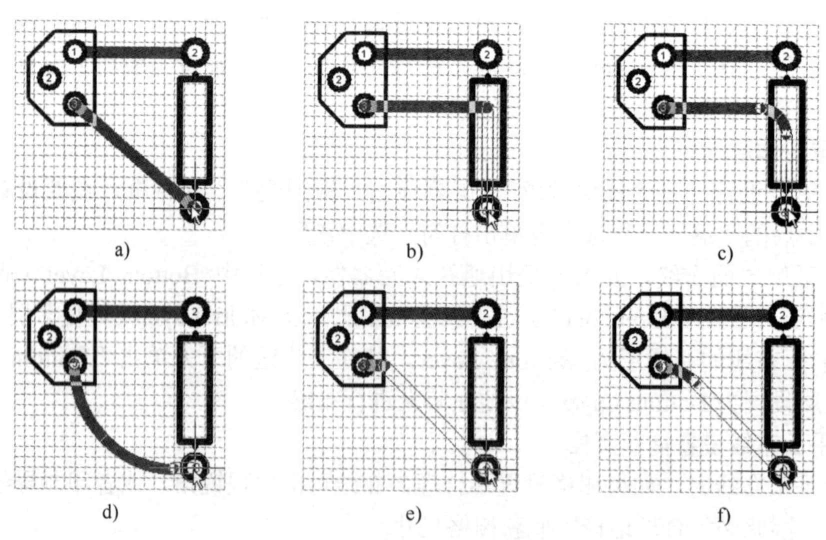

图 4-44　连线的转折方式

a) 任意角度转折　b) 90° 转折　c) 圆弧角转折　d) 1/4 圆弧转折　e) 45 度转折　f) 弧线转折

4. 编辑印制导线属性

用鼠标双击 PCB 中的印制导线，屏幕弹出图 4-45 所示的“轨迹”对话框，在其中可以

修改印制导线的属性。

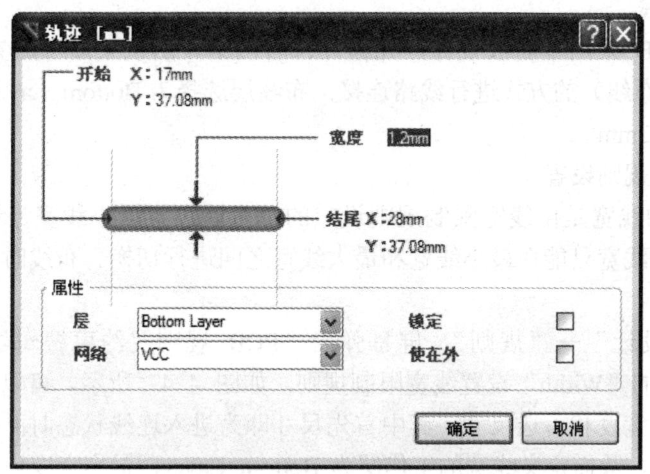

图 4-45 “轨迹”属性对话框

“宽度”设置印制导线的线宽；“层”下拉列表框设置印制导线所在层，本例为单面板，选择 Bottom Layer；“网络”下拉列表框用于选择印制导线所属的网络，本例中选择 VCC；“锁定”复选框用于设置铜膜是否锁定，锁定后的连线在移动时，屏幕会弹出一个对话框提示是否确认移动。

所有设置修改完毕，单击“确定”按钮结束。

5. 通过“放置走线”方式布线

通过“放置”→“走线”方式放置的印制导线可以放置在 PCB 的信号层和非信号层上，当放置在信号层上时，就具有电气特性，称为印制导线；当放置在其他层时，代表无电气特性的绘图标志线，规划印制板尺寸时就是采用这种方式放置导线。

在 Altium Designer Summer 09 中，系统设置了在线 DRC 检查，默认布线必须有网络表，当连线缺少网络信息时将高亮显示提示连线错误。

通过“放置”→“走线”放置的连线由于不具备网络连接信息，所以系统的 DRC 自动检查会高亮显示提示该连线错误，消除此错误的方法是用鼠标双击该连线，将其网络设置为当前与之相连的焊盘上的网络，放置走线方式布线存在问题与解决方法如图 4-46 所示。

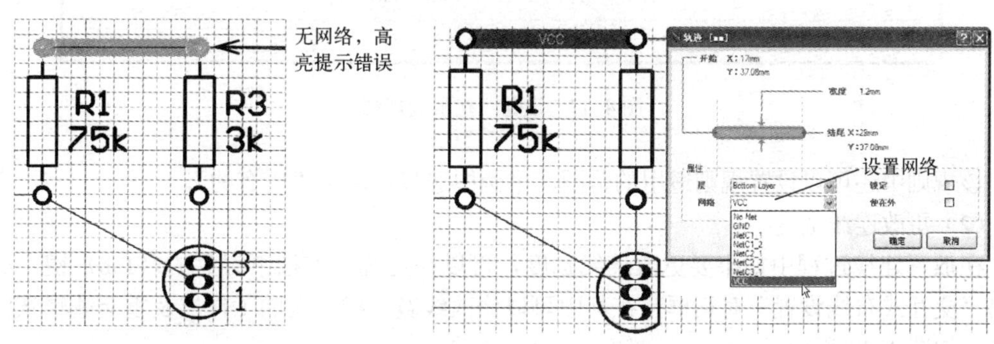

图 4-46 放置走线方式布线存在问题与解决方法

6. 交互式布线

本例中的 PCB 采用单面板设计，元器件带有网络，所以采用“放置”→“Interactive Routing”（交互式布线）的方式进行线路连接，布线层选择为 Bottom Layer（底层），印制导线的线宽设置为 1.2mm。

（1）线宽限制规则设置

交互式布线的线宽是由线宽限制规则设定的，可以设置最小线宽、最大线宽和首选线宽，设置完成后，线宽只能在最小线宽和最大线宽之间进行切换。布线时，系统默认以首选线宽进行布线。

执行菜单“设计”→“规则”，屏幕弹出“PCB 规则及约束编辑器”对话框，选中“Routing”选项下的“Width”设置线宽限制规则，如图 4-47 所示，可以在对应工作层中设置最小宽度、最大宽度和首选尺寸，其中首先尺寸即为进入连线状态时系统默认的线宽，本例中由于是单面板，故需定义线宽的工作层为 Bottom Layer，最小宽度为 0.254mm、最大宽度为 1.2mm、首选尺寸为 1.2mm。

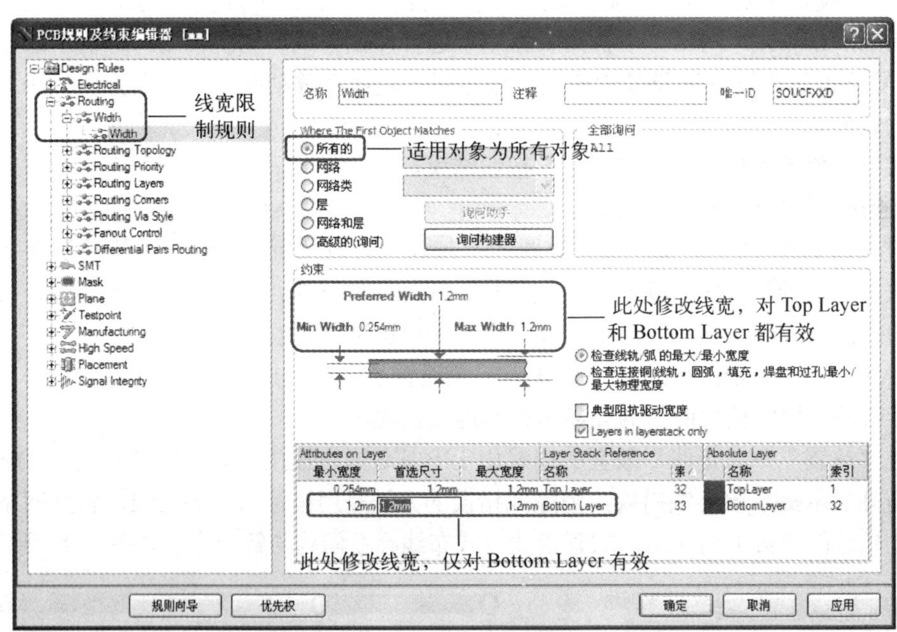

图 4-47 设置线宽限制规则

该规则中还可以设置规则适用的范围，本例中选择适用于“所有的”。

（2）更改连线宽度

在放置连线过程中如果要更改连线宽度，可以在连线状态按下键盘的〈Tab〉键，屏幕弹出“交互式布线设置”对话框，在其中可以修改线宽、线所在的工作层及重新编辑宽度规则等，如图 4-48 所示。

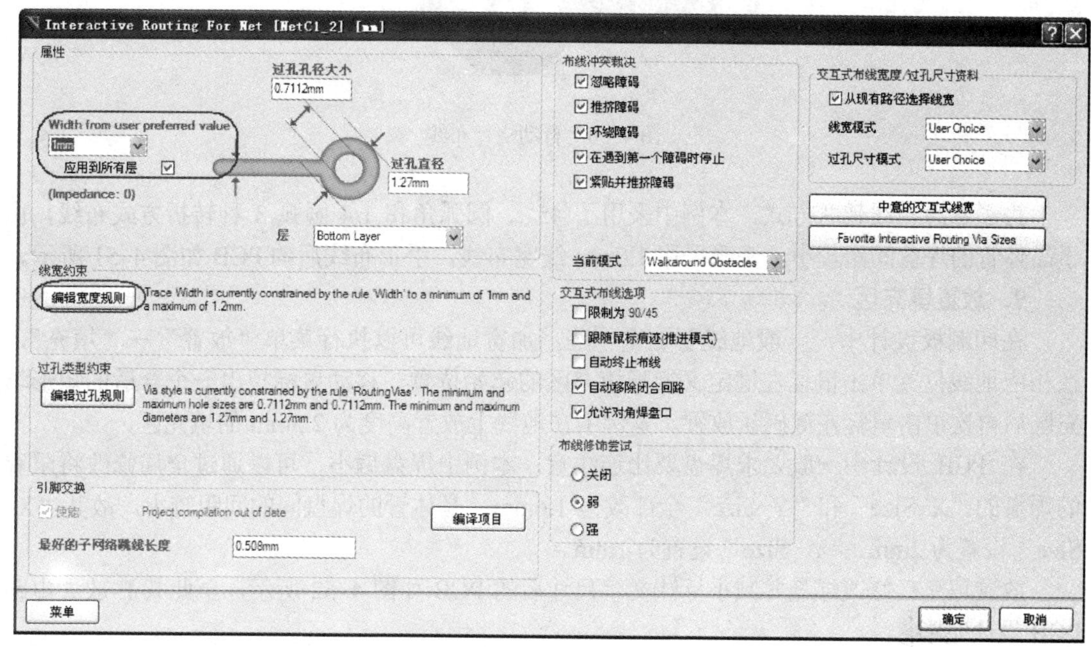

图 4-48 “交互式布线设置”对话框

线宽的设置一般不能超过前面设置的范围，超过上限值，系统自动默认为最大线宽；低于下限值，系统自动默认为最小线宽。

7. 布线信息指示

在 Altium Designer Summer 09 中，系统在光标移动过程中会在光标的左上方提示当前的板面信息，从中可以获得相应的信息，布线信息提示如图 4-49 所示。

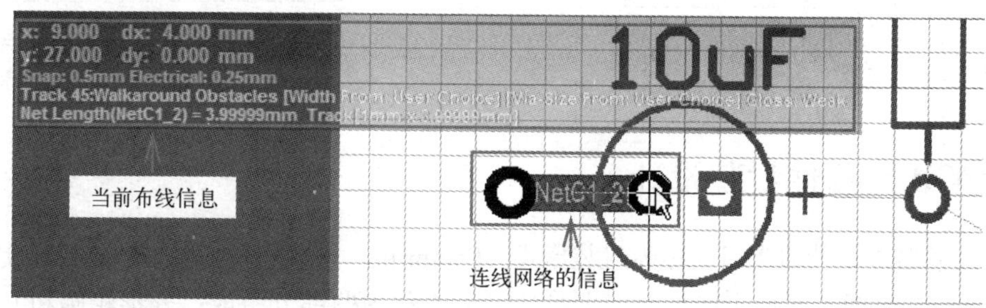

图 4-49 布线信息提示

从左上方的布线信息中可以看到当前的坐标位置、栅格尺寸、网络信息及连线长度等，该信息便于用户掌握当前布线的基本情况。

8. 自动绕行布线

在 Altium Designer Summer 09 中，交互式布线过程中碰到没有网络的焊盘或不同网络的焊盘，无法与其相连，系统将自动绕行，并给出绕行的线路，自动绕行布线如图 4-50 所示，这样可以提高布线效率。

图 4-50　自动绕行布线

为了熟悉布线转弯方式，本例中采用了 45°、圆弧角和 1/4 圆弧 3 种转折方式布线，由于晶体管的焊盘间距较小，基极采用 1.0mm 线宽布线，手工布线后的 PCB 如图 4-51 所示。

9．放置填充区

在印制板设计中，一般地线要加宽一些，加宽地线可以执行菜单“放置”→“填充”，在相应地线位置单击鼠标左键定义矩形填充区的起始位置，移动鼠标拉出一个合适的矩形填充区后再次单击鼠标左键确认放置。本例中在地线上放置高度为 2.5mm 的填充区。

在 PCB 设计中一般要求焊盘要比连线宽，本例中焊盘偏小，可以通过全局修改将阻容的焊盘的“X-Size”和“Y-Size”全部改为 1.6mm，晶体管的焊盘间的间距较小，故其“X-Size”设置为 2mm，“Y- Size”设置为 1mm。

放置填充、修改焊盘并减小标注文字尺寸后的 PCB 如图 4-52 所示，至此共 E 放大电路 PCB 设计完毕。

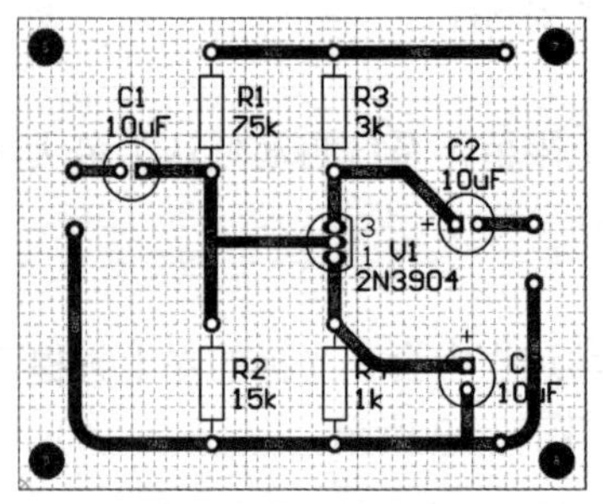

图 4-51　手工布线后的 PCB

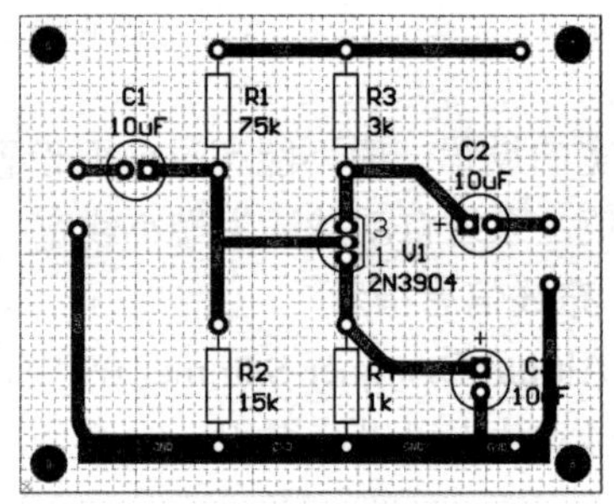

图 4-52　调整后的 PCB

4.4　PCB 元器件封装设计

PCB 元器件封装通常习惯称为封装形式（Footprint），简称为封装。PCB 封装实际上就是由元器件外观和元器件引脚组成的图形，它们大都由两部分组成：外形轮廓和元器件引脚，仅仅是空间的概念。外形轮廓在 PCB 上是以丝网的形式体现，元器件引脚在 PCB 上是以焊盘的形式体现。因此，各引脚的间距就决定了该元器件相应焊盘的间距，这与原理图元件图形的引脚是不同的。例如：一个 1/8W 的电阻与一个 1W 的电阻在原理图中的元器件图形是没有区别的，而其在 PCB 中元器件却有外形轮廓的大小和焊盘间距的大小之分。

设计印制电路板需要用到元器件的封装，虽然 Altium Designer Summer 09 中提供了大量的元器件集成库和元器件封装库，但随着电子技术的迅速发展，新型元器件层出不穷，不可能由元器件库全部包容，这就需要用户自己设计元器件的封装。

4.4.1 认知元器件封装

1．设计元器件封装前的准备工作

在开始设计封装之前，首先要做的准备工作是收集元器件的封装信息。封装信息主要来源于厂家提供的用户手册。如果没有用户手册，可以上网查找元器件信息，一般通过访问该元器件的厂商或供应商网站可以获得相应信息，也可以通过搜索引擎进行查找。

如果有些元器件找不到相关资料，则只能依靠实际测量，一般要配备游标卡尺，测量要准确，特别是引脚间距。标准的元器件封装的轮廓设计和引脚焊盘间的位置关系必须严格按照实际的元器件尺寸进行设计的，否则在装配电路板时可能因焊盘间距不正确而导致元器件不能安装到电路板上，或者因为外形尺寸不正确，而使元器件之间发生相互干涉。若元器件的外形轮廓画得太大，浪费了 PCB 的空间；若画得太小，元器件则可能无法安装。

2．常用元器件及其封装

元器件种类繁多，对应的封装复杂多样。对于同种元器件可以有多种不同封装，不同的元器件也可以采用相同封装，因此在选用封装时要根据实际情况进行选择。

（1）固定电阻

固定电阻的封装尺寸主要决定于其额定功率及工作电压等级，这两项指标的数值越大，电阻的体积就越大，电阻常见的封装有通孔式和贴片式两类，固定电阻的外观与封装如图 4-53 所示。

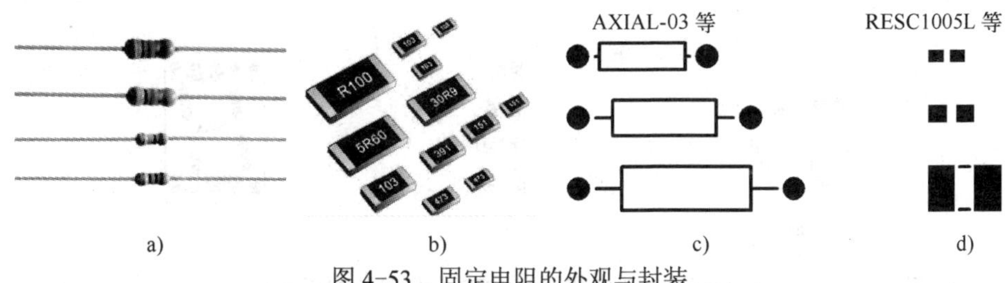

图 4-53　固定电阻的外观与封装

a) 通孔式电阻　b) 贴片电阻　c) 通孔式封装　d) 贴片式封装

在 Altium Designer Summer 09 中，通孔式的电阻封装常用 AXIAL-0.3～AXIAL-1.0，贴片式电阻封装常用 RESC1005L～RESC6332L。

（2）二极管

常见的二极管的尺寸大小主要取决于额定电流和额定电压，从微小的贴片式、玻璃封装、塑料封装到大功率的金属封装，尺寸相差很大，二极管的外观与封装如图 4-54 所示。

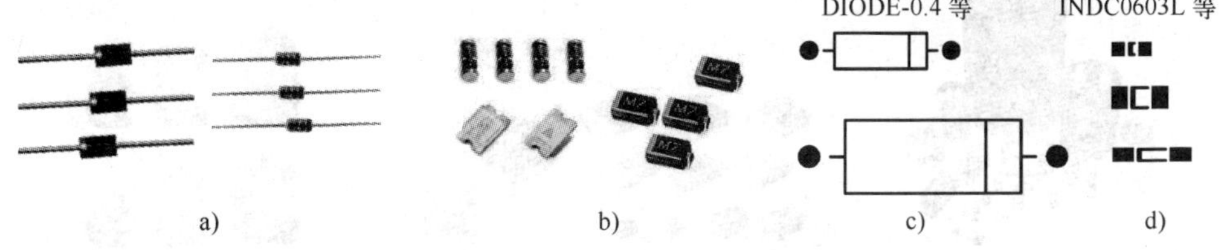

图 4-54　二极管的外观与封装

a) 通孔式二极管　b) 贴片式二极管电阻　c) 通孔式封装　d) 贴片式封装

在 Altium Designer Summer 09 中，通孔式的二极管封装常用 DIODE-0.4、DIODE-0.7，贴片式二极管封装常用 INDC0603L～INDC4532L。

（3）发光二极管与 LED 七段数码管

发光二极管与 LED 数码管主要用于状态显示和数码显示，其封装差别较大，Altium Designer Summer 09 中提供了大量的封装，如不能符合需求，则要自行设计，发光二极管和 LED 数码管的外观如图 4-55 所示。

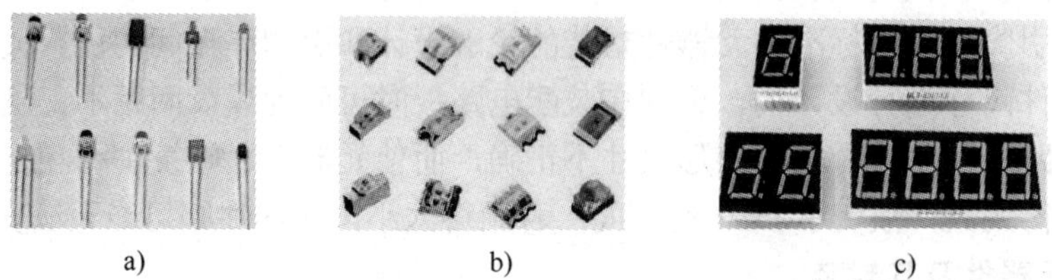

a)　　b)　　c)

图 4-55　发光二极管和 LED 数码管的外观

a) 通孔式发光二极管　b) 贴片式发光二极管　c) LED 数码管

在 Altium Designer Summer 09 中，通孔式的发光二极管封装常用 LED-0、LED-1，贴片式发光二极管封装常用 DSO-C2/D5.6～DSO-F2/D6.1 等；数码管的封装常用 LEDDIP-10/C15.24RHD～LEDDIP-18ANUM 等，发光二极管和 LED 数码管的常用封装如图 4-56 所示。

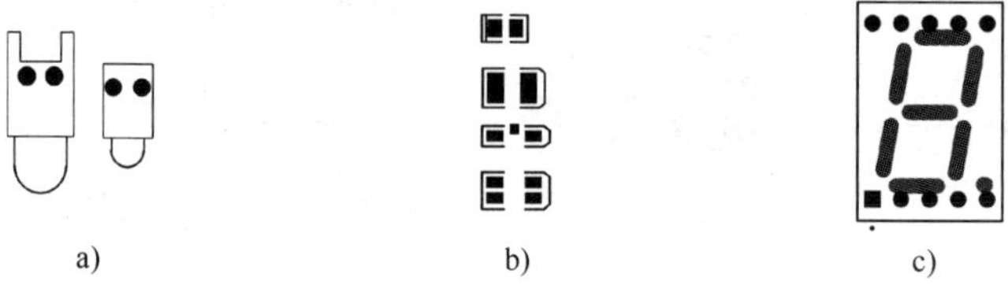

a)　　b)　　c)

图 4-56　发光二极管和 LED 数码管的常用封装

a) 通孔式发光二极管　b) 贴片式发光二极管　c) LED 数码管

（4）电容

电容主要参数为容量及耐压，对于同类电容而言，体积随着容量和耐压的增大而增大，常见的外观为圆柱形、扁平形和方形，常用的封装有通孔式和贴片式，电容的外观如图 4-57 所示。

a)　　b)　　c)

图 4-57　电容的外观

a) 通孔式电容　b) 贴片式钽电容和无极性电容　c) 贴片式电解电容

在 Altium Designer Summer 09 中，通孔式的圆柱形极性电容封装常用 RB5-10.5、RB7.6-15、CAPPR1.27-1.78×2.8～CAPPR7.5-16×35，方形极性电容封装常用 CAPPA14.05-10.5×6.3～CAPPA46.1-41×21.5，圆柱形无极性电容封装常用 CAPR5-4×5 等，无极性方形电容封装常用 RAD-0.1～RAD-0.4；贴片式电容封装常用 CAPC1005L～CAPC5764L 等，电容的常用封装图如图 4-58 所示。（图中*代表字母或数字，下同）

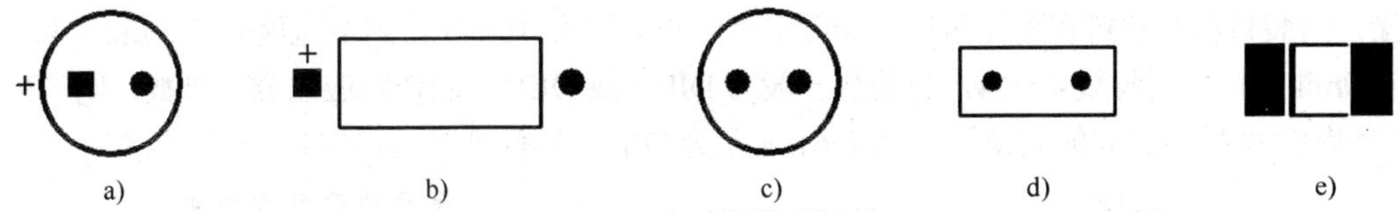

图 4-58　电容的常用封装图

a) CAPPR*-*×*　b) CAPPA*-*×*　c) CAPR*-*×*　d) RAD-0.1 等　e) CAPC1005L 等

（5）晶体管/场效应晶体管/晶闸管

晶体管/场效应晶体管/晶闸管同属于晶体管，其外形尺寸与器件的额定功率、耐压等级及工作电流有关，常用的封装有通孔式和贴片式，晶体管/场效应晶体管/晶闸管的外观如图 4-59 所示。

图 4-59　晶体管/场效应晶体管/晶闸管的外观

在 Altium Designer Summer 09 中，通孔式的晶体管/场效应晶体管/晶闸管封装常用 BCY-W3/*、TO-92、TO-39、TO-18、TO-52、TO-220、TO-3；贴片式封装常用 SOT*、SO-F*/*、SO-G3/*、TO-263、TO-252、TO-368 等，晶体管/场效应晶体管/晶闸管的常用封装图如图 4-60 所示。

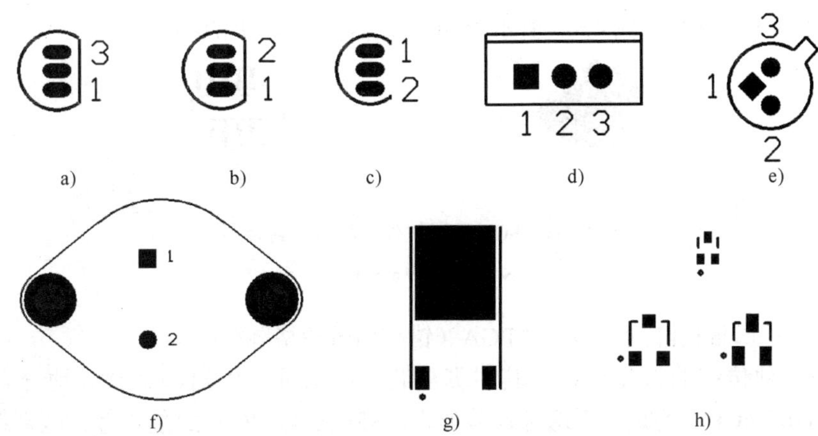

图 4-60　晶体管/场效应晶体管/晶闸管的常用封装图

a) BCY-W3 等　b) BCY-W3/132　c) BCY-W3/231　d) TO-220 等　e) TO-39 等　f) TO-3　g) TO-263 等　h) SOT23 等

（6）集成电路

集成电路是线路设计中常用的一类元器件，品种丰富、封装形式也多种多样。在 Altium Designer Summer 09 的集成库中包含了大部分集成电路的封装，以下介绍几种常用的封装。

1）DIP（双列直插式封装）。

DIP 为目前比较普及的集成块封装形式，引脚从封装两侧引出，贯穿 PCB，在底层进行焊接，封装材料有塑料和陶瓷两种。一般引脚中心间距为 100mil，封装宽度有 300mil、400mil 和 600mil 三种，引脚数 4～64，封装名一般为 DIP-*或 DIP*。制作时应注意引脚数、同一列引脚的间距及两排引脚间的间距等，图 4-61 所示为 DIP 元器件外观与常用封装图。

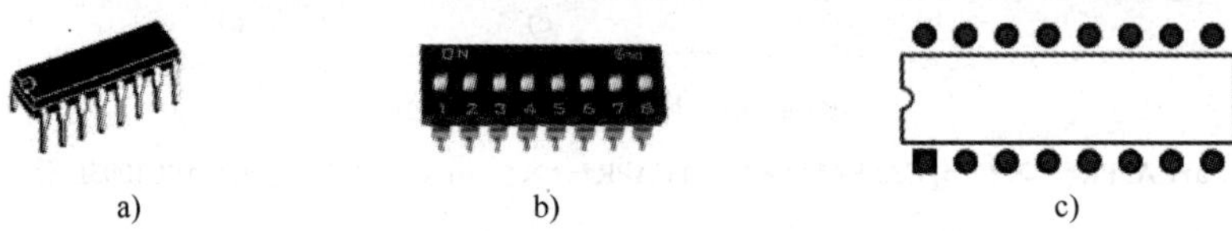

图 4-61　DIP 元器件外观与常用封装图

a) DIP 元器件　b) DIP 开关　c) DIP 封装

2）SIP（单列直插式封装）。

SIP 封装的引脚从封装的一侧引出，排列成一条直线，一般引脚中心间距为 100mil，引脚数 2～23，封装名一般为 SIP-*或 SIP*，图 4-62 所示为 SIP 元器件外观与常用封装图。

图 4-62　SIP 元器件外观与常用封装图

a) SIP 元器件　b) SIP 封装

3）SOP（双列小贴片封装，也称为 SOIC）。

SOP 是一种贴片的双列封装形式，引脚从封装两侧引出，呈 L 字形，封装名一般为 SOP-*、SOIC*。几乎每一种 DIP 封装的芯片均有对应的 SOP 封装，与 DIP 封装相比，SOP 封装的芯片体积大大减少，图 4-63 所示为 SOP 元器件外观与常用封装图。

图 4-63　SOP 元器件外观与常用封装图

a) SOP 元器件　b) SOP 封装

4）PGA（引脚栅格阵列封装）、SPGA（错列引脚栅格阵列封装）。

PGA 是一种传统的封装形式，其引脚从芯片底部垂直引出，且整齐地分布在芯片四周，早期的 80X86CPU 均是使用这种封装形式。SPGA 与 PGA 封装相似，区别在于其引脚排列方式为错开排列，利于引脚出线，封装名一般为 PGA*，图 4-64 所示为 PGA 元器件外观及 PGA、SPGA 封装图。

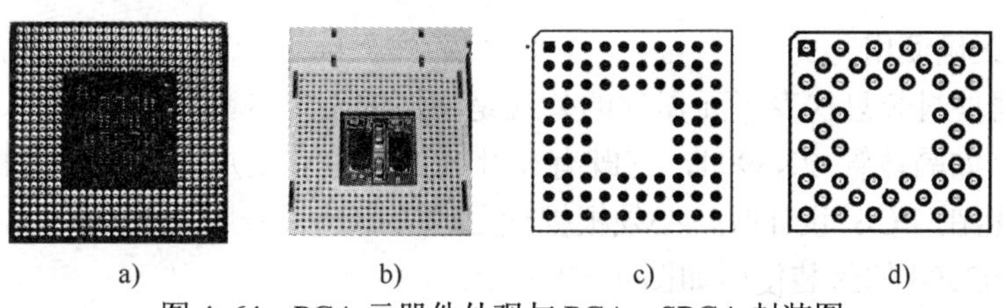

a)　　b)　　c)　　d)

图 4-64　PGA 元器件外观与 PGA、SPGA 封装图

a) PGA 元器件　b) PGA 底座　c) PGA 封装　d) SPGA 封装

5）PLCC（无引出脚芯片封装）。

PLCC 是一种贴片式封装，这种封装的芯片的引脚在芯片的底部向内弯曲，紧贴于芯片体，从芯片顶部看下去，几乎看不到引脚，PLCC 元器件外观与常用封装图如图 4-65 所示，封装名一般为 PLCC*。

a)　　b)

图 4-65　PLCC 元器件外观与常用封装图

a) PLCC 元器件　b) PLCC 封装

这种封装方式节省了 PCB 制板空间，但焊接比较困难，需要采用回流焊工艺，要使用专用的设备。

6）QUAD（方形贴片封装）。

QUAD 为方形贴片封装，与 LCC 封装类似，但其引脚没有向内弯曲，而是向外伸展，焊接比较方便。封装主要包括 PQFP*、TQFP*及 CQFP*等，QUAD 元器件外观与 QFP 封装如图 4-66 所示。

a)　　b)

图 4-66　QUAD 元器件外观与 QFP 封装

a) QUAD 元器件　b) QFP 封装

7）BGA（球形栅格阵列封装）。

BGA 为球形栅格阵列封装，与 PGA 类似，主要区别在于这种封装中的引脚只是一个焊锡球状，焊接时熔化在焊盘上，无需打孔，BGA 元器件外观与常用封装如图 4-67 所示。同类型封装还有 SBGA，与 BGA 的区别在于其引脚排列方式为错开排列，利于引脚出线。BGA 封装主要包括 BGA*、FBGA*、E-BGA*、S-BGA*及 R-BGA*等。

a)　　b)

图 4-67　BGA 元器件外观与常用封装

a) BGA 元器件　b) BGA 封装

3. 封装的正确使用

相同的元器件封装只代表了元器件的外观是相似的，焊盘数目是相同的，但并不意味着可以简单互换。如晶体管 2N3904，它既有通孔式的，也有贴片式的，引脚排列有 EBC 和 ECB 两种，显然在 PCB 设计时，必须根据使用的管型选择所用的封装类型，否则会出现引脚错误问题，2N3904 的封装使用如图 4-68 所示。

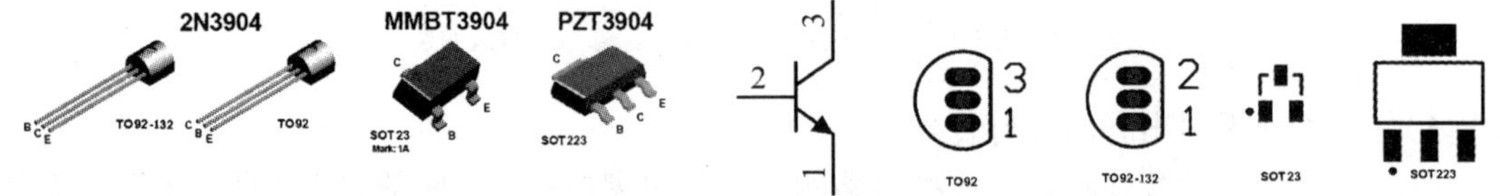

图 4-68　2N3904 的封装使用

一般如果对元器件封装不熟悉，可以先上网查找元器件的封装资料，然后确定具体的封装应用。

虽然 Altium Designer Summer 09 中提供了大量的封装，但是封装的选用不能局限于系统提供的库，实际应用时经常根据 PCB 的具体要求自行设计元器件封装。如电阻的封装，库中提供的 AXIAL-0.3～AXIAL-1.0 都是卧式封装，有些 PCB 中为节省空间，可以采用立式封装，则需自行设计，一般间距为 100mil，可命名为 AXIAL-0.1。

4.4.2　创建 PCB 元器件库

进入 Altium Designer Summer 09，建立 PCB 工程文件，执行菜单“文件”→“新建”→“库”→“PCB 元件库”，系统打开 PCB 库编辑窗口，如图 4-69 所示，图中的工作区面板中自动生成一个名为“PcbLib1.PcbLib”的元器件封装库。

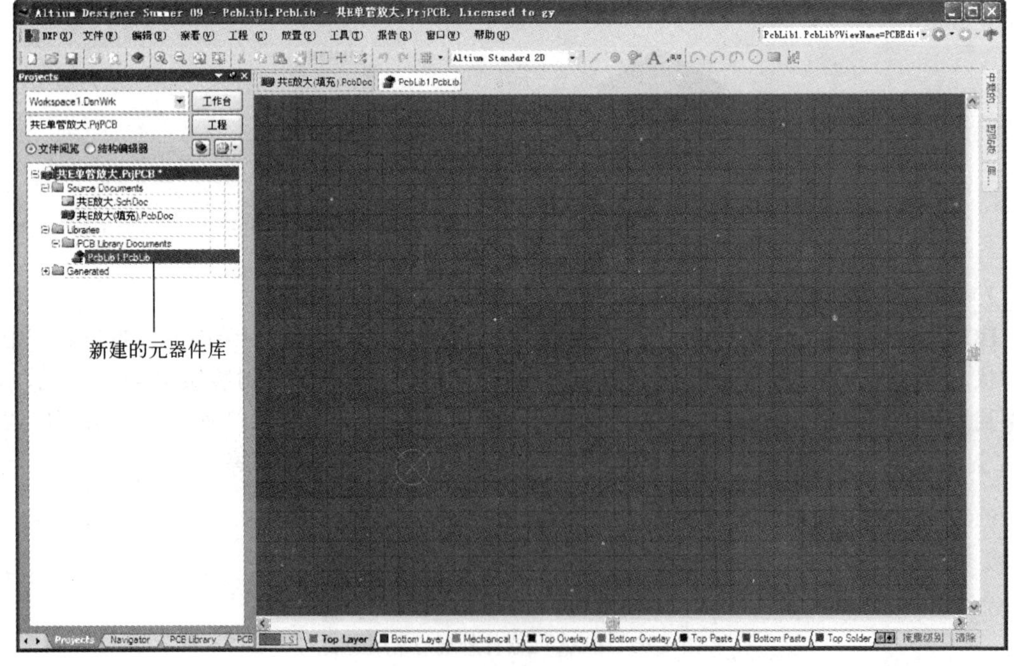

图 4-69　PCB 库编辑窗口

在图 4-69 中，单击工作区面板的选项卡“PCB Library”，打开“PCB Library”元器件库管理窗口，如图 4-70 所示，图中显示系统已经自动新建了一个名为“PCBCOMPONENT_1”的新元件。

鼠标单击选中图 4-70 中的元器件 PCBCOMPONENT_1，执行菜单“工具”→“元件属性”，屏幕弹出“PCB 库元件”属性对话框，可以修改元器件封装的名称，更改元器件封装名如图 4-71 所示。

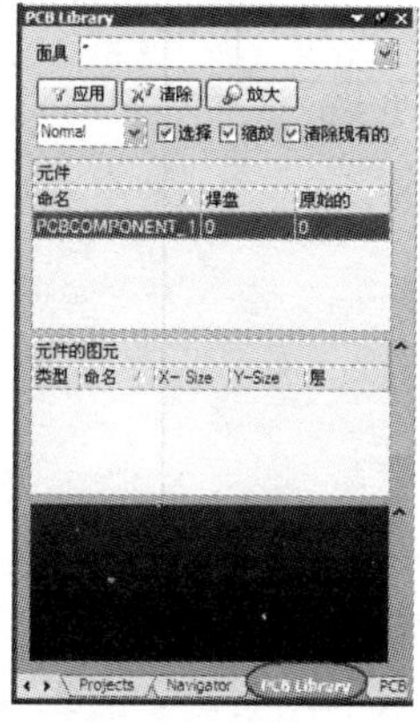

图 4-70　元器件库管理窗口

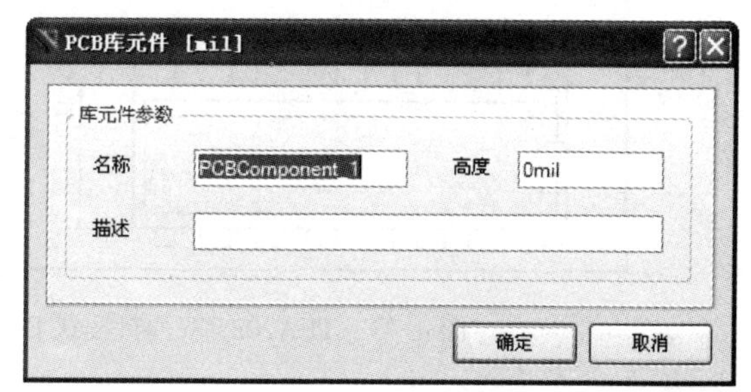

图 4-71　更改元器件封装名

4.4.3 采用“元器件向导”设计元器件封装

在元器件封装设计中，外形轮廓一般用绘图工具在顶层丝印层（Top Overlay）绘制，引脚焊盘则与元器件的装配方法的有关，对于贴片式元器件，焊盘应放置在顶层（Top Layer），对于通孔式元器件，焊盘则应放置在多层（Multi Layer）。

Altium Designer Summer 09 中提供了封装设计向导，常见的标准封装都可以通过这个工具来设计。下面以集成功放芯片 TEA2025 的封装为例，介绍 “元器件向导”制作封装的方法，采用“元器件向导”设计的封装不存在 3D 模型。

1. 查找 TEA2025 的封装信息

元器件封装信息可以通过元器件手册查找，也可以通过搜索引擎进行搜索，本例中输入关键词“TEA2025 PDF”。搜索到元器件信息后，打开文档从中可以看出该元器件的封装类型，TEA2025 封装类型如图 4-72 所示，该元器件有两种封装形式，即双列直插式（DIP）16 脚和双列贴片式（SO）20 脚，贴片式芯片比双列直插式芯片多 4 个接地引脚。

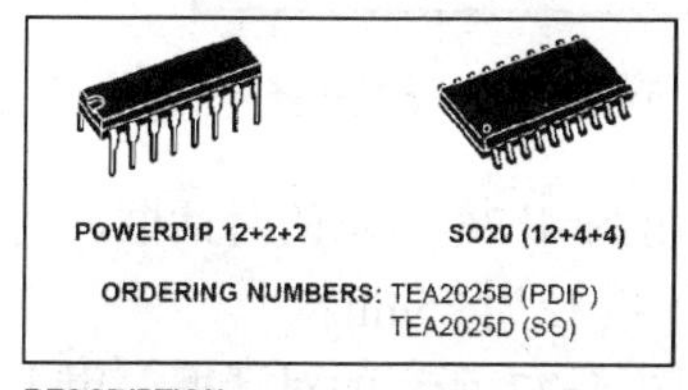

DESCRIPTION
The TEA2025B/D is a monolithic integrated circuit in 12+2+2 Powerdip and 12+4+4 SO, intended for use as dual or bridge power audio amplifier portable radio cassette players.

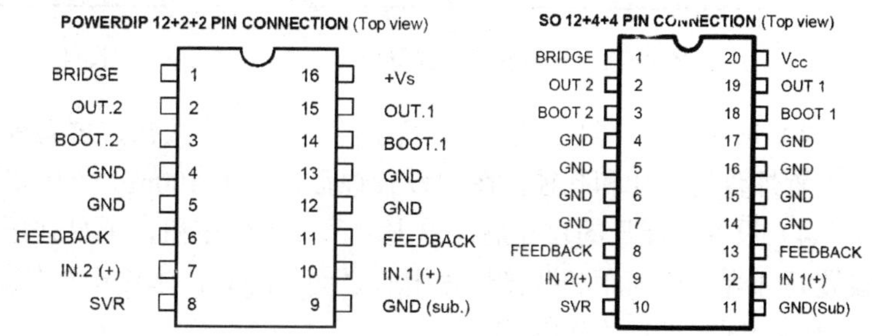

图 4-72　TEA2025 封装类型

2．使用“元器件向导”设计双列直插式封装 DIP16

TEA2025 双列直插式 DIP 封装信息如图 4-73 所示，从图中可以看出，封装相邻焊盘间距为 100mil，两排焊盘间距为 300mil。

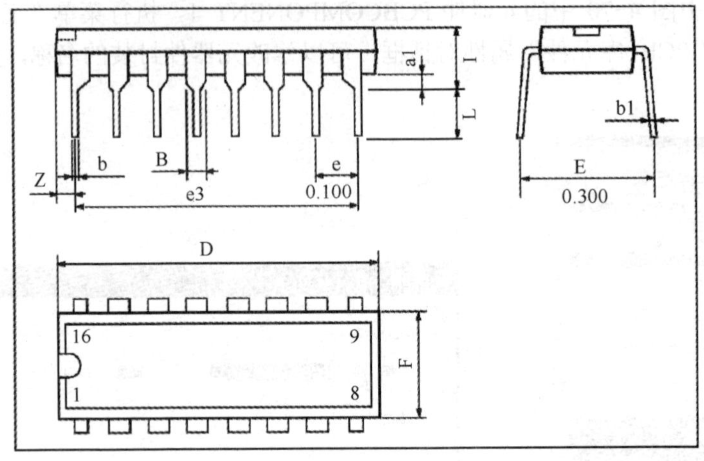

图 4-73　TEA2025 双列直插式 DIP 封装信息

1）进入 PCB 元器件库编辑器后，执行菜单“工具”→“元器件向导”，屏幕弹出元器件设计向导，如图 4-74 所示。

2）进入元器件设计向导后单击“下一步”按钮，屏幕弹出图 4-75 所示的对话框，用于选择元器件封装类型，共有 12 种供选择，包括电阻、电容、二极管、连接器及集成电路常用封装等，选中“Dual in-Line Package（DIP）”封装类型，在“选择单位”的下拉列表框设置单位制为 Imperial（英制）。

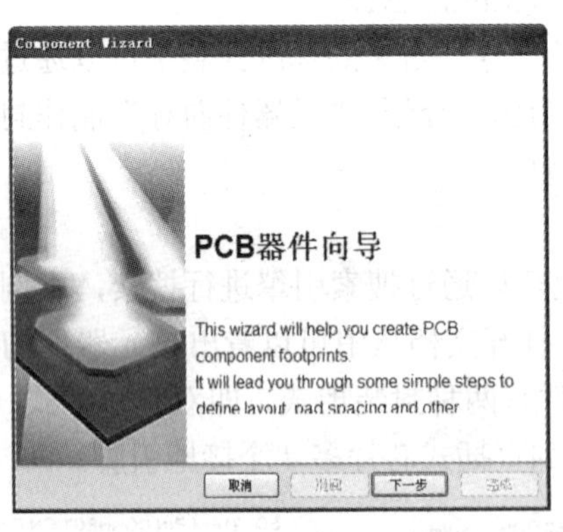

图 4-74　元器件设计向导

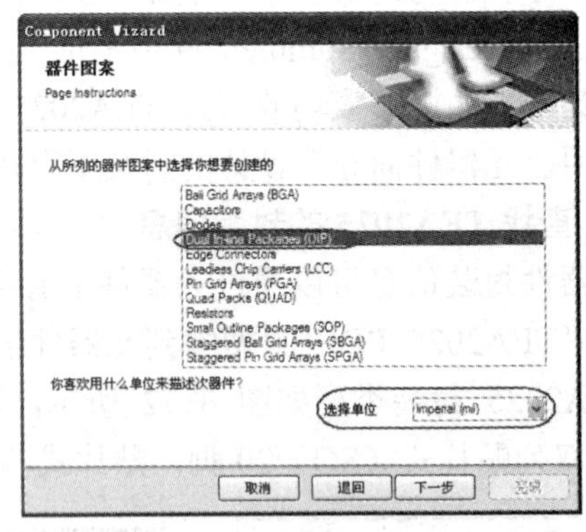

图 4-75　元器件封装类型选择

3）选中元器件封装类型后，单击“下一步”按钮，屏幕弹出图 4-76 所示的对话框，用于设置焊盘的尺寸和孔径，图中设置焊盘尺寸为 100mil×50mil，孔径为 25mil。

4）设置好焊盘的尺寸后，单击“下一步”按钮，屏幕弹出图 4-77 所示的对话框，用于设置相邻焊盘的间距和两排焊盘中心之间的距离，本例中相邻焊盘间距设置为 100mil，两排焊盘中心间距设置为 300mil。

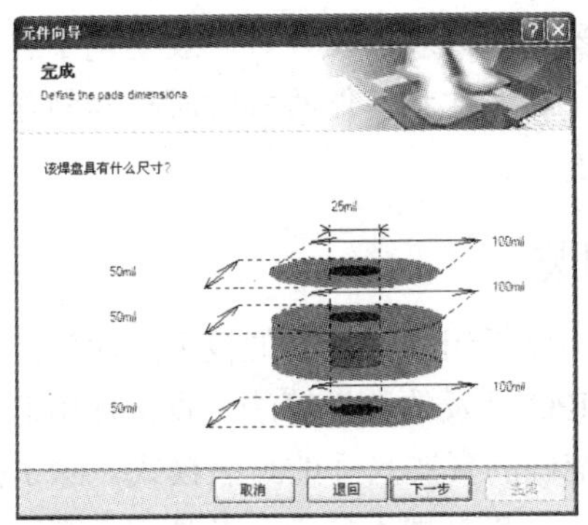

图 4-76　设置焊盘尺寸和孔径

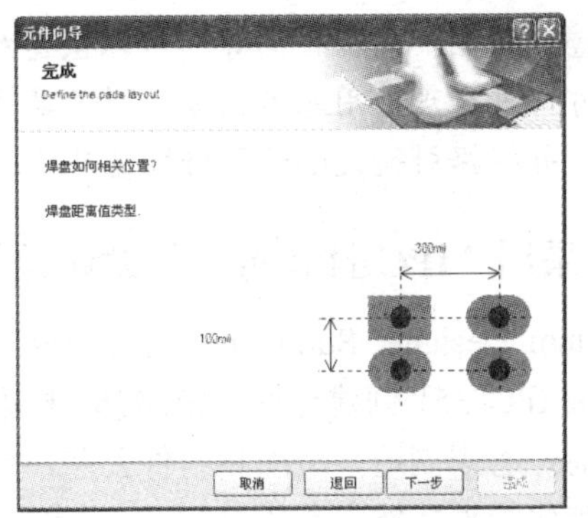

图 4-77　设置焊盘间距

5）焊盘间距设置完毕，单击“下一步”按钮，屏幕弹出图 4-78 所示的对话框，用于设置封装外框宽度，本例中设置外框宽度为 10mil。

6）外框宽度设置完毕，单击“下一步”按钮，屏幕弹出图 4-79 所示的对话框，用于设置元器件封装的焊盘数，本例中芯片有 16 个引脚，故设置焊盘数为 16。

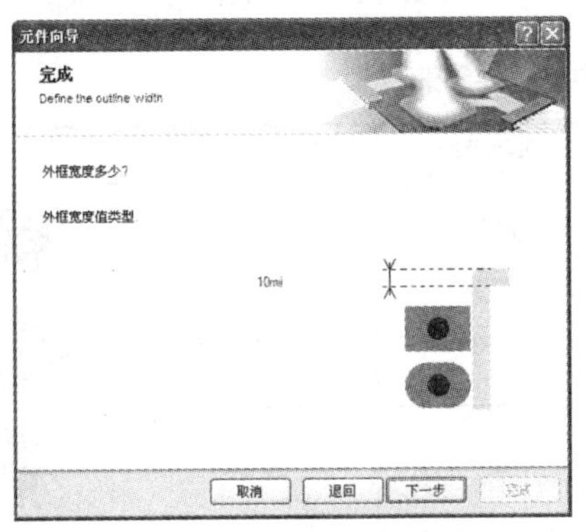

图 4-78　设置外框宽度

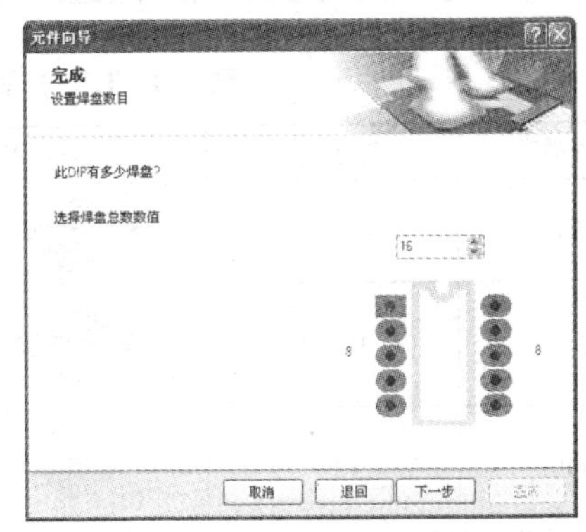

图 4-79　设置元器件封装的焊盘数

7）焊盘数设置完毕，单击“下一步”按钮，屏幕弹出图 4-80 所示的对话框，用于设置元器件封装的名称，系统自动根据焊盘数设置元件封装名为“DIP16”。

8）封装名称设置完毕，单击“下一步”按钮，屏幕弹出设计结束对话框，单击“完成”按钮结束元器件封装设计，屏幕出现设计好的 DIP16 封装，如图 4-81 所示，图中矩形焊盘为引脚 1。

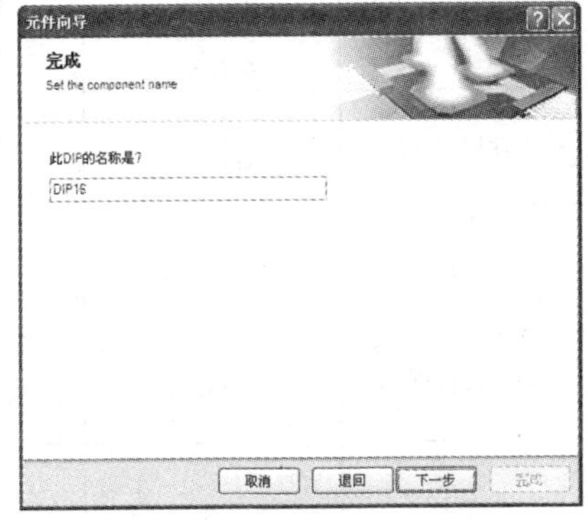

图 4-80　设置封装的名称

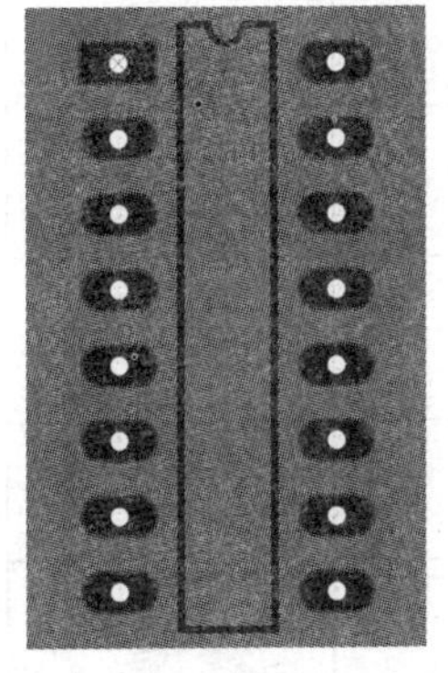

图 4-81　设计好的 DIP16 封装

注意：采用“元器件向导”可以快速绘制元器件的封装，设计时一般要先了解元器件的外形尺寸，并合理选用基本封装。对于集成块应特别注意元器件的引脚间距和相邻两排引脚的间距，并根据引脚大小设置好焊盘尺寸及孔径等。

4.4.4 采用“IPC 封装向导”设计元器件封装

Altium Designer Summer 09 支持 IPC（印制电路板组织）标准的板卡级库和基于向导的组件封装 IPC7351 创建标准。IPC7351 标准使用 IPC 开发的数学算法，直接使用器件本身的尺寸信息，考虑制造、装配和组件公差，创建出准确的真实尺寸的封装模式。除了提供更精确和标准化的封装外，遵从 IPC7351 标准的组件也能更好地支持当今产品的高密度组件，同时达到定义的焊接（嵌缝）工程目标。

1．IPC 封装主要类型

IPC 封装向导设计的封装类型包括 BGA、BQFP、CFP、CHIP、CQFP、DPAK、LCC、PLCC、MELF、MOLDED、PQFP、QFN、QFN-2ROW、SOIC、SOJ、SOP、SOT223、SOT23、SOT143/343、SOT89 及 WIRE WOUND 等，具体如表 4-1 所示。

表 4-1　IPC 封装向导中的主要封装类型

元器件类型	主要封装类型	封装 3D 图形	元器件类型	主要封装类型	封装 3D 图形
BGA	BGA、CGA		QFN	QFN、LLP	
BQFP	BQFP		QFN-2ROW	Double Row QFN	
CFP	CFP		SOIC	SOIC	
CHIP	Capacitor Inductor Resistor		SOJ	SOJ	
CQFP	CQFP		SOP	SOP	
DPAK	DPAK		SOT223	SOT223	
LCC	LCC		SOT23	3-Leads 5-Leads 6-Leads	
MELF	Diode Resistor		SOT143/343	SOT143 SOT343	
MOLDED	Capacitor Inductor Diode		SOT89	SOT89	
PLCC	PLCC		WIRE WOUND	Inductor	
PQFP	PQFP				

IPC 封装向导主要的特性如下。

1）可以设定并查看整体封装尺寸、引脚信息、空间、阻焊层以及尺寸公差。

2）可以输入机械尺寸，如围挡大小、装配和元器件体信息。

3）向导可以重新进入，以便进行浏览和调整，在每一阶段都能预览封装的 3D 顶视图。

4）在任何阶段都可以按下“结束”按钮，都能生成当前预览封装。

2．使用“IPC 封装向导”设计双列贴片式封装 SO20

TEA2025 的贴片式封装信息如图 4-82 所示，从图中可以了解到元器件的具体尺寸，设计时要根据图中的参数选择尺寸。

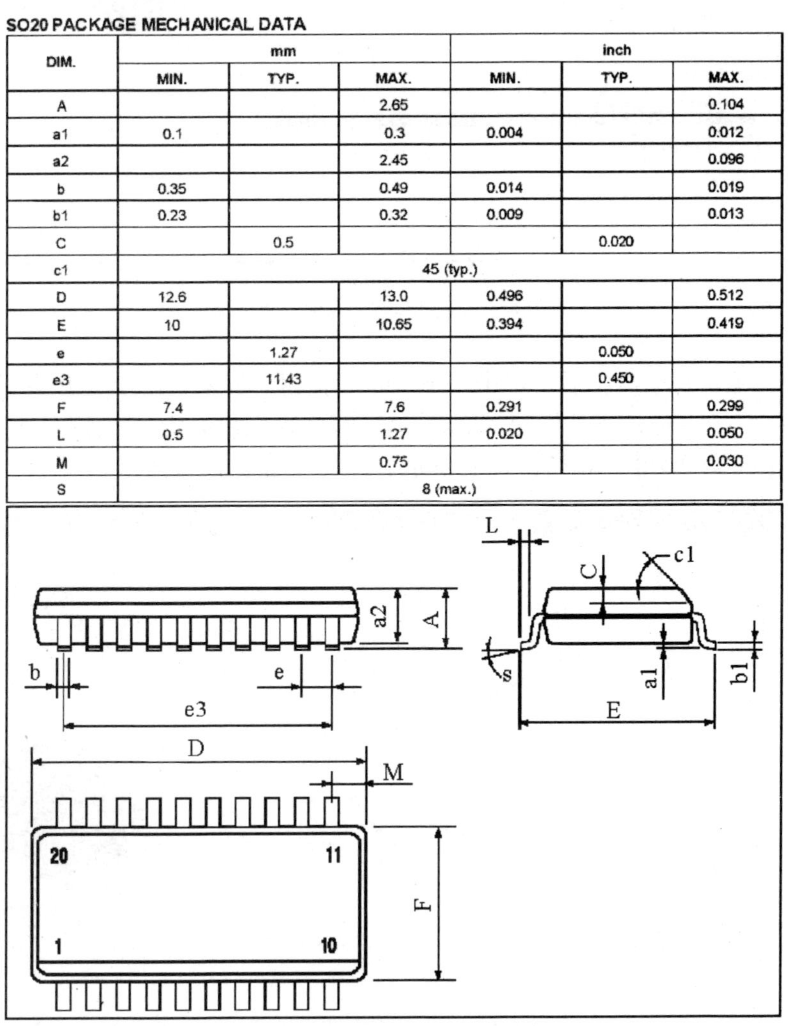

SO20 PACKAGE MECHANICAL DATA

DIM.	mm			inch		
	MIN.	TYP.	MAX.	MIN.	TYP.	MAX.
A			2.65			0.104
a1	0.1		0.3	0.004		0.012
a2			2.45			0.096
b	0.35		0.49	0.014		0.019
b1	0.23		0.32	0.009		0.013
C		0.5			0.020	
c1	45 (typ.)					
D	12.6		13.0	0.496		0.512
E	10		10.65	0.394		0.419
e		1.27			0.050	
e3		11.43			0.450	
F	7.4		7.6	0.291		0.299
L	0.5		1.27	0.020		0.050
M			0.75			0.030
S	8 (max.)					

图 4-82　TEA2025 的贴片封装信息

1）进入 PCB 元器件库编辑器后，执行菜单“工具”→“IPC 封装向导”，屏幕弹出“IPC 封装向导”对话框，单击“下一步”按钮，屏幕弹出图 4-83 所示的“选择元器件类型”对话框，用于选择元器件类型，共有 21 种供选择，IPC 封装向导中的主要封装类型如

表 4-1 所示，图中选中的为双列小贴片式元器件封装 SOP，系统默认单位制为公制，单位为 mm。

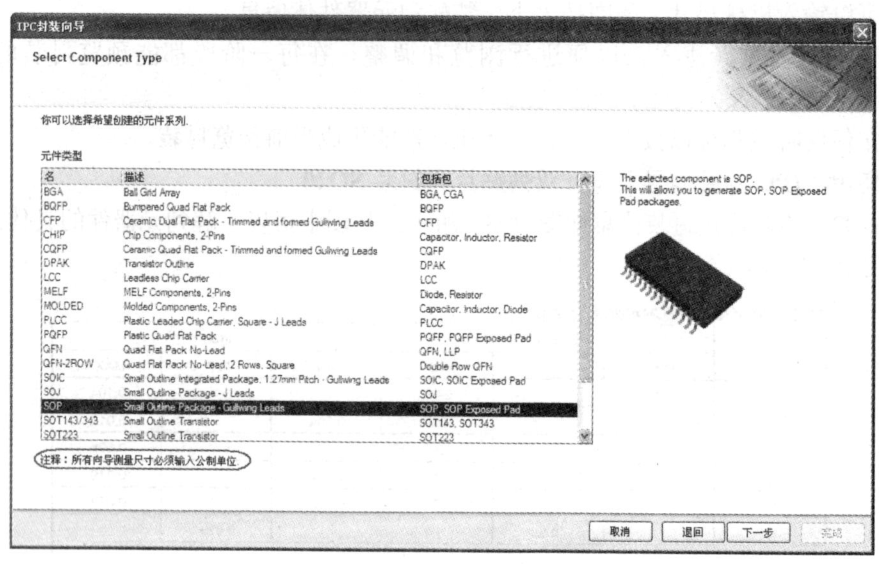

图 4-83 “选择元器件类型”对话框

2）选中元器件封装类型后，单击“下一步”按钮，屏幕弹出“SOP 封装尺寸”对话框，根据图中“Top View”和“End View”的示例，参考图 4-82 的实际尺寸，设置好“总尺寸”和“Pin 信息”中的参数值，设置 SOP 封装尺寸如图 4-84 所示。

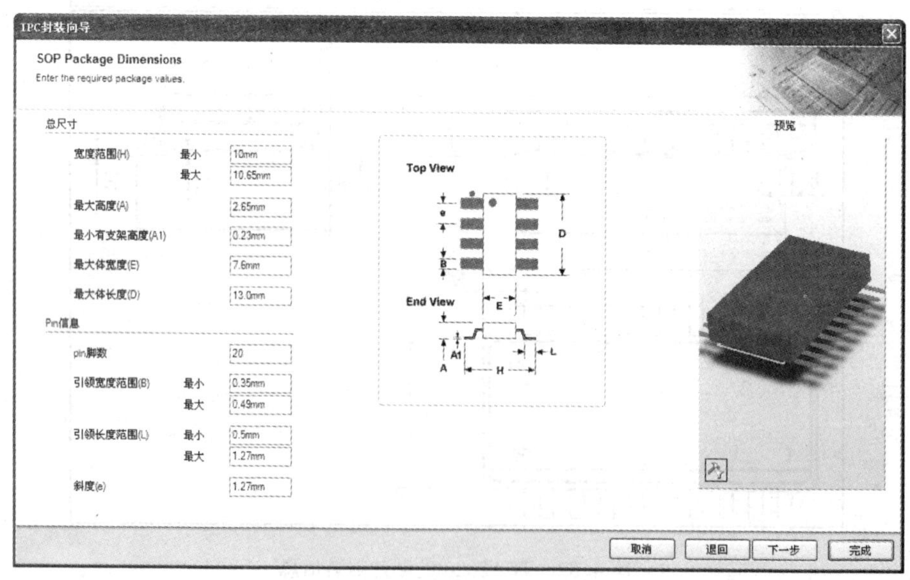

图 4-84 设置 SOP 封装尺寸

3）封装尺寸设置完毕，单击“下一步”按钮，屏幕弹出图 4-85 所示的“添加热焊盘”对话框，用于设置热焊盘的参数。

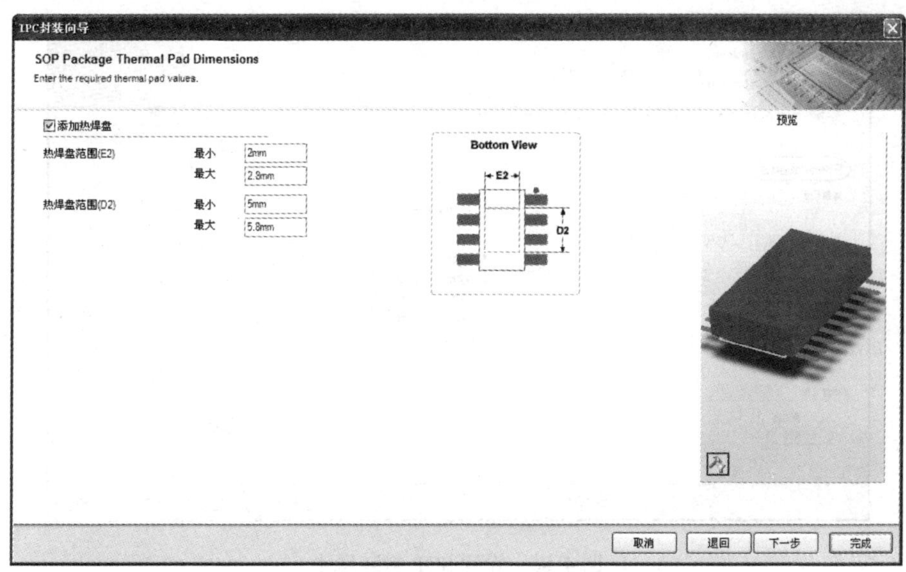

图 4-85 “添加热焊盘”对话框

在大面积的接地中，常用元器件的引脚与之连接，对连接引脚的处理需要进行综合的考虑，就电气性能而言，引脚的焊盘与铜面满接为好，但对元器件的焊接装配就存在一些不良隐患如：焊接需要大功率加热器，容易造成虚焊点。所以兼顾电气性能与工艺需要，做成十字花焊盘，俗称为热焊盘（Thermal）。

对于一些 SOIC 或 SOP 元器件，由于芯片本身发热量比较大，因此在芯片的下面增加一个长方形的热焊盘，这个热焊盘由于面积较大，通常与芯片的接地引脚连接，用于芯片散热。

本例中芯片有外加散热器，可以不设置热焊盘。

4）热焊盘尺寸设置完毕，单击“下一步”按钮，屏幕弹出“SOP Package Heel Spacing”对话框，用于设置 SOP 封装引脚脚跟的间距。选中“使用计算值”复选框，由系统自动计算相应参数。

5）脚跟间距设置完毕，单击“下一步”按钮，屏幕弹出“SOP Solder Fillets”对话框，用于设置 SOP 引脚脚尖、脚跟、脚侧填锡，选中“使用默认值”复选框，采用系统默认参数。

6）填锡参数设置完毕，单击“下一步”按钮，屏幕弹出“SOP Component Tolerances”对话框，用于设置 SOP 元器件公差，选中“应用计算元件公差”复选框，由系统自动计算相应参数。

7）元器件公差设置完毕，单击“下一步”按钮，屏幕弹出“SOP IPC Tolerances”对话框，用于设置 SOP IPC 公差，选中“使用默认值”复选框，采用系统默认参数。

8）IPC 公差设置完毕，单击“下一步”按钮，屏幕弹出“SOP Footprint Dimensions”对话框，用于设置 SOP 封装尺寸，如图 4-86 所示。选中“使用计算封装值”复选框，由系统自动计算相应参数；选中“矩形”复选框，采用矩形焊盘。

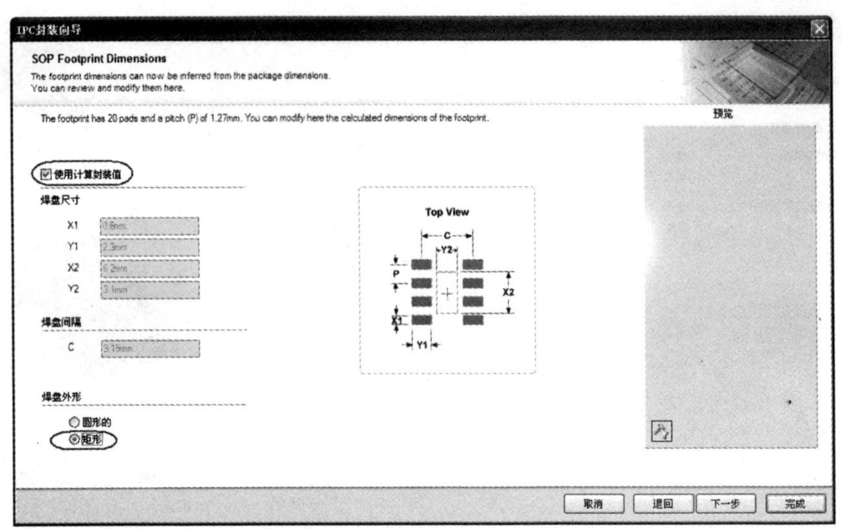

图 4-86　设置 SOP 封装尺寸

9）封装尺寸设置完毕，单击“下一步”按钮，屏幕弹出“SOP Silkscreen Dimensions”对话框，用于设置 SOP 封装丝印尺寸，如图 4-87 所示。设置“丝印线宽”为 0.2mm，选中“使用适当丝印尺寸”复选框，由系统自动计算相应参数。

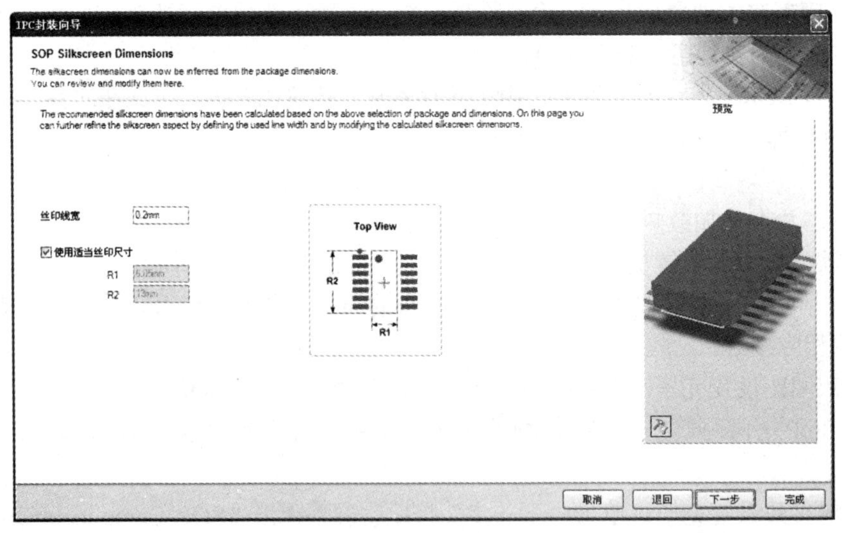

图 4-87　设置 SOP 封装丝印尺寸

10）丝印尺寸设置完毕，单击“下一步”按钮，屏幕弹出“SOP Courtyard,Assembly and Component Body Information”对话框，用于设置 SOP 封装 3D 模型的围挡、组装和元件体信息。用系统默认设置确定 3D 模型参数。

11）3D 模型参数设置完毕，单击“下一步”按钮，屏幕弹出“SOP Footprint Description”对话框，用于设置封装名称和封装描述，去除“使用暗示值”的选中状态，在“名”栏中将封装名设置为“SO20”，设置封装名称如图 4-88 所示。

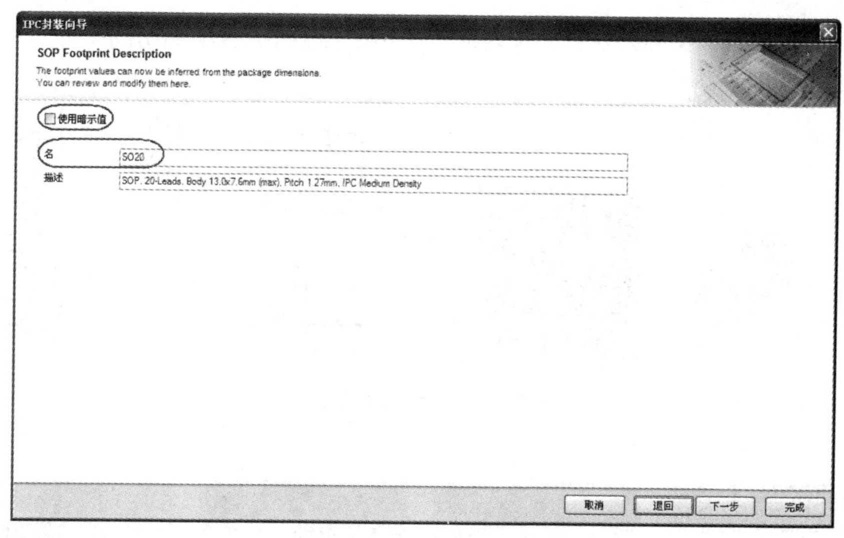

图 4-88　设置封装名称

12）封装名称设置完毕，单击“下一步”按钮，屏幕弹出“Footprint Destination”对话框，用于选择保存封装的元器件库，选中“当前 PcbLib 文件”复选框，将其保存在当前元器件库中。

13）元器件库选择完毕，单击“下一步”按钮，屏幕弹出“IPC 封装向导已完成”对话框，单击“结束”按钮完成元器件封装设计，屏幕显示设计好的图形封装，设计好的封装 SO20 如图 4-89 所示。

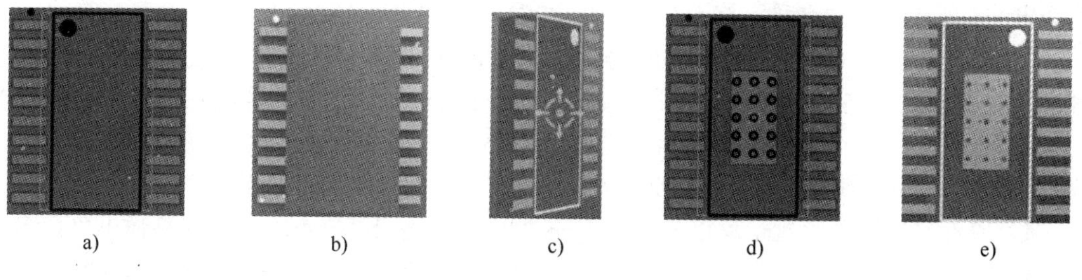

a)　　b)　　c)　　d)　　e)

图 4-89　设计好的封装 SO20

a) SO20 封装　b) SO20 的 3D 顶视图　c) SO20 的 3D 侧视图　d) 带热焊盘的 SO20 封装　e) 带热焊盘的 SO20 的 3D 底视图

4.4.5　采用手工绘制方式设计元器件封装

手工绘制封装方式一般用于不规则的或不通用的元器件，如果设计的元器件符合通用标准，大部分通过设计向导进行快速设计。

手工设计元器件封装，实际就是利用 PCB 元器件库编辑器的放置工具，在工作区按照元器件的实际尺寸放置焊盘、连线等各种图件。下面以贴片式晶体管和行输出变压器为例介绍手工设计元器件封装的具体方法。

1．贴片晶体管封装 SOT-89 设计

SOT-89 封装信息如图 4-90 所示，设计要求：采用贴片式设计，封装名称 SOT-89，封装尺寸参考封装信息和实际元器件情况，SOT-89 设计过程如图 4-91 所示。

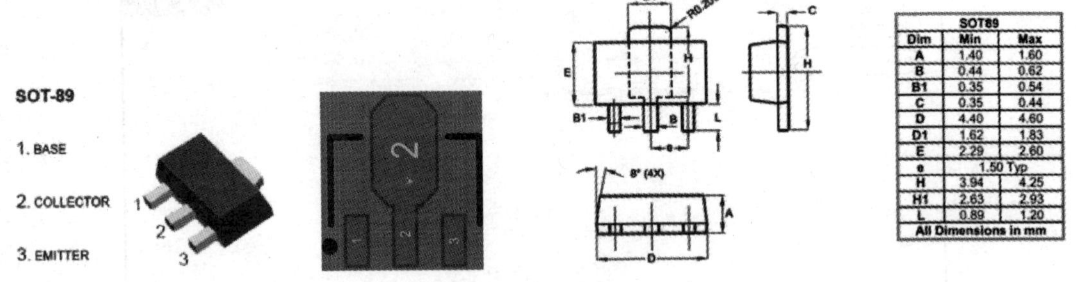

SOT89		
Dim	Min	Max
A	1.40	1.60
B	0.44	0.62
B1	0.35	0.54
C	0.35	0.44
D	4.40	4.60
D1	1.62	1.83
E	2.29	2.60
e	1.50 Typ	
H	3.94	4.25
H1	2.63	2.93
L	0.89	1.20
All Dimensions in mm		

图 4-90　SOT-89 封装信息

图 4-91　SOT-89 设计过程

1）创建新元器件 SOT-89。在当前元器件库下，执行菜单“工具”→“新的空元件”，系统自动创建一个名为 PCBCOMPONENT_1 的新元件。执行菜单“工具”→“元件属性”，在弹出的对话框中将“名称”修改为“SOT-89”。

2）执行菜单“工具”→“器件库选项”设置文档参数，将“单位”设置为 Metric（公制），将网格 1 设置为 0.1mm、网格 2 设置为 1.5mm，将捕获网格的 X、Y 均设置为 0.1mm。

3）执行菜单“编辑”→“跳转到”→“参考”，将光标跳回坐标原点。

4）放置贴片焊盘。执行菜单“放置”→“焊盘”，按下〈Tab〉键，屏幕弹出“焊盘属性”对话框，放置贴片焊盘如图 4-92 所示。将焊盘的“X-Size”设置为 0.6mm，“Y-Size”设置为 1.4mm，“外形”设置为 Rectangular（矩形），“标识”设置为 1，“层”设置 Top Layer（表示顶层贴片），其他默认，单击“确定”按钮退出对话框，将光标移动到坐标原点，单击鼠标左键，将焊盘 1 放下，以 1.5mm 为间距依次放置焊盘 2、焊盘 3。

5）修改焊盘 2 尺寸。用鼠标双击焊盘 2，屏幕弹出“焊盘属性”对话框，将“Y-Size”修改为 1.8mm。

6）放置散热用的焊盘。在图 4-91 中相应位置放置散热焊盘，散热用焊盘与焊盘 2 相连。用鼠标双击该焊盘，在弹出的“焊盘属性”对话框中将“标识”设置为 2，将焊盘的“X-Size”设置为 1.9mm，“Y-Size”设置为 3.2mm，“外形”设置为 Octagonal（八角形）。

7）绘制元器件轮廓。将工作层切换到 Top Overlay，执行菜单“放置”→“走线”，按下〈Tab〉键，屏幕弹出“线约束”对话框，将“线宽”设置为 0.2mm，参照图 4-91 所示放置直线，绘制元器件轮廓。

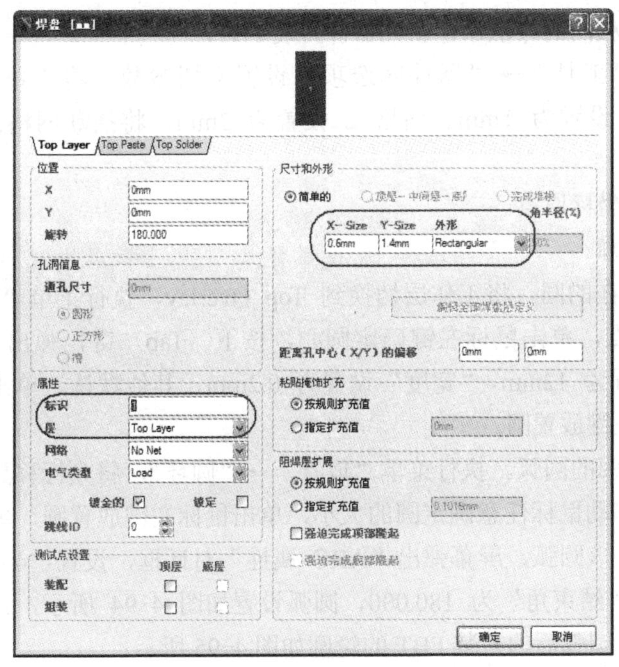

图 4-92　放置贴片焊盘

8）放置引脚 1 指示。执行菜单“放置”→“圆环”，将光标移动到引脚 1 左侧，单击鼠标左键定义圆环中心，移动鼠标确定圆环大小，再次单击鼠标左键放置圆环。

9）执行菜单“编辑”→“设置参考”→“1 脚”，将元器件封装的参考点设置在焊盘 1。

10）执行菜单“文件”→“保存”，保存当前元器件完成贴片封装 SOT-89 设计。

2．行输出变压器封装设计

行输出变压器是 CRT 电视中的重要部件，它的规格各不相同，元器件封装设计时采用游标卡尺进行测量。

图 4-93 所示为黑白小电视中的行输出变压器外观与封装尺寸。该变压器共 10 个引脚，处于同一个圆弧上，圆的直径为 24mm，每个引脚之间的角度为 30° 引脚焊盘直径为 2mm，孔径为 1.2mm，焊盘编号逆时针依次为 1～10，另有固定用焊盘一个，焊盘直径为 2.5mm，孔径为 1.8mm，焊盘编号为 0。

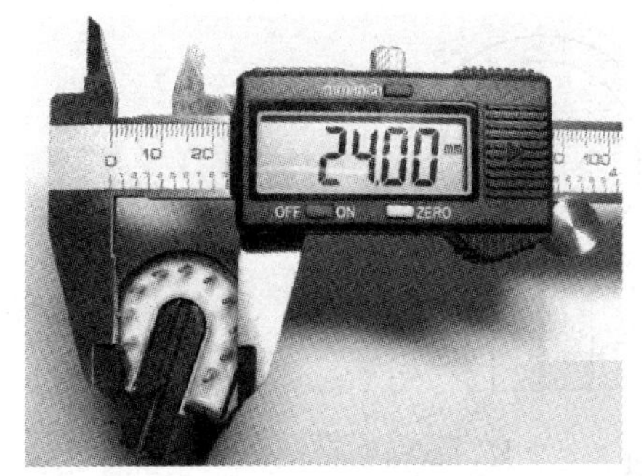

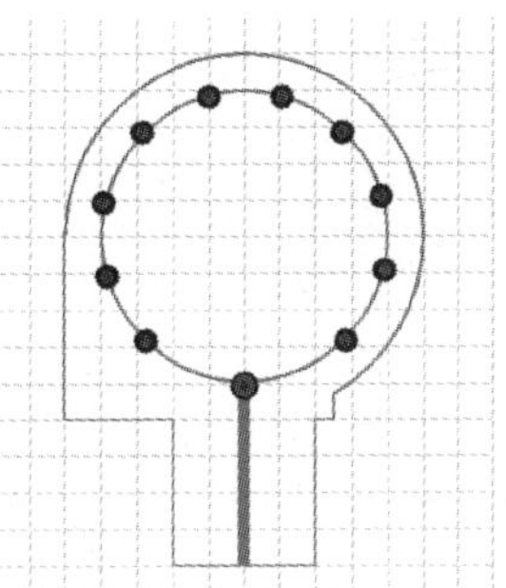
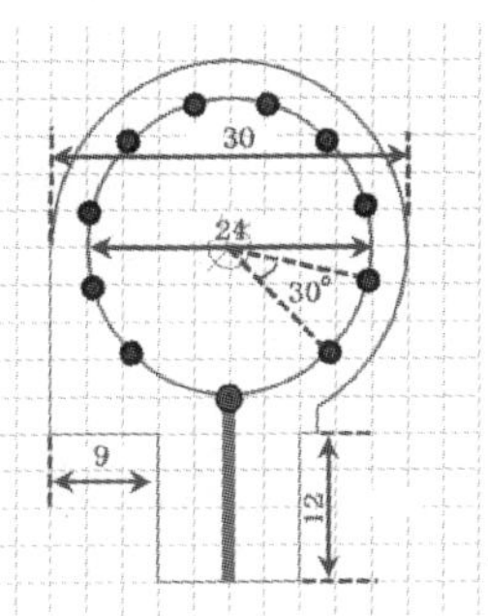

图 4-93　黑白小电视中的行输出变压器外观与封装尺寸

1）采用与前面相同的方法创建新元器件封装 FBT。

2）执行菜单“工具”→“器件库选项”设置文档参数，将“单位”设置为 Metric（公制），将网格 1 设置为 1mm、网格 2 设置为 3mm，将捕获网格的 X、Y 均设置为 0.25mm。

3）将光标跳回坐标原点。

4）绘制封装轮廓。

① 绘制焊盘所在的圆。将工作层切换到 Top Overlay，执行菜单“放置”→“圆环”，将光标移到坐标原点，单击鼠标左键确定圆心，按下〈Tab〉键，弹出“ARC 属性”对话框，将“半径”设置为 12mm，“宽度”设置为 0.2mm，其他默认，单击“确定”按钮退出对话框，单击鼠标左键放置圆。

② 绘制封装轮廓的圆弧。执行菜单“放置”→“圆环”，将光标移到坐标原点，单击鼠标左键确定圆心，移动鼠标任意确定圆的大小，单击鼠标左键放置圆，单击鼠标右键退出放置状态。用鼠标双击该圆弧，屏幕弹出“ARC 属性”对话框，设置“半径”为 15mm，“起始角”为 300.000，“结束角”为 180.000，圆弧设置如图 4-94 所示，设置完毕，单击“确认”按钮退出。放置圆弧后的封装 FBT 的轮廓如图 4-95 所示。

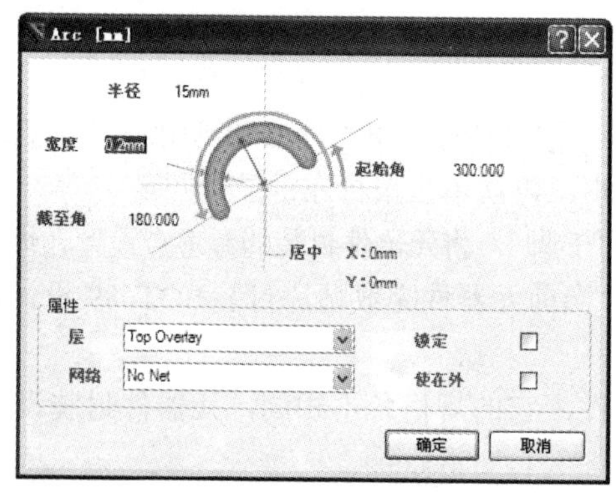

图 4-94 圆弧设置

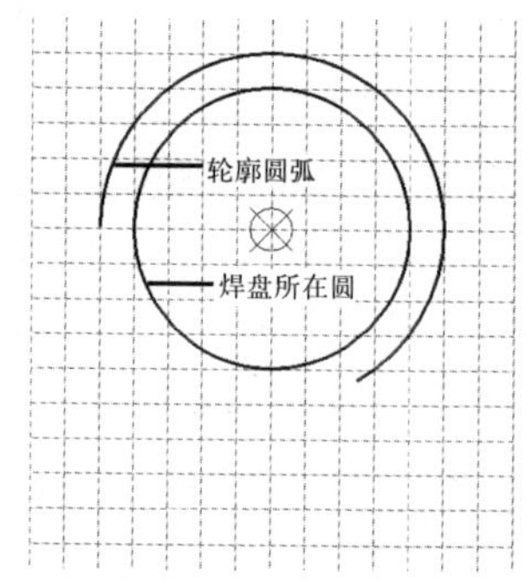

图 4-95 设置圆弧后的封装 FBT 的轮廓

③ 执行菜单“放置”→“走线”，按下〈Tab〉键，弹出“线约束”对话框，将“线宽”设置为 0.2mm，根据图 4-93 放置直线，放置后的效果如图 4-96 所示。

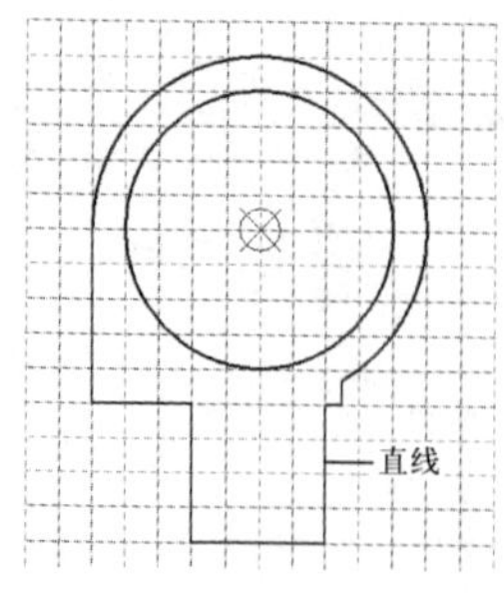

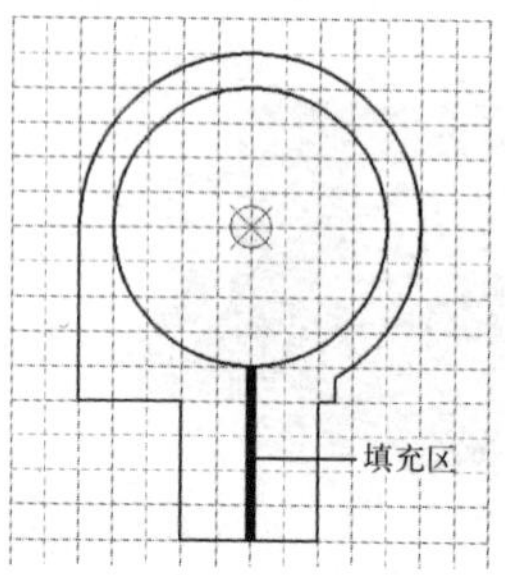

图 4-96 放置后的效果

④ 执行“放置”→“填充”，根据图 4-93 所示放置填充区，放置后的效果如图 4-96 所示，至此封装的轮廓设计完毕。

5）放置焊盘。

本例中的焊盘是以 30° 为间距进行放置的，可以采用“特殊粘贴”方式一次性完成。放置焊盘的过程图如图 4-97 所示。

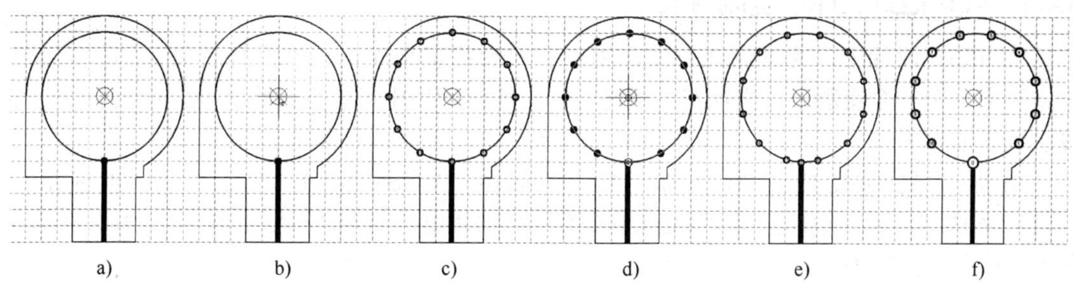

图 4-97 放置焊盘的过程图

a) 放置焊盘 0 b) 以原点为参考点复制焊盘 c) 特殊粘贴 d) 选中全部焊盘 e) 焊盘旋转 15° f) 删除多余焊盘并编辑尺寸

① 如图 4-97 所示在填充区上方放置焊盘，焊盘的编号设置为 0。

② 选中焊盘 0，执行菜单“编辑”→“拷贝”，将光标移动到图 4-97 中的原点（即圆心位置），单击鼠标左键确定复制的参考点。

③ 执行菜单“编辑”→“特殊粘贴”，屏幕弹出“选择性粘贴”对话框，单击“粘贴阵列”按钮进行阵列式粘贴，屏幕弹出图 4-98 所示的“设置粘贴阵列”对话框。

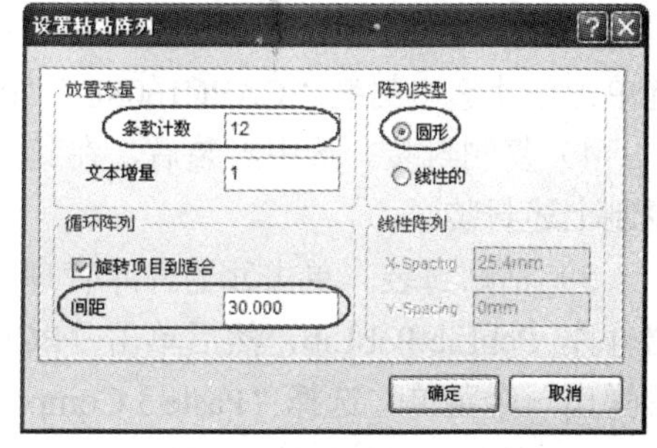

图 4-98 “设置粘贴阵列”对话框

图中设置如下：“条款计数”设置为 12（表示放置 12 个焊盘），“文本增量”设置为 1（表示焊盘编号依次增加 1），“阵列类型”选择“圆形”（表示圆形排列），“间距（角度）”设置为 30.000（表示相邻焊盘之间旋转 30°）。

参数设置完毕单击“确定”按钮，移动光标到图 4-97 中的坐标原点，单击鼠标左键确定圆心，再次单击鼠标左键确认放置 12 个焊盘，此时从图中可以看出在圆弧上以 30° 为间隔放置了 12 个焊盘。由于复制了 12 个焊盘，在焊盘 0 处有两个重叠放置的焊盘 0，删去其中的一个。

④ 将所有焊盘旋转 15°。执行菜单“工具”→“优先选项”，屏幕弹出“参数选择”对话框，选择“General”选项，将“旋转步骤”设置为 15，即每次旋转 15°。用鼠标拉框选中所有焊盘和焊盘所在圆，用鼠标点住坐标原点，按下〈空格〉键，将所有焊盘旋转 15°。

⑤ 删除填充区左侧的焊盘 11，将焊盘 0 移回填充区和焊盘圆的交接处。修改所有焊盘尺寸，将焊盘 1～10 的“X-Size”和“Y-Size”设置为 2mm，“通孔尺寸”设置为 1.2mm；将填充区上方的固定用的焊盘 0 的“X-Size”和“Y-Size”设置为 2.5mm，“通孔尺寸”设置为 1.8mm，如图 4-97 所示。

6）执行菜单“编辑”→“设置参考”→“1脚”，将元器件封装的参考点设置在焊盘1。

7）执行菜单“文件”→“保存”，保存当前元器件完成封装FBT设计。

注意： *在封装设计中要保证焊盘编号顺序与元器件实物的引脚顺序一致。*

4.4.6 从其他封装库中复制封装

在PCB设计中，为了设计方便，用户有时会将多个库中元器件封装集中到一个库中来，如果一个一个重新设计将耗费大量时间。在实际应用中可以直接将其他库中已有的封装复制到当前库中。

下面以复制集成元器件库Miscellaneous Devices.IntLib中的贴片电感封装“INDC0603L”、贴片电阻封装“RESC1005L”和贴片电容封装“CAPC1608L”为例介绍从其他库中复制封装的方法。

1）打开要复制的元器件库。执行菜单“文件”→“打开”，在系统安装目录的“Library”文件夹下选中“Miscellaneous Devices.IntLib”打开集成元器件库，系统弹出“摘录源文件”对话框，单击“摘取源文件”按钮打开元器件库。

2）选择要复制的封装库。单击元器件库管理器窗口下方的“Projects”选项卡，显示当前打开的文件，选中PCB封装库Miscellaneous Devices.PcbLib，然后单击“PCB Library”选项卡，显示当前库中的所有封装。

3）选中要复制的封装。按住〈Ctrl〉键，在元器件库管理器窗口的“元件”区用鼠标左键单击依次选中封装“CAPC1608L”“INDC0603L”和“RESC1005L”。

4）复制封装。选中封装后，在其上单击鼠标右键，屏幕弹出一个菜单，选择“复制”，复制上述封装。

5）粘贴封装。单击元器件库管理器窗口下方的“Projects”选项卡，选中前面设计的元器件库PcbLib.PcbLib，然后单击“PCB Library”选项卡，在“元件”区单击鼠标右键，屏幕弹出一个菜单，选择“Paste 3 Components”，将上述3个封装粘贴到当前库中。

6）保存元器件库完成设计。

4.4.7 元器件封装编辑

元器件封装编辑，就是对已有元器件封装的属性进行修改，使之符合实际应用要求。

1．设置底层放置的贴片元器件

在双面以上的PCB设计中，有时需要在底层放置贴片元器件，而在元器件封装库中贴片元器件默认的焊盘层为Top Layer，丝印层为Top Overlay，显然与底层放置的不符，此时可以通过编辑元器件封装，将焊盘层设置为Bottom Layer，丝印层设置为Bottom Overlay即可。

在PCB设计窗口中用鼠标双击要编辑的元器件封装，屏幕弹出图4-99所示的“元件属性”对话框，在“元件属性”区中设置“层”为Bottom Layer，设置完毕，单击“确定”按钮，系统将自动将元器件的丝印层更改为Bottom Overlay。

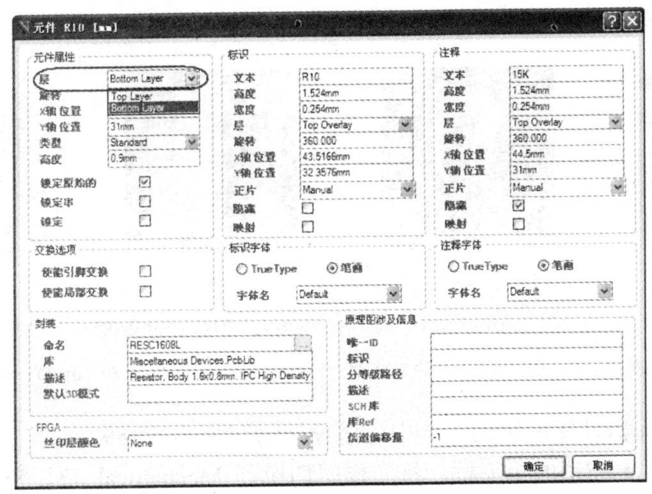

图 4-99 “元件”属性编辑对话框

2．直接在 PCB 图中修改元器件封装的焊盘编号

在 PCB 设计中如果某些元器件的原理图中的引脚号和印制板中的焊盘编号不同，在加载网络表时，这些元器件的网络飞线会丢失或出错，实际设计中可以通过直接编辑焊盘属性的方式，修改焊盘的编号来达到引脚匹配的目的。

编辑元器件封装的焊盘可以直接双击要修改编号的元器件焊盘，在弹出的焊盘属性对话框中直接修改焊盘编号。

修改焊盘编号后要重新加载网络表，这样才能将丢失的网络飞线连上。

4.5 创建元器件的 3D 模型

鉴于现在所使用的元器件的密度和复杂度，PCB 设计人员必须考虑元器件水平间隙之外的其他设计需求，必须考虑元器件高度的限制，多个元器件空间叠放情况。此外将最终的 PCB 转换为一种机械 CAD 工具，以便用虚拟的产品装配技术全面验证元器件封装是否合格，这已逐渐成为一种趋势。Altium Designer 的 3D 模型可视化功能就是为这些不同的需求而研发的，其模型一般建立在机械层上（Mechanical）。

4.5.1 创建简单 3D 模型

采用交互式方式创建封装的 3D 模型，系统会检测那些闭环形状，这些闭环形状包含的封装细节信息可以被扩展成 3D 模型。

这种方式只有闭环多边形才能够创建 3D 模型对象，一般只适用于比较简单规则的 3D 模型创建。

本例中为前述设计的晶体管贴片封装 SOT-89 创建 3D 模型。

图 4-90 所示的 SOT-89 的封装中不存在闭合的多边形，故无法直接建立 3D 模型，此时可以根据器件体的尺寸，在工作层 Mechanical 13 放置一个用于制作 3D 模型器件体的闭合矩形，如后再进行交互式创建 3D 模型。

SOT-89 封装的 3D 模型创建过程图如图 4-100 所示。

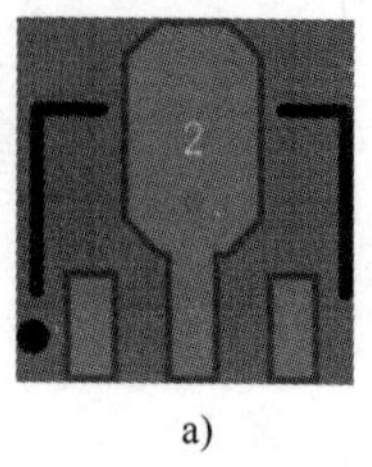

a)

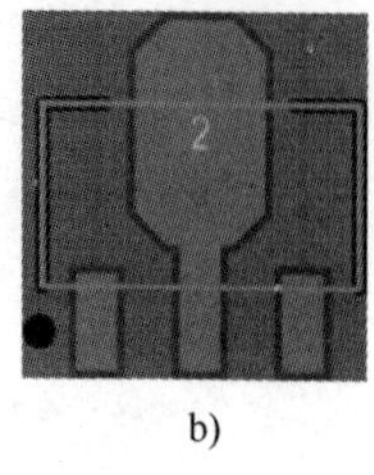

b)

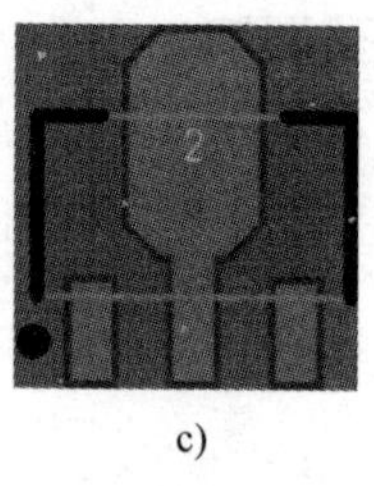

c)

d)

图 4-100　SOT-89 封装的 3D 模型创建过程图

a) SOT-89 原封装　b) 添加器件体矩形框的 SOT-89　c) 创建 3D 模型的 SOT-89　d) SOT-89 的 3D 模型图

1）进入 PCB 元器件库编辑器，选中前述设计的封装 SOT-89。

2）放置生成 3D 模型的矩形框。将工作层切换到 Mechanical 13，根据器件体的尺寸在对应位置执行菜单“放置”→“走线”设计器件体的闭合矩形框，如图 4-100b 所示。

如果工作层切换中找不到工作层 Mechanical 13，可以执行菜单“工具”→“板层和颜色”，在屏幕弹出的对话框右上侧的“机械层”区，去除“仅展示激活的机械层”的选中状态，单击“打开所有”按钮，“机械层”区将显示所有的机械层，选中 Mechanical 13 后的“使能”复选框，设置该层为激活状态即可。

3）生成 3D 模型。绘制完闭合的矩形框后，执行菜单“工具”→“Manage 3D Bodies for Current Component”，屏幕弹出“元件体管理器”对话框，如图 4-101 所示，由于矩形框是设置在工作层 Mechanical 13 的，故单击选中对话框中“描述”栏下方的“Polygonal shape created from primitives on Mechanical13(12sq.mm)”确定根据 Mechanical 13 的闭合矩形框创建 3D 模型；单击该栏后方的“结构体状态”下的“Not In Component SOT-89”，使之变为“In Component SOT-89”确定在封装中添加器件体；单击该栏后方的“全部高度”下的“0mm”，输入“1.6mm”确定器件体高度为 1.6mm；单击该栏后方的“登记层”下的“Mechanical 1”，将层修改为“Mechanical 13”。

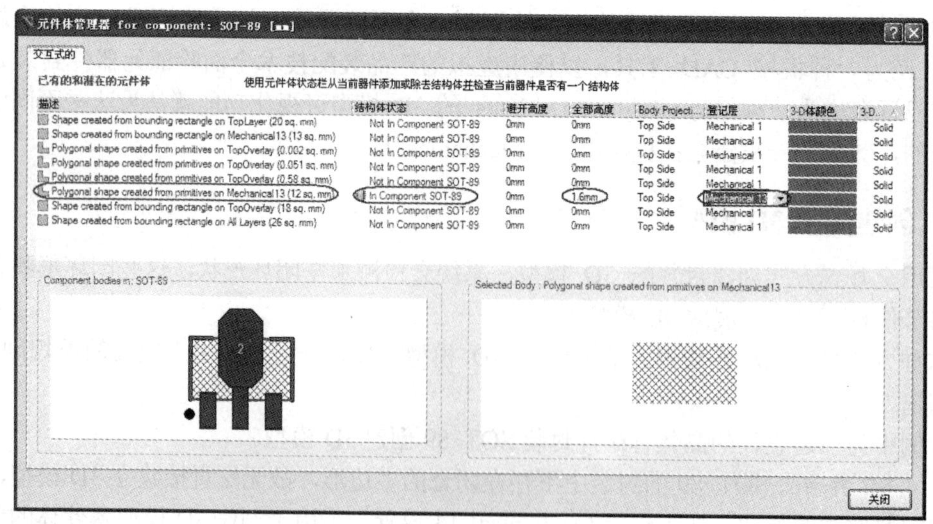

图 4-101　“元件体管理器”对话框

参数设置完毕，单击“关闭”按钮返回 PCB 元器件库编辑界面，此时封装上添加了器件体信息，如图 4-100c 所示。

4）观察 3D 效果。按下键盘上的〈3〉键，观察 3D 模型是否合理，如图 4-100d 所示，如有问题返回修改，直至符合要求。

5）保存元器件封装完成设计。

4.5.2 创建复杂 3D 模型

本例中为前面设计的行输出变压器封装 FBT 创建 3D 模型，行输出变压器 3D 模型创建过程图如图 4-102 所示。

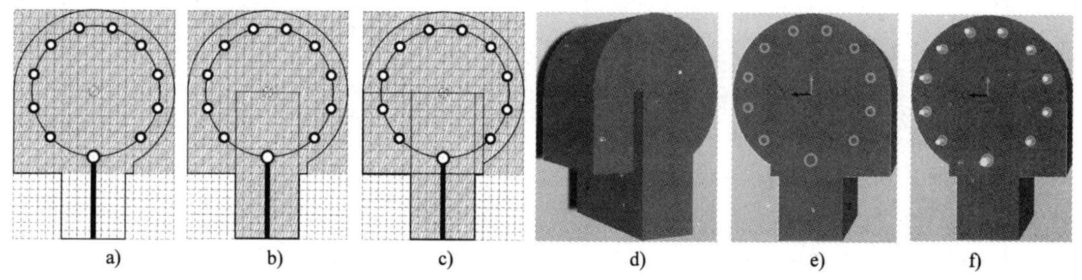

图 4-102 行输出变压器 3D 模型创建过程图

a) 放置圆柱体 b) 放置磁心矩形体 c) 放置左侧边矩形体 d) 3D 模型侧视图 e) 3D 模型底视图 f) 添加引脚的 3D 模型

1）进入 PCB 元器件库编辑器，选中前述设计的封装 FBT。

2）放置行输出变压器的圆柱体。执行菜单“放置”→“器件体”，屏幕弹出“3D 体”对话框，圆柱体 3D 模型设置如图 4-103 所示，在“3D 模型类型”区选中“圆柱体”，表示放置圆柱体 3D 模型；在“属性”区，选择“Body 侧面”为“Top Side”，表示顶层放置；“层”选择“Mechanical 13”，表示工作层为机械层 13；在“Cylinder”区设置“半径”为 15mm，表示圆柱体的半径为 15mm；设置“高度”为 35mm，表示圆柱体的高度为 35mm。参数设置完毕单击“确定”按钮，屏幕出现一个正方框，将其移动到合适位置后单击鼠标左键放置该器件体，系统返回“3D 体”对话框，可以继续放置器件体，单击“取消”按钮退出当前放置状态。放置后的结果如图 4-102a 所示。

3）放置行输出变压器的磁心体。执行菜单“放置”→“器件体”，屏幕弹出“3D 体”对话框，在“3D 模型类型”区选中“挤压”，表示放置矩形 3D 模型；在“属性”区，选择“Body 侧面”为“Top Side”，“层”选择“Mechanical 13”；在“Extruded”区设置“全部高度”为 40mm，表示矩形体的高度为 40mm；设置“支架高度”为 0mm，表示矩形体离板面为 0mm（即贴板），矩形体 3D 模型设置如图 4-104 所示。参数设置完毕单击“确定”按钮，屏幕出现十字光标，移动光标到原点单击鼠标左键确定矩形框的起点，沿着填充区的左右一次鼠标左键确定一个闭合矩形框，单击鼠标右键退出放置矩形状态，单击“取消”按钮退出放置器件体状态。放置后的结果如图 4-102b 所示。

4）采用同样方法放置左侧矩形 3D 模型，其中“全部高度”设置为 35mm。放置后的结果如图 4-102c 所示。

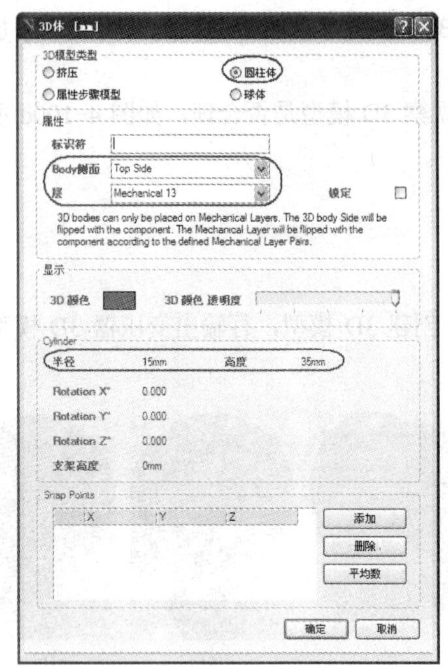

图 4-103　圆柱体 3D 模型设置

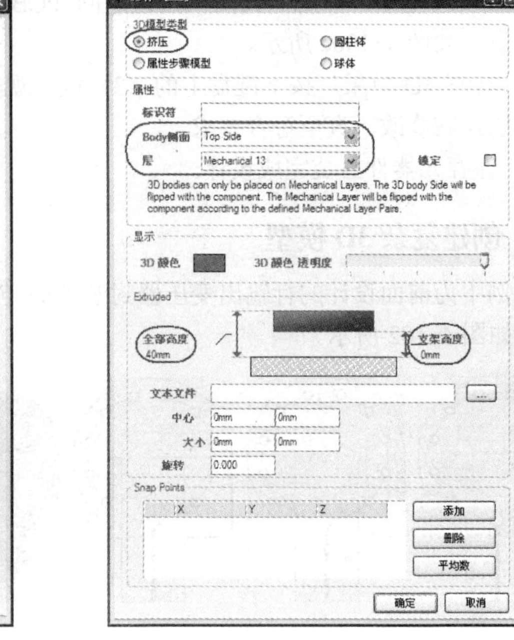

图 4-104　矩形体 3D 模型设置

5）按下键盘上的〈3〉键查看 3D 模型，将光标移动到圆柱体中心，按住〈Shift〉键然后按住鼠标右键并左右移动鼠标，观察 3D 模型变化，最后将其旋转到底视图，如图 4-102d、e 所示。

6）创建引脚的 3D 模型。在 2D 状态下，按〈Page Up〉键放大工作区，显示焊盘孔。执行菜单“放置”→“器件体”，屏幕弹出“3D 体”对话框，在“3D 模型类型”区选中“圆柱体”；在“属性”区，选择“Body 侧面”为“Bottom Side”，表示底层放置，“层”选择“Mechanical 13”；在“Cylinder”区设置“半径”为 0.6mm，表示引脚的半径为 0.6mm；设置“高度”为 5mm，表示引脚的高度为 5mm；3D 颜色设置为淡黄色。参数设置完毕单击“确定”按钮，屏幕出现一个正方框，将其移动到到焊盘中心，单击鼠标左键放置圆柱体。

选中该引脚的圆柱体，复制该圆柱体，并将其依次粘贴到其余焊盘中心，其中焊盘 0 圆柱体的“半径”修改为 0.8mm 完成 3D 模型的引脚创建。

至此行输出变压器 3D 模型建立完毕，如图 4-102f 所示。

7）执行菜单“文件”→“保存”，保存当前元器件封装。

4.6　实训

4.6.1　实训 1　PCB 编辑器使用

1. 实训目的

1）掌握 PCB 编辑器的启动方法。

2）掌握 PCB 编辑器的基本设置。

3）掌握工作层的设置方法。

2．实训内容

1）启动 Altium Designer Summer 09，新建 PCB 文件，文件名为“MYPCB”。

2）设置单位制为公制 Metric。

3）设置可视网格 1、2 均为显示状态。

4）设置可视网格 1 为 1mm、可视栅格 2 为 5mm，放大、缩小工作区，观察可视网格变化。

5）设置捕获网格尺寸“X”为 1mm，“Y“为 1mm，用键盘移动光标，观察移动情况。

6）设置电器网格大小为 0.25mm。

7）设置工作区背景为白色，观察屏幕变化。

8）设置所有的工作层为打开状态。

9）练习工作层间的相互切换。单击小键盘上的〈*〉键、〈+〉键和〈-〉键，观察切换特点。

10）设置旋转角度为 45°。

11）任意打开一个系统自带的 PCB 文件，观察工程文件与自由文件的区别。

12）熟悉 PCB 浏览器的使用，关闭自动滚屏功能。

13）保存 PCB 文件。

3．思考题

1）如何设置可视网格 1 为显示状态？

2）如何设置系统只打开 Bottom Layer、Keepout Layer、Multi Layer 和 Top Overlay 四个工作层？

3）用小键盘上的〈*〉键和〈+〉键进行工作层切换有何区别？

4.6.2 实训 2 绘制简单的 PCB

1．实训目的

1）掌握 PCB 设计的基本操作。

2）初步掌握电路板的手工布线。

2．实训内容

1）启动 Altium Designer Summer 09，新建并保存工程为“MYPCB.PRJPCB”，新建 PCB 文件并保存为“MYPCB.PCBDOC”。

2）执行菜单“设计”→“板参数选项”，设置单位制为 Imperial（英制）；设置可视网格 1、2 分别为 10mil 和 100mil；捕获网格 X、Y 和元件网格 X、Y 均为 10mil。

3）执行菜单“设计”→“板层颜色”，设置显示可视网格 1（Visible Grid1）。

4）载入 Miscellaneous Device.IntLib 和 Gennum Video Buffer Amplifier.IntLib 元器件库。

5）在 Keep Out Layer 层上定义矩形电气轮廓，大小为 1960mil×1560mil，边框线的宽度为 10mil。

6）放置两个封装 RAD-0.2，1 个封装 DIP-14，两个封装 AXIAL-0.4，1 个封装 SIP8，并参照图 4-105 所示调整封装位置、设置每个元器件的标号。

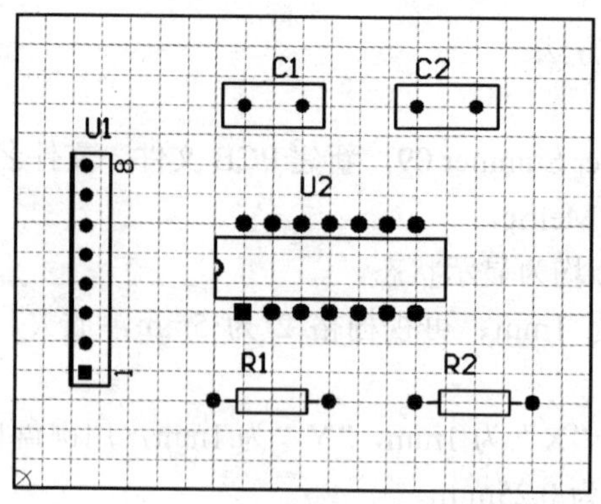

图 4-105　放置封装

7）将工作层切换到底层（Bottom Layer），执行菜单“放置”→“走线”，参照 4-106 所示底层布线，线宽为 20mil。

8）参照图 4-106 在电路板图中放置 3 个圆形通孔焊盘，焊盘的“X-Size”和为“Y-Size”为 60mil，钻孔直径为 30mil，并在顶层丝印层（Top Overlay）为 3 个焊盘标上字符串 A、B、C，设计完毕保存文件。

9）将文件另存为“MYPCB1.PCBDOC”。

10）在改名后的 PCB 文件中加宽一部分铜膜线，线宽为 50mil；在电路板上放置过孔，过孔的尺寸为 50mil，钻孔直径为 28mil，并根据图 4-107 完成双面布线。

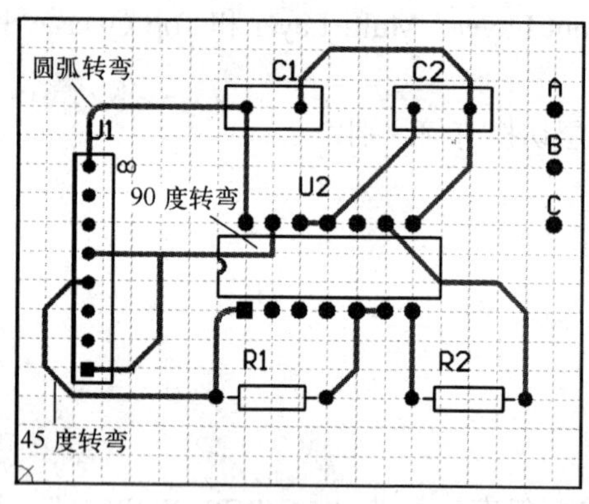

图 4-106　底层布线

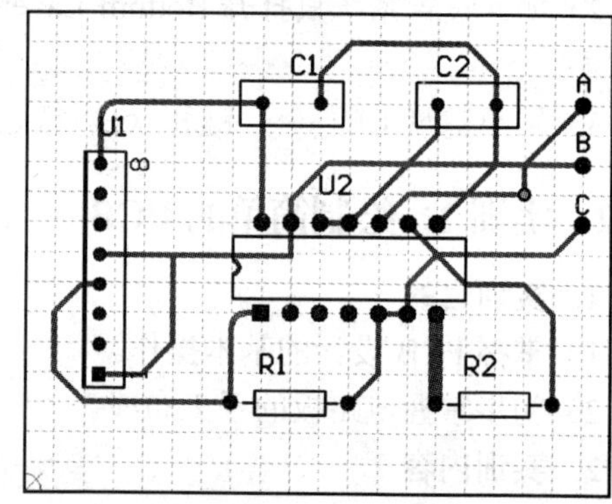

图 4-107　双面布线

11）执行菜单“放置”→“Interactive Routing”进行交互式布线，连接 U1 的第 6 脚和第 7 脚，观察连接结果。

12）保存文件并退出。

3．思考题

1）设计单面板时应如何设置板层的显示状态？

2）过孔与焊盘有何区别？

3）采用“交互式布线”方式与“直线”布线方式有何区别？如何解决存在问题？

4）如何关闭 DRC 自动检测的高亮显示状态？

4.6.3 实训 3　制作元器件封装

1．实训目的

1）掌握 PCB 元器件库编辑器的基本操作。

2）掌握使用 PCB 元器件库编辑器绘制元器件封装。

3）掌握游标卡尺的使用。

2．实训内容

1）执行菜单“文件”→“新建”→“库”→“PCB 元件库”，建立封装库 PcbLib1.PcbLib。

2）执行菜单“工具”→“元件属性”，在弹出的对话框中将封装名修改为 VR。

3）执行菜单“工具”→“器件库选项”设置文档参数，将“度量单位”设置为 Metric，将可视化网格的网格 1 设置为 1mm、网格 2 设置为 5mm，将捕获网格的 X、Y 均设置为 1mm。

4）利用手工绘制方法设计电位器封装图，封装名为 VR，具体尺寸采用游标卡尺实测，参考点设置在引脚 1，双联电位器封装设计如图 4-108 所示。

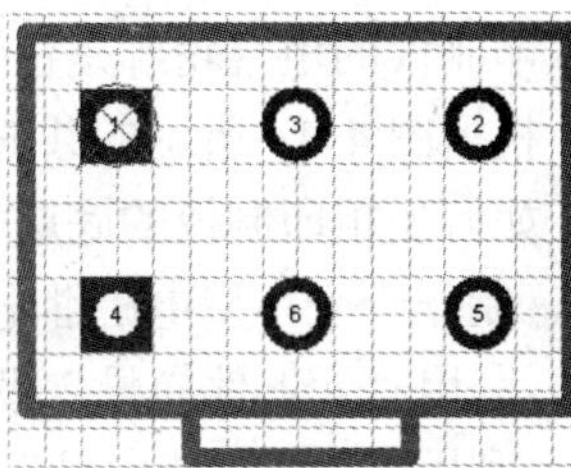

图 4-108　双联电位器封装设计

5）利用手工绘制方法设计立式电阻封装图，封装名为 AXIAL-0.1，立式电阻设计过程如图 4-109 所示。

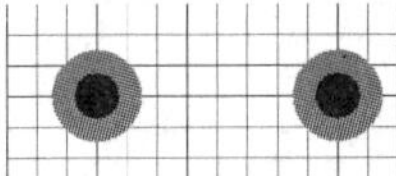
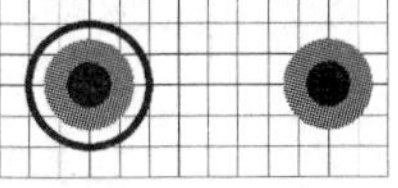
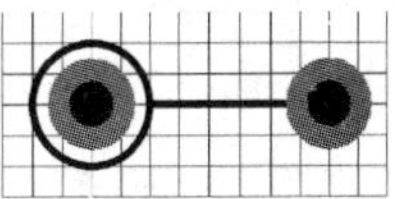

图 4-109　立式电阻设计过程

设计要求：采用通孔式设计，焊盘间距为 160mil，焊盘形状与尺寸为圆形 60mil，焊盘孔径为 30mil，参考点设置在焊盘 1。

6）采用“元器件向导”设计 8 脚贴片 IC 封装 SOP8。贴片封装 SOP8 如图 4-110 所示，具体参数为：焊盘大小为 100mil×50mil，相邻焊盘间距为 100mil，两排焊盘间的间距为 300mil，线宽设置为 10mil，封装名设置为 SOP8。

7）采用“IPC 封装向导”设计图 4-90 所示的贴片晶体管封装 SOT-89。

8）采用交互式方式创建图 4-108 所示双联电位器的 3D 模型。

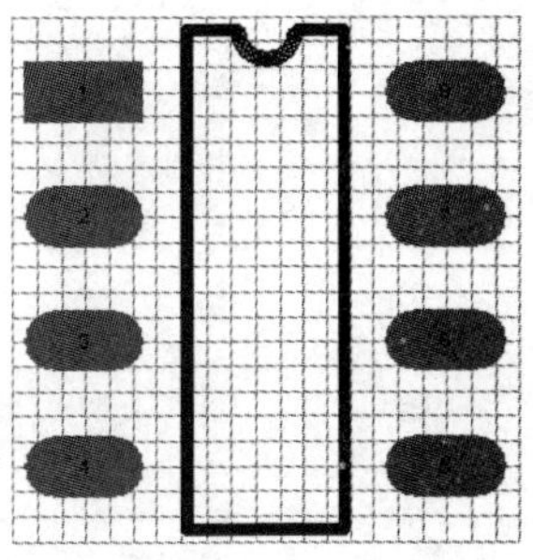

图 4-110　贴片封装 SOP8

9）将元器件库另存为 Newlib.PcbLib。

10）新建一个 PCB 文件，将 Newlib.PcbLib 设置为当前库，分别放置前面设计的 4 个元器件，观察参考点是否符合设计要求，并观察 3D 效果。

3．思考题

1）设计印制板元器件封装时，封装的外框应放置在哪一层，为什么？

2）如何设置元器件封装的参考点？

4.7 习题

1．如何设置单位制？

2．如何设置栅格尺寸？

3．如何设置板层的颜色？

4．如何进行工作层间的切换？如何使用快捷键切换各工作层？

5．焊盘和过孔有何区别？

6．举例说明 PCB 封装形式的命名方法。

7．印制板的电气轮廓是在哪一层设置的？有何作用？如何进行印制板规划？

8．根据图 4-14 所示的共 E 放大原理图制作单面 PCB，板尺寸为 50mm×40mm。

9．如何加粗印制板的底层上的所有印制导线？

10．制作一个小型电磁继电器的封装，尺寸利用游标卡尺实际测量。

11．利用“元器件向导”设计一个 DIP68 的集成电路封装。

12．利用“IPC 封装向导”设计图 4-82 所示的 SO20 封装。

13．设计图 4-93 所示的行输出变压器的封装并设计 3D 模型。

第5章 单面PCB设计

上章通过元器件数量较少的简单电路介绍了PCB设计的基本方法，而在实际PCB设计中，一般电路比较复杂，需要考虑PCB的设计成本，合理选择板面尺寸和板层数，而且布局和布线时还需遵循一定的原则。

本章通过解剖两个实际产品，介绍单面PCB设计方法。

5.1 PCB布局、布线的一般原则

前述的PCB设计只是从布通导线的思路去完成整个设计，而在实际设计中PCB布局和布线时必须遵循一定的规则，以保证设计出的PCB符合机械和电气性能等方面的要求。

5.1.1 印制电路板布局基本原则

在PCB设计中应当从机械结构、散热、电磁干扰及布线的方便性等方面综合考虑元器件布局。元器件布局是将元器件在一定面积的印制板上合理地排放，它是设计PCB的第一步。布局是印制板设计中最耗费精力的工作，往往要经过若干次布局比较，才能得到一个比较满意的布局结果。印制线路板的布局是决定印制板设计是否成功和是否满足使用要求的最重要的环节之一。

一个好的布局，首先要满足电路的设计性能，其次要满足安装空间的限制，在没有尺寸限制时，要使布局尽量紧凑，减小PCB尺寸，以降低生产成本。

为了设计出质量好、造价低、加工周期短的印制板，印制板布局应遵循下列的基本原则。

1．元器件排列规则

1）遵循先难后易，先大后小的原则，首先布置电路的主要集成块和晶体管的位置。

2）在通常条件下，所有元器件均应布置在印制板的同一面上，只有在顶层元器件过密时，才将一些高度有限并且发热量小的元器件，如贴片电阻、贴片电容及贴片IC等放在底层，元器件排列图如图5-1所示。

图5-1 元器件排列图

3）在保证电气性能的前提下，元器件应放置在栅格上且相互平行或垂直排列，以求整齐、美观，一般情况下不允许元器件重叠，元器件排列要紧凑，输入和输出元器件尽量远离。

4）同类型的元器件应该在 X 或 Y 方向上尽量一致；同一类型的有极性分立元器件也要力争在 X 或 Y 方向上一致，以便于生产和调试，具有相同结构的电路应尽可能采取对称布局。

5）集成电路的去耦电容应尽量靠近芯片的电源脚，以高频最靠近为原则，使之与电源和地之间形成回路最短。旁路电容应均匀分布在集成电路周围。

6）元器件布局时，使用同一种电源的元器件应考虑尽量放在一起，以便进行电源分割。

7）某些元器件或导线之间可能存在较高的电位差，应加大它们之间的距离，以免因放电、击穿引起意外短路。带高压的元器件应尽量布置在调试时手不易触及的地方。

8）位于板边缘的元器件，一般离板边缘至少两个板厚。

9）对于四个引脚以上的元器件，不允许进行翻转操作，否则将导致该元器件装插时引脚号不能对应。

10）双列直插式元器件相互的距离要大于 2mm，BGA 与相临元器件距离大于 5mm，阻容等贴片小元器件元件相互距离大于 0.7mm，贴片元器件焊盘外侧与相临通孔式元器件焊盘外侧要大于 2mm，压接元器件周围 5mm 不可以放置插装元器件，焊接面周围 5mm 内不可以放置贴片元器件。

11）元器件在整个板面上分布均匀、疏密一致、重心平衡。

2．按照信号走向布局原则

1）通常按照信号的流程逐个安排各个功能电路单元的位置，以每个功能电路的核心元器件为中心，围绕它进行布局，尽量减小和缩短元器件之间的引线。

2）元器件的布局应便于信号流通，使信号尽可能保持一致的方向。多数情况下，信号的流向安排为从左到右或从上到下，与输入、输出端直接相连的元器件应当放在靠近输入、输出接插件或连接器的附近。

3．可调节元器件、接口电路的布局

对于电位器、可变电容器、可调电感线圈或微动开关等可调元器件的布局应考虑整机的结构要求，若是机外调节，其位置要与调节旋钮在外壳面板上的位置相适应；若是机内调节，则应放置在印制板上便于调节的地方。接口电路应置于板的边缘并与外壳面板上的位置对应，主板接口电路布局图如图 5-2 所示。

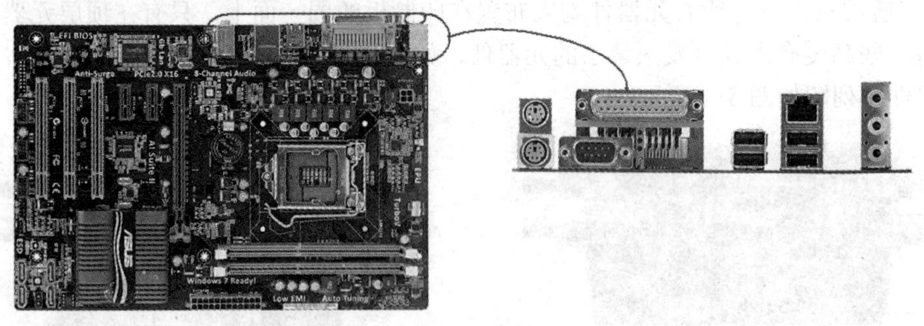

图 5-2　主板接口电路布局图

4．防止电磁干扰

1）对辐射电磁场较强的元器件，以及对电磁感应较灵敏的元器件，应加大它们相互之间的距离或加以屏蔽，元器件放置的方向应与相邻的印制导线交叉。

2）尽量避免高低电压元器件相互混杂、强弱信号的元器件交错布局。

3）对于会产生磁场的元器件，如变压器、扬声器及电感等，布局时应注意减少磁力线对印制导线的切割，相邻元器件的磁场方向应相互垂直，减少彼此间的耦合。

4）对干扰源进行屏蔽，屏蔽罩应良好接地。

5）在高频下工作的电路，要考虑元器件之间分布参数的影响。

6）对于存在大电流的元器件，一般在布局时靠近电源的输入端，要与小电流电路分开，并加上去耦电路。

5．抑制热干扰

1）对于发热的元器件，应优先安排在利于散热的位置，一般布置在 PCB 的边缘，必要时可以单独设置散热器或小电风扇，以降低温度，减少对邻近元器件的影响。

2）一些功耗大的集成块、大或中功率管、电阻等元器件，要布置在容易散热的地方，并与其他元器件隔开一定距离。

3）热敏元器件应紧贴被测元器件并远离高温区域，以免受到其他发热元器件影响，引起误动作。

4）双面放置元器件时，底层一般不放置发热元器件。

6．提高机械强度

1）要注意整个 PCB 的重心平衡与稳定，重而大的元器件尽量安置在印制板上靠近固定端的位置，并降低重心，以提高机械强度和耐振、耐冲击能力，减少印制板的负荷和变形。

2）重 15 克以上的元器件，不能只靠焊盘来固定，应当使用支架或卡子加以固定。

3）为了便于缩小体积或提高机械强度，可设置“辅助底板”，将一些笨重的元器件，如变压器、继电器等安装在辅助底板上，并利用附件将其固定。

4）板的最佳形状是矩形，板面尺寸大于 200×150mm 时，要考虑板所受的机械强度，可以使用机械边框加固。

5）要在印制板上留出固定支架、定位螺孔和连接插座所用的位置，在布置接插件时，应留有一定的空间使得安装后的插座能方便地与插头连接而不至于影响其他部分。

5.1.2 印制电路板布线基本原则

布线和布局是密切相关的两项工作，布线受布局、板层、电路结构和电气性能要求等多种因素影响，布线结果直接影响电路板性能。进行布线时要综合考虑各种因素，才能设计出高质量的 PCB，目前常用的基本布线方法如下。

1）直接布线。传统的印制板布线方法起源于最早的单面印制电路板。其过程为：先把最关键的一根或几根导线从始点到终点直接布设好，然后把其他次要的导线绕过这些导线布下，通用的技巧是利用元器件跨越导线来提高布线效率，布不通的线可以通过顶层短路线解决，单面板布线处理方法如图 5-3 所示。

2）X－Y 坐标布线。X－Y 坐标布线指布设在印制板一面的所有导线都与印制线路板水平边沿平行，而布设在相邻一面的所有导线都与前一面的导线正交，两面导线的连接通过过孔（金属化孔）实现，双面板布线如图 5-4 所示。

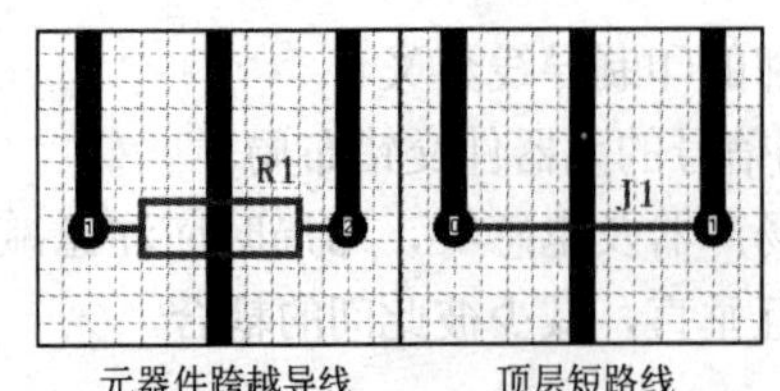

图 5-3　单面板布线处理方法

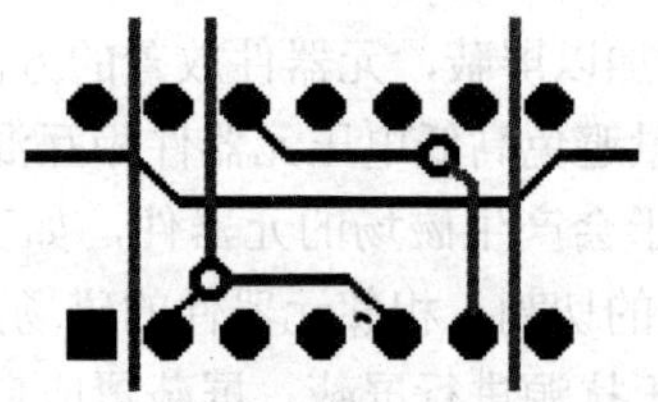

图 5-4　双面板布线

为了获得符合设计要求的 PCB，在进行 PCB 布线时一般要遵循以下基本原则。

1．布线板层选用

印制板布线可以采用单面、双面或多层，一般应首选单面，其次是双面，在仍不能满足设计要求时才考虑选用多层。

2．印制导线宽度原则

1）印制导线的最小宽度主要由导线与绝缘基板间的粘附强度和流过它们的电流值决定。当铜箔厚度为 0.05mm、宽度为 1～1.5mm 时，通过 2A 电流，温升不高于 3℃，因此一般选用导线宽度在 1.5mm 左右完全可以满足要求，对于集成电路，尤其数字电路通常选 0.2～0.3mm 就足够。当然只要密度允许，还是尽可能用宽线，尤其是电源和地线。

2）印制导线的电感量与其长度成正比，与其宽度成反比，因而短而宽的导线对抑制干扰是有利的。

3）印制导线的线宽一般要小于与之相连焊盘的直径。

3．印制导线的间距原则

导线的最小间距主要由最坏情况下的线间绝缘电阻和击穿电压决定。导线越短、间距越大，绝缘电阻就越大。当导线间距为 1.5mm 时，其绝缘电阻超过 20MΩ，允许电压为 300V；间距为 1mm 时，允许电压为 200V，一般选用间距为 1～1.5mm 完全可以满足要求。对集成电路，尤其数字电路，只要工艺允许可使间距很小。

4．布线优先次序原则

1）核心优先原则：例如 DDR、RAM 等核心部分应优先布线，类似信号传输线应提供专层、电源、地回路，其他次要信号要顾全整体，不能与关键信号相抵触。

2）关键信号线优先：电源、模拟小信号、高速信号、时钟信号和同步信号等关键信号优先布线。

3）密度疏松原则：从印制板上连接关系简单的器件着手布线，从连线最疏松的区域开始布线。

5．信号线走线一般原则

1）输入、输出端的导线应尽量避免相邻平行，平行信号线之间要尽量留有较大的间隔，最好加线间地线，起到屏蔽的作用。

2）印制板两面的导线应采用互相垂直、斜交或弯曲走线，尽量避免相互平行，以减少寄生耦合。

3）信号线高、低电平悬殊时，要加大导线的间距；在布线密度比较低时，可加粗导线，信号线的间距也可以适当加大。

4）尽量为时钟信号、高频信号、敏感信号等关键信号提供专门的布线层，并保证其最小的回路面积。应采取手工预布线、屏蔽和加大安全间距等方法，保证信号质量。

6．重要线路布线原则

重要线路包括时钟、复位以及弱信号线等。

1）用地线将时钟区圈起来，时钟线尽量短；石英晶体振荡器外壳要接地；石英晶体下面以及对噪声敏感的元器件下面不要走线。

2）时钟、总线、片选信号要远离 I/0 线和接插件，时钟发生器尽量靠近使用该时钟的元器件。

3）时钟信号线最容易产生电磁辐射干扰，走线时应与地线回路相靠近，时钟线垂直于 I/0 线比平行 I/O 线时的干扰小。

4）弱信号电路、低频电路周围不要形成电流环路。

5）模拟电压输入线、参考电压端一定要尽量远离数字电路信号线，特别是时钟信号线。

7．地线布设原则

1）一般将公共地线布置在印制板的边缘，便于印制板安装在机架上，也便于与机架地相连接。印制地线与印制板的边缘应留有一定的距离（不小于板厚），这不仅便于安装导轨和进行机械加工，而且还提高了绝缘性能。

2）在印制电路板上应尽可能多地保留铜箔做地线，这样传输特性和屏蔽作用将得到改善，并且起到减少分布电容的作用。地线（公共线）不能设计成闭合回路，在低频电路中一般采用单点接地；在高频电路中应就近接地，而且要采用大面积接地方式。

3）印制板上若装有大电流器件，如继电器、扬声器等，它们的地线最好要分开独立走，以减少地线上的噪声。

4）模拟电路与数字电路的电源、地线应分开排布，这样可以减小模拟电路与数字电路之间的相互干扰。为避免数字电路部分电流通过地线对模拟电路产生干扰，通常采用地线割裂法使各自地线自成回路，然后再分别接到公共的一点地上。数地与模地的连接如图 5-5 所示，模拟地平面和数字地平面是两个相互独立的地平面，以保证信号的完整性，只在电源入口处通过一个 0Ω 电阻或小电感连接，再与公共地相连。

5）环路最小规则，即信号线与地线回路构成的环面积要尽可能小，环面积越小，对外的辐射越少，接收外界的干扰也越小，环路最小规则如图 5-6 所示。针对这一规则，在地平面分割时，要考虑到地平面与重要信号走线的分布；在双层板设计中，在为电源留下足够空间的情况下，一般将余下的部分用参考地填充，且增加一些必要的过孔，将双面信号有效连接起来，对一些关键信号尽量采用地线隔离。

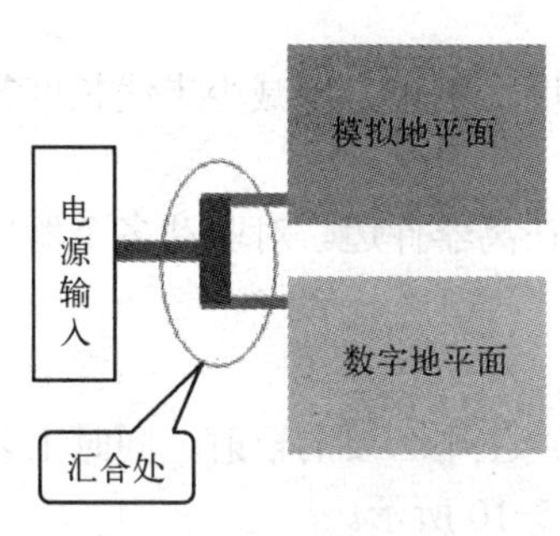

图 5-5　数地与模地的连接

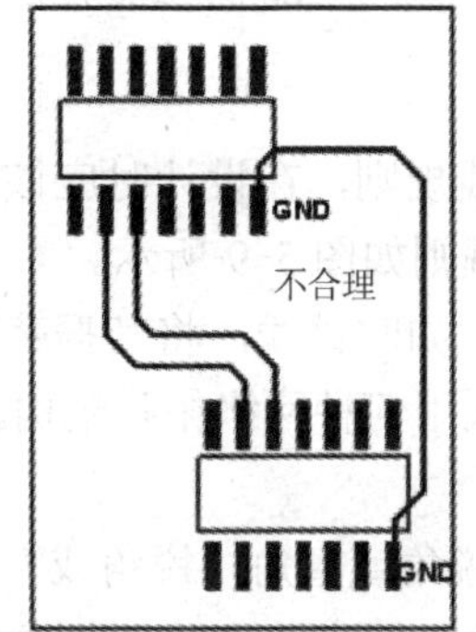

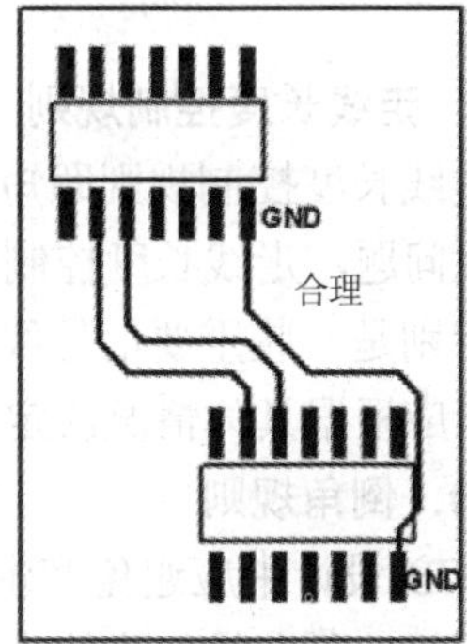

图 5-6　环路最小规则

8．信号屏蔽原则

1）印制板上的元器件若要加屏蔽时，可以在元器件外面套上一个屏蔽罩，在底板的另一面对应于元器件的位置再罩上一个扁形屏蔽罩（或屏蔽金属板），将这两个屏蔽罩在电气上连接起来并接地，这样就构成了一个近似于完整的屏蔽盒。

2）印制导线如果需要进行屏蔽，在要求不高时，可采用印制导线屏蔽。对于多层板，一般通过电源层和地线层的使用，既解决电源线和地线的布线问题，又可以对信号线进行屏蔽，印制导线屏蔽方法如图 5-7 所示。

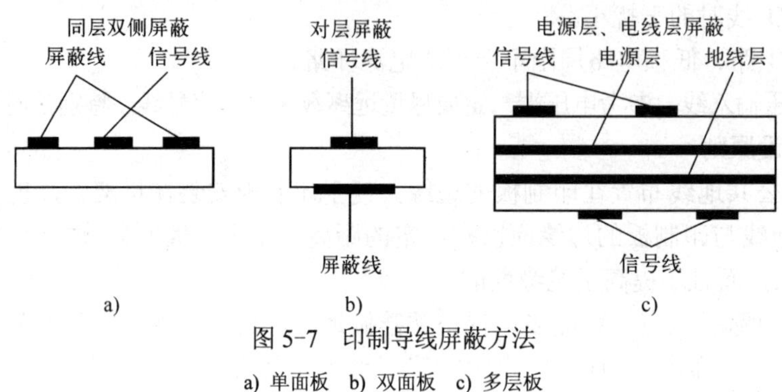

图 5-7　印制导线屏蔽方法

a) 单面板　b) 双面板　c) 多层板

3）对于一些比较重要的信号，如时钟信号、同步信号，或频率特别高的信号，应该考虑采用包络线或覆铜的屏蔽方式，即将所布的线上下左右用地线隔离，而且还要考虑好如何有效地让屏蔽地与实际地平面有效结合，屏蔽保护如图 5-8 所示。

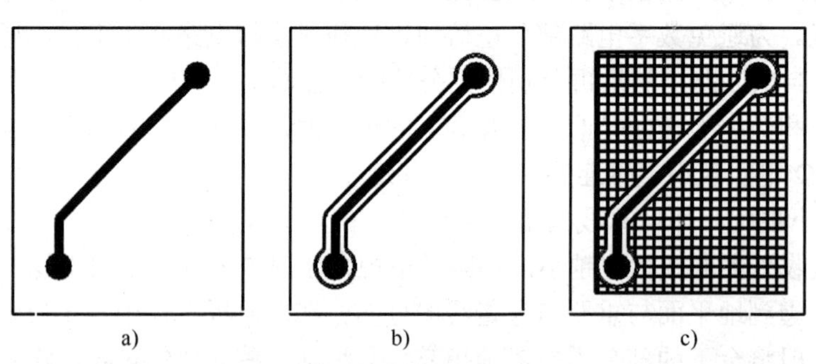

图 5-8　屏蔽保护

a) 无屏蔽　b) 包络线屏蔽　c) 覆铜屏蔽

9．走线长度控制规则

走线长度控制规则即短线规则，在设计时应该让布线长度尽量短，以减少走线长度带来的干扰问题，走线长度控制规则如图 5-9 所示。

特别是一些重要信号线，如时钟线，将其振荡器就近放在离器件边。对驱动多个器件的情况，应根据具体情况决定采用何种网络拓扑结构。

10．倒角规则

PCB 设计中应避免产生锐角或直角，锐角或直角走线易产生不必要的辐射，同时工艺性能也不好。所有线与线的夹角一般应≥135°，倒角规则如图 5-10 所示。

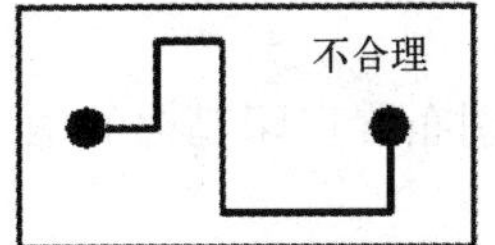

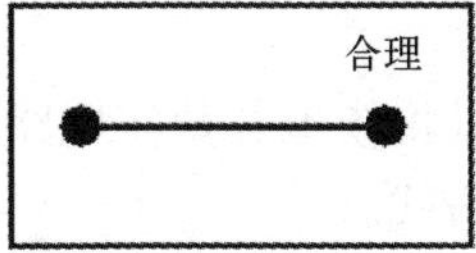

图 5-9　走线长度控制规则

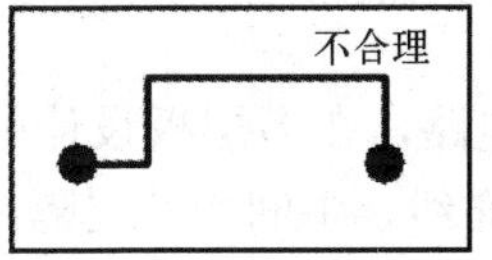

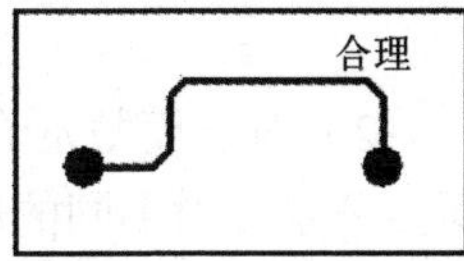

图 5-10　倒角规则

11．去耦电容配置原则

配置去耦电容可以抑制因负载变化而产生的噪声，是印制电路板可靠性设计的一种常规做法，配置原则如下。

1）电源输入端跨接一个 10～100μF 的电解电容，如果印制电路板的位置允许，采用 100μF 以上的电解电容的抗干扰效果会更好。

2）为每个集成电路芯片配置一个 0.01μF 的陶瓷电容。如遇到印制电路板空间小而装不下时，可每 4～10 个芯片配置一个 1～10μF 钽电解电容。

3）对于抗噪声能力弱、关断时电流变化大的器件和 ROM、RAM 等存储型器件，应在芯片的电源线和地线间直接接入去耦电容。

4）去耦电容的引线不能过长，特别是高频旁路电容。

去耦电容的布局及电源的布线方式将直接影响到整个系统的稳定性，有时甚至关系到设计的成败，一般要合理配置，去耦电容配置原则如图 5-11 所示。

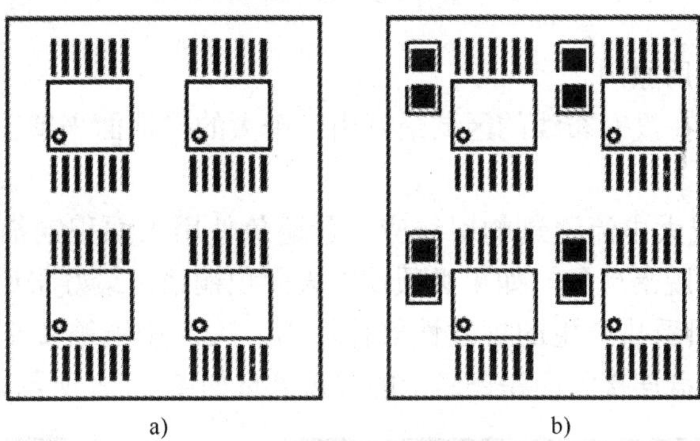

图 5-11　去耦电容配置原则

a) 未配置去耦电容　b) 配置去耦电容

12．器件布局分区/分层规则

1）为了防止不同工作频率的模块之间的互相干扰，同时尽量缩短高频部分的布线长度，通常将高频部分设在靠近接口部分以减少布线长度，器件布局分区如图 5-12 所示。当然这样的布局也要考虑到低频信号可能受到的干扰，同时还要考虑到高/低频部分地平面的分割问题，通常采用将二者的地分割，再在接口处单点相接。

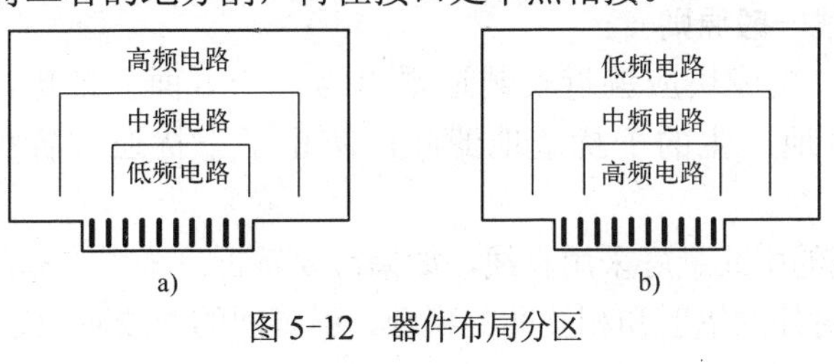

图 5-12　器件布局分区

a) 不合理　b) 合理

2）对于模数混合电路，在多层板设计中可以将模拟与数字电路分别布置在印制板的两面，分别使用不同的层布线，中间用地层隔离的方式。

13．孤立铜区控制规则

孤立铜区也称为铜岛，它的出现，将带来一些不可预知的问题，因此通常将孤立铜区接地或删除，有助于改善信号质量，孤铜处理如图 5-13 所示。在实际的制作中，PCB 厂家将一些板的空置部分增加了一些铜箔，这主要是为了方便印制板加工，同时对防止印制板翘曲也有一定的作用。

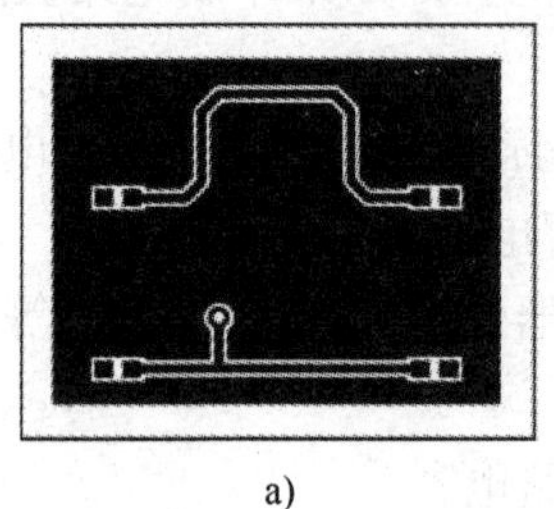

a)

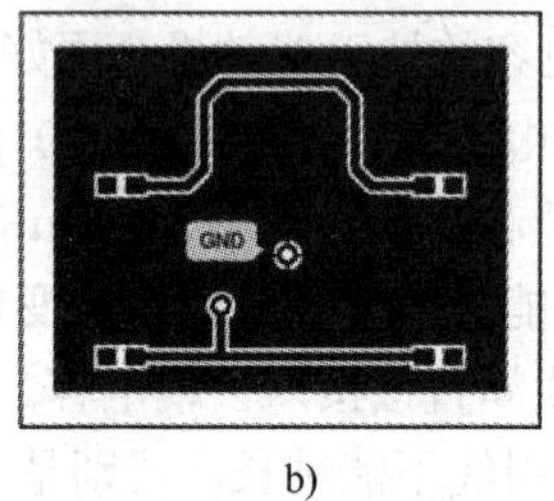

b)

图 5-13　孤铜处理

a) 不合理　b) 合理

14．大面积铜箔使用原则

在 PCB 设计中，在没有布线的区域最好由一个大的接地面来覆盖的，以此提供屏蔽和增加去耦能力。

发热元器件周围或大电流通过的引线应尽量避免使用大面积铜箔，否则，长时间受热时，易发生铜箔膨胀和脱落现象。如果必须使用大面积铜箔，最好采用栅格状，这样有利于铜箔与基板间粘合剂因受热产生的挥发性气体排出，大面积铜箔镂空示意图如图 5-14 所示，大面积铜箔上的焊盘连接大面积铜箔上的焊盘处理如图 5-15 所示。

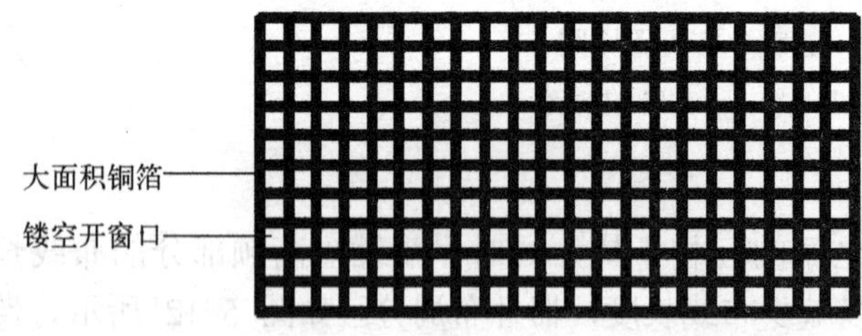

图 5-14　大面积铜箔镂空示意图

图 5-15　大面积铜箔上的焊盘处理

15．高频电路布线一般原则

1）高频电路中，集成块应就近安装退耦电容，一方面保证电源线不受其他信号干扰，另一方面可将本地产生的干扰就地滤除，防止了干扰通过各种途径（空间或电源线）传播。

2）高频电路布线的引线最好采用直线，如果需要转折，采用 135° 折线或圆弧转折，这样可以减少高频信号对外的辐射和相互间的耦合。引脚间的引线越短越好，引线层间的过孔越少越好。

16．金手指布线

对外连接采用接插形式的印制板，为便于安装往往将输入、输出、馈电线和地线等均平行安排在板子的一边，印制板对外连接的布线方式如图 5-16 所示，1、5、11 脚接地；2、10 脚接电源；4 脚输出；6 脚输入。为减小导线间的寄生耦合，布线时应使输入线与输出线远离，并且输入电路的其他引线应与输出电路的其他引线分别布于两边，输入与输出之间用地线隔开。此外，输入线与电源线之间的距离要远一些，间距不应小于 1mm。

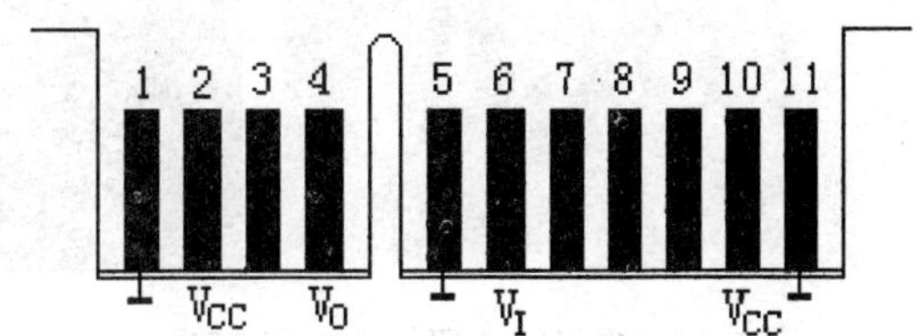

图 5-16　印制板对外连接的布线方式

17．印制导线走向与形状

除地线外，同一印制板上导线的宽度尽量保持一致；印制导线的走线应平直，不应出现急剧的拐弯或尖角，直角和锐角在高频电路和布线密度高的情况下会影响电气性能，所有弯曲与过渡部分一般用圆弧连接，其半径不得小于 2mm；应尽量避免印制导线出现分支，如果必须分支，分支处最好圆滑过渡；从两个焊盘间穿过的导线尽量均匀分布。

图 5-17 所示为印制板走线图的示例，其中图 5-17a 中 3 条走线间距不均匀；图 5-17b 中走线出现锐角；图 5-17c 和图 5-17d 中走线转弯不合理；图 5-17e 中印制导线尺寸比焊盘直径大。

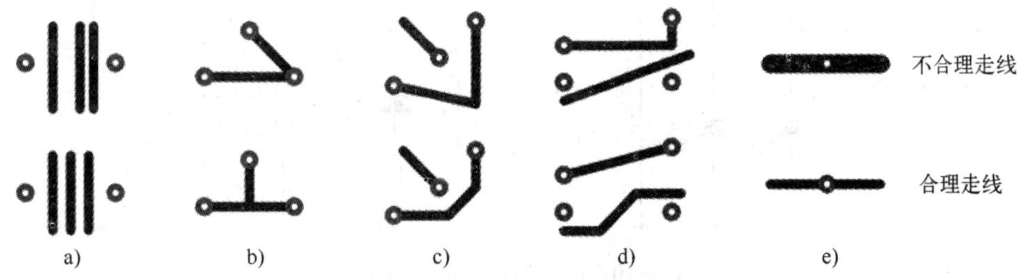

图 5-17　印制板走线图

5.2　低频单面矩形 PCB 设计——电子镇流器

本节通过电子镇流器的产品解剖来介绍低频单面 PCB 设计，采用的设计方法是加载网络表，调用封装和连线信息，然后进行手工布局和交互式布线。

5.2.1　产品介绍

电子镇流器的外观和 PCB 图如图 5-18 所示，它是采用电子技术驱动电光源，使之产生所需照明的电子设备，电子镇流器通常兼具辉光启动器功能，故又可省去单独的辉光启动器。

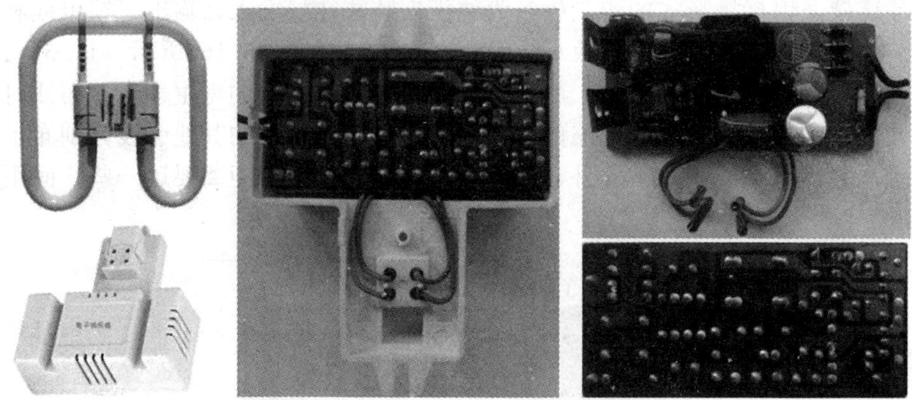

图 5-18　电子镇流器的外观和 PCB 图

现代荧光灯越来越多的使用电子镇流器，轻便小巧，甚至可以将电子镇流器与灯管等集成在一起，如日常广泛使用的节能灯。

电子镇流器电路原理图如图 5-19 所示。

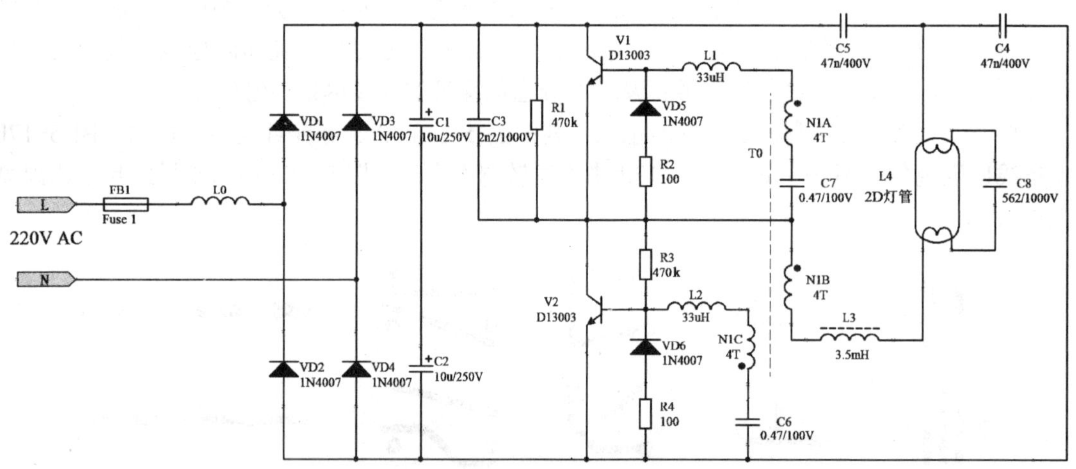

图 5-19　电子镇流器电路原理图

电路工作原理如下。

VD1～VD4、C1、C2 组成桥式整流滤波电路，完成 AC→DC 转换。

V1、V2、L1、L2、磁心变压器 N1、扼流圈 L3、灯管 L4、C4、C5、C8 组成自激振荡电路，完成 DC→AC 转换，点亮灯管，其中 C5 为启动电容、C8 为谐振电容。

R1、R3、C3 组成启动电路，用于电路通电起振，否则无法形成自激振荡。

电容 C8 用于启动灯管：灯管需要瞬时高压才能启动点亮，在电路加电初始阶段，扼流圈 L3、灯管的灯丝、启动电容 C5、谐振电容 C8 与开关管组成谐振，产生高频高压，将灯管击穿发光。

VD5、VD6 为保护二极管，分别保护晶体管 V1、V2。

电子镇流器的 PCB 设计需先绘制原理图并设置元器件封装，然后加载网络表，调用元器件封装和连线信息，最后进行布局、布线，以提高设计效率。

5.2.2 设计前准备

设计前的准备工作主要有以下 3 个内容。

1．绘制原理图元器件

图 5-19 中的扼流圈 L3、高频振荡线圈 N1 和 2D 灯管 L4 在原理图元器件库中找不到，需要自行设计元器件图形。

扼流圈 L3 元器件实物、原理图元器件图形及封装如图 5-20 所示，其原理图图形可以复制电感的元器件图形，再增加虚线进行绘制，元器件名称设置为 ELQ。

a)

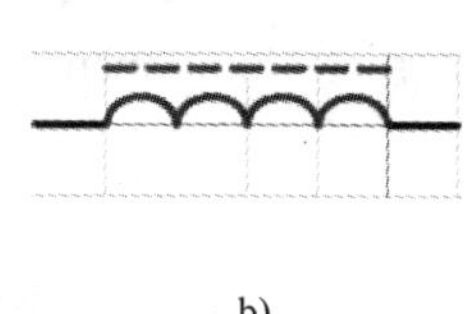
b)

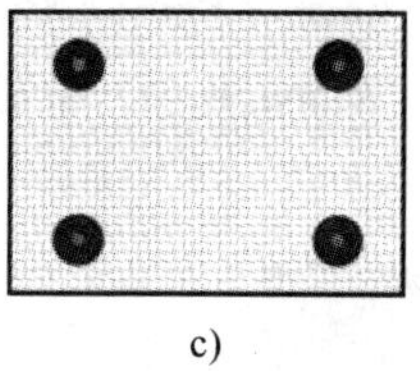
c)

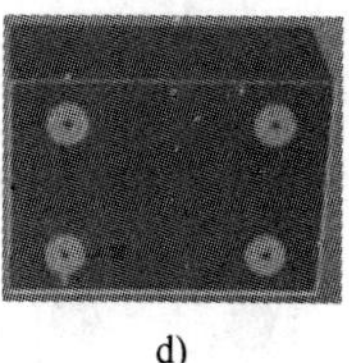
d)

图 5-20　扼流圈 L3 元器件实物、原理图元器件图形及封装

a) 元器件实物　b) 原理图元器件　c) 封装图形　d) 封装 3D 图形

高频振荡线圈 N1 在同一个磁环上并绕 3 个线圈，元器件上要标示线圈的同名端，元器件有 6 个引脚，其中引脚 1、3、5 为同名端，该元器件中有 3 套相同的功能单元。高频振荡线圈元器件实物、原理图元器件图形及封装如图 5-21 所示，元器件名称设置为 GPZD。

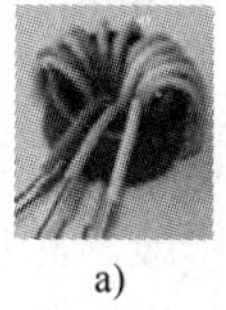
a)

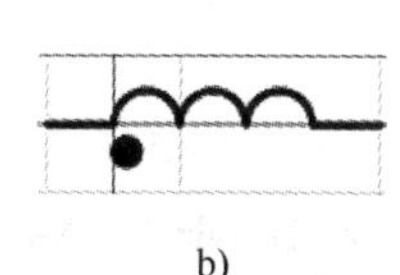
b)

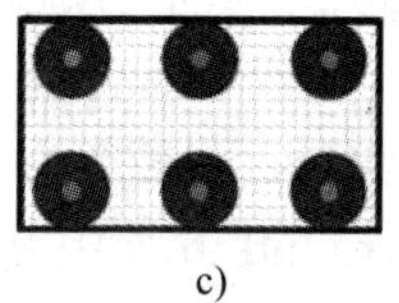
c)

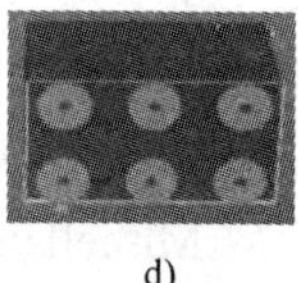
d)

图 5-21　高频振荡线圈元器件实物、原理图元器件图形及封装

a) 元件器实物　b) 原理图元器件（3 套功能单元）　c) 封装图形　d) 封装 3D 图形

2D 灯管的原理图元器件图形如图 5-22 所示，该元器件无需封装，在 PCB 中留 4 个焊盘进行连接即可，元器件名称设置为 DG。

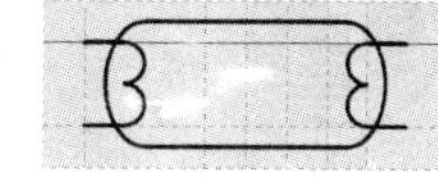

图 5-22　2D 灯管的原理图元器件图形

2．元器件封装设计

1）扼流圈的封装，封装名为 CHOKE，图形如图 5-20 所示。焊盘水平间距为 15mm，垂直间距为 10mm，焊盘直径为 3mm，外框为 23mm×16mm，上排焊盘编号为 1、3，对应下排焊盘编号为 2、4。3D 图形采用执行菜单“工具”→“Manage 3D Bodies for Current Component”进行设计，其中“全部高度”设置为 15mm。扼流圈磁心为 EI 型，其中引脚 1、2 接线圈，引脚 3、4 为空脚，用于固定元器件。

2）高频振荡线圈的封装，封装名 HFOC，图形如图 5-21 所示。相邻焊盘水平中心间距为 5mm，垂直中心间距为 5mm，焊盘直径为 3mm，元件外框为 14mm×8mm，上排焊盘编号依次为 1、3、5，对应下排焊盘编号为 2、4、6，3D 图形采用执行菜单“工具”→“Manage 3D Bodies for Current Component”进行设计，其中“全部高度”设置为 8mm。

3）电感 L0 的封装，封装名为 INDC，电感 L0 的封装如图 5-23 所示。焊盘水平间距为 10mm，垂直间距为 8mm，焊盘直径为 3mm，外框为 14.5mm×14mm，上排焊盘编号均为 1，下排焊盘编号均为 2。3D 图形采用执行菜单“工具”→“Manage 3D Bodies for Current Component”进行设计，其中“全部高度”设置为 12mm。

4）涤纶电容 C8 的封装，封装名为 RAD-0.6，涤纶电容 C8 的封装如图 5-24 所示。焊盘间距为 15mm，外框为 18mm×5mm，焊盘直径为 3mm，焊盘编号依次为 1、2。3D 图形采用执行菜单“工具”→“Manage 3D Bodies for Current Component”进行设计，其中“全部高度”设置为 10mm。

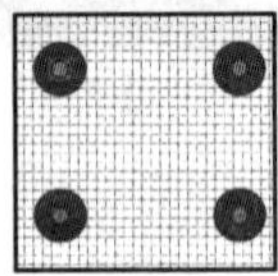
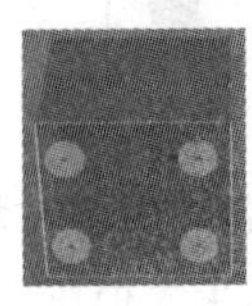

图 5-23　电感 L0 的封装

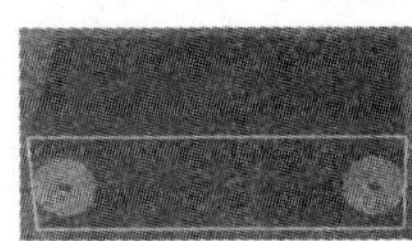

图 5-24　涤纶电容 C8 的封装

5）电解电容 C1、C2 的封装，封装名为 RB.2/.4，电解电容的封装如图 5-25 所示。外框圆直径为 400mil，焊盘间距为 200mil，焊盘直径为 120mil，将焊盘 2 作为负极并打上横线做为指示。3D 图形采用执行菜单“放置”→“器件体”设计，其中元件圆柱体的半径为 5mm，高度为 10mm；引脚圆柱体的“Body 侧面”为“Bottom Side”，半径为 0.5mm，高度为 3mm。

6）晶体管 V1、V2 的封装，封装名为 SFM-T3/A，晶体管的封装如图 5-26 所示。封装图形从 Miscellaneous Devices.IntLib 库中复制晶体管封装 SFM-T3/A4.7V 进行修改。晶体管 V1、V2 在原理图中使用的元器件是 NPN，其引脚顺序为 1C、2B、3E，而实际元器件的引脚顺序为 BCE，因此应将封装 SFM-T3/A4.7V 的焊盘编号顺序改为 2、1、3，并将封装名改为 SFM-T3/A。

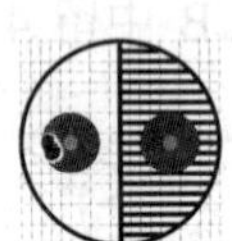

图 5-25　电解电容的封装

a)

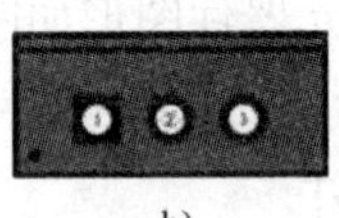
b)

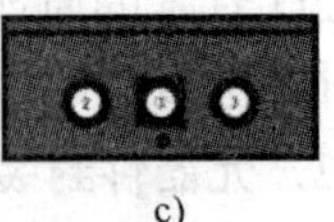
c)

图 5-26　晶体管的封装

a)元器件实物　b 封装 SFM-T3/A4.7V　c)修改后的封装

3．原理图设计

根据图 5-19 绘制电路原理图，设置好封装，电子镇流器元器件参数表如表 5-1 所示，原理图设计完毕进行编译检查并修改错误。

表 5-1　电子镇流器元器件参数表

元器件类别	元器件标号	库元器件名	元器件所在库	元器件封装
1/8W 电阻	R2、R4	Res2	Miscellaneous Devices.IntLib	AXIAL-0.4
1/4W 电阻	R1、R3	Res2	Miscellaneous Devices.IntLib	AXIAL-0.5
熔丝	FB1	FUSE1	Miscellaneous Devices.IntLib	AXIAL-0.4
电解电容	C1、C2	Cap Pol2	Miscellaneous Devices.IntLib	RB.2/.4（自制）
涤纶电容	C3、C6、C7	Cap	Miscellaneous Devices.IntLib	RAD-0.2
涤纶电容	C4、C5	Cap	Miscellaneous Devices.IntLib	RAD-0.3
涤纶电容	C8	Cap	Miscellaneous Devices.IntLib	RAD-0.6（自制）
色码电感	L1、L2	Inductor	Miscellaneous Devices.IntLib	AXIAL-0.4
晶体管	V1、V2	NPN	自制库	SFM-T3/A（自制）
整流二极管	VD1～VD6	Diode 1N4007	Miscellaneous Devices.IntLib	DIO10.46-5.3 x 2.8
电感	L0	Inductor	Miscellaneous Devices.IntLib	INDC（自制）
高频振荡线圈	N1	GPZD（自制）	自制库	HFOC（自制）
扼流圈	L3	ELQ（自制）	自制库	CHOKE（自制）
2D 灯管	L4	DG（自制）	自制库	无，用焊盘代

本例中元器件封装在元器件库 Miscellaneous Devices.IntLib 和自制的封装库中，设置封装前必须将它们加载为当前库，设置元器件封装可以通过浏览元器件方式进行，也可在添加封装时直接输入元器件封装名。

5.2.3　设计 PCB 时考虑的因素

电子镇流器的 PCB 采用矩形板，电路的工作电流较小，晶体管 V1、V2 无须再加装散热器。

设计时考虑的主要因素如下。

1）与外壳配套，PCB 采用矩形单面板，尺寸为 83mm×40mm。

2）布局时元器件离板边沿至少 2mm。

3）整流滤波电路集中布局在板的左侧，在其附近设置交流电源接线端，为电源接线端预留两个焊盘，并设置好网络。

4）振荡管布局在板的右侧，振荡电路围绕振荡线圈和晶体管进行布局。

5）扼流圈位于板的中下方，在板的中上方配合外壳为灯管接线端预留 4 个焊盘，并设置好网络。

6）扼流圈 L3 磁心为 EI 型，有 4 个引脚，其中引脚 1、2 接线圈，引脚 3、4 为空脚，用于固定元器件。

7）高频振荡线圈 N1 是 3 只线圈并绕，注意同名端的连接。

8）布局调整时应尽量减少网络飞线的交叉。

9）布线采用交互式布线方式，整流滤波电路和灯管连接线宽为 2mm，其他为 1mm。

10）连线转弯采用 45°或圆弧进行。

11）在空间允许的条件下使用覆铜加宽电源线和地线，以提高电流承受能力和稳定性。

5.2.4 从原理图加载网络表和元器件封装到 PCB

1．规划 PCB

1）执行菜单“文件”→“新建”→“PCB”，新建 PCB，执行菜单“文件”→“保存”将该 PCB 文件保存为“电子镇流器.PCBDOC”。

2）执行菜单“设计”→“板参数选项”，设置单位制为 Metric（公制）；设置可视化网格 1、2 为 1mm 和 5mm；捕获网格 X、Y，器件网格 X、Y 均为 0.5mm。

3）执行菜单“设计”→“板层颜色”，设置显示可视网格 1（Visible Grid1）。

4）执行菜单“编辑”→“原点”→“设定”，定义相对坐标原点。

5）用鼠标单击工作区下方的选项卡，将当前工作层设置为 Keep out Layer，执行菜单“放置”→“走线”进行边框绘制，从坐标原点开始绘制一个 83mm×40mm 的闭合边框，以此边框作为电路板的尺寸，规划为 83mm×40mm 的印制板如图 5-27 所示。此后元器件布局和布线都要在此框内进行。

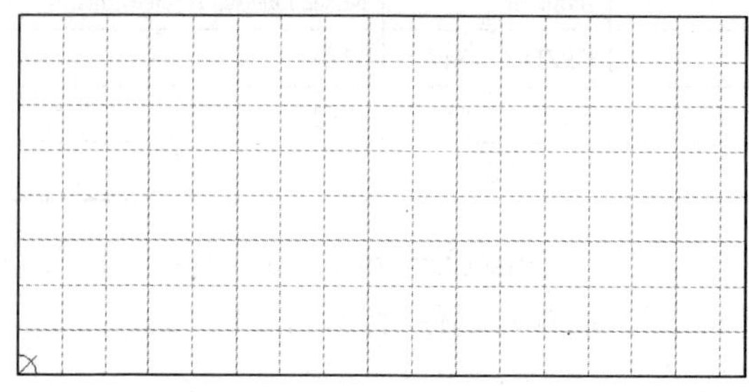

图 5-27　规划 83mm×40mm 的印制板

6）执行菜单“设计”→“板子形状”→“重新定义板子外形”沿边框重新定义板外形。

2．从原理图加载网络表和元器件封装到 PCB

1）打开设计好的原理图文件“电子镇流器.SCHDOC”，执行菜单“工程”→“Compile Document 电子镇流器.SCHDOC”，对原理图文件进行编译，根据“Messages”窗口中的错误和警告提示进行相应的修改，对布线无影响的警告可以忽略。

2）设置 Miscellaneous Devices.IntLib 和自制的封装库 PCBLIB1.PCBLIB 为当前库。

3）在原理图编辑器环境下，执行菜单“设计”→“Update PCB Document 电子镇流器.PCBDOC”，屏幕弹出“工程更改顺序”对话框，显示本次更新的对象和内容，单击“生效更改”按钮，系统将自动检查各项变化是否正确有效，所有正确的更新对象，在检查栏内显示“√”符号，不正确的显示“×”符号。

4）单击“执行更改”按钮，系统将接受工程变化，将元器件封装和网络表添加到 PCB 编辑器中，并在“工程更改顺序”对话框显示当前的错误信息，“工程更改顺序”对话框如图 5-28 所示。图中有 6 个与 L4 有关的错误信息，如“Footprint Not Found”，对应元器件是 L4，原因是 L4（2D 灯管）在原理图中没有设置封装，此错误可以忽略，PCB 设计时增加 4 个焊盘用于连接灯管。

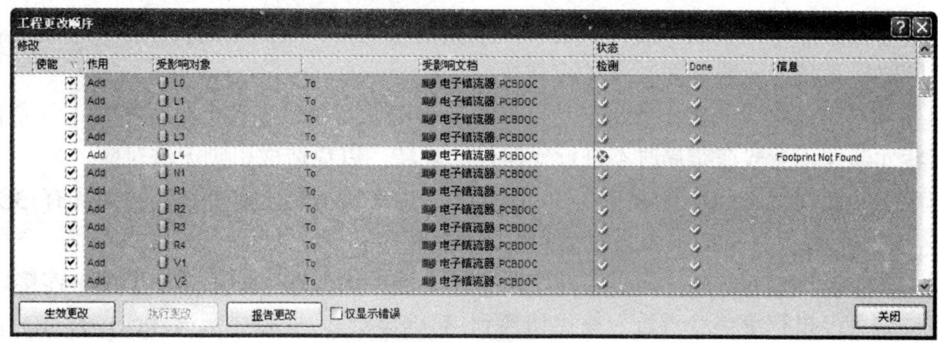

图 5-28 “工程更改顺序”对话框

单击“关闭”按钮关闭对话框，加载元器件封装后的 PCB 如图 5-29 所示。

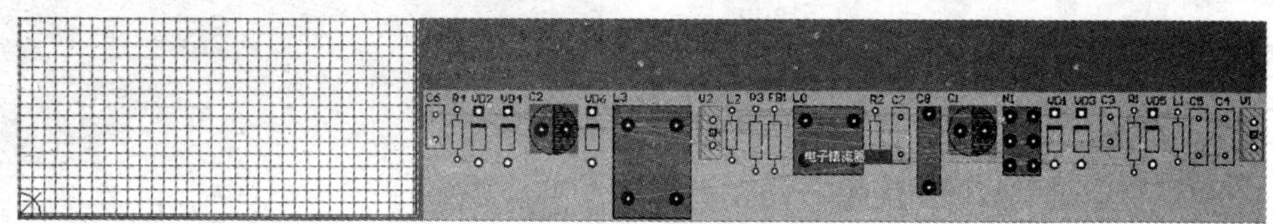

图 5-29 加载元器件封装后的 PCB

从图 5-29 中可以看出，系统自动建立了一个 Room 空间“电子镇流器”，同时加载的元器件封装放置在规划好的 PCB 边界之外，因此还必须进行元器件布局。

5.2.5 PCB 设计中常用快捷键使用

在 PCB 设计中，系统提供有若干快捷键可以提高设计效率，常用的有以下几个。

1）〈Ctrl〉键+鼠标滚轮：连续放大或缩小工作区窗口。

2）〈Shift〉键+鼠标滚轮：左右移动工作区窗口。

3）鼠标滚轮：上下移动工作区窗口。

4）〈Alt〉键+〈*〉键，*代表主菜单后的字母（如放置(P)）：打开相应主菜单，如〈Alt〉键+〈P〉键为打开“放置”主菜单。

5）〈2〉键、〈3〉键：按键盘上的〈3〉键显示 3D 模型，按键盘上的〈2〉键显示 2D 模型。

5.2.6 电子镇流器 PCB 手工布局

在图 5-29 中，元器件分散在边框之外的，显然不符合要求，此时可以通过 Room 空间布局方式将元器件移动到规划的边框中，然后通过手工调整的方式将元器件移动到适当的位置。

1. 通过 Room 空间移动元件

用鼠标左键点住“电子镇流器”Room 空间，将 Room 空间移动到电气边框内。

执行菜单“工具”→“器件布局”→“按照 Room 排列”，移动光标至 Room 空间内单击鼠标左键，元器件将自动按类型整齐排列在 Room 空间内，单击鼠标右键结束操作，此时屏幕上会有一些画面残缺，可以执行菜单“查看”→“更新”刷新画面。

2. 手工布局调整

元器件 Room 空间排列后，单击选中 Room 空间，按键盘的〈Delete〉键将其删除。

手工布局就是通过移动和旋转元器件，根据信号流程和布局原则将元器件移动到合适的位置，同时尽量减少元器件间网络飞线交叉。

用鼠标左键点住元器件不放，拖动鼠标可以移动元器件，在移动过程中按下〈空格〉键可以旋转元器件，一般在布局时不进行元器件的翻转，以免造成引脚无法对应。

完成手工布局的 PCB 图如图 5-30 所示，图中在机械层上有外框的封装具有 3D 模型（如 C1、C2 等），无外框的封装只有 2D 模型。

图中手工添加了 6 个独立焊盘，左侧两个用于连接电源输入，上方 4 个用于连接灯管。

布局结束，执行菜单“查看”→“切换到 3 维显示”，屏幕显示该 PCB 的 3D 模型，PCB 布局 3D 图如图 5-31 所示，从中观察布局是否合理。

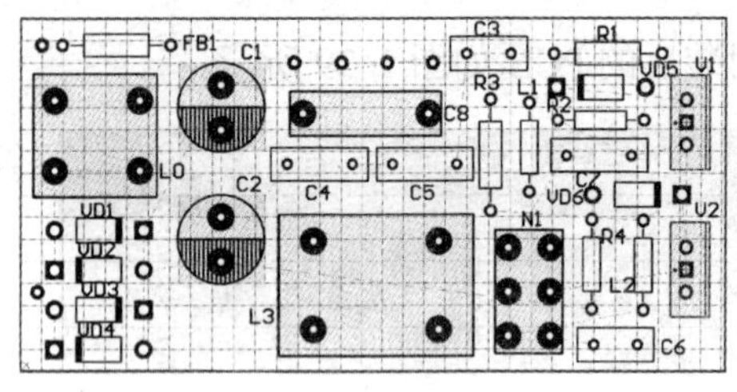

图 5-30　完成手工布局的 PCB 图

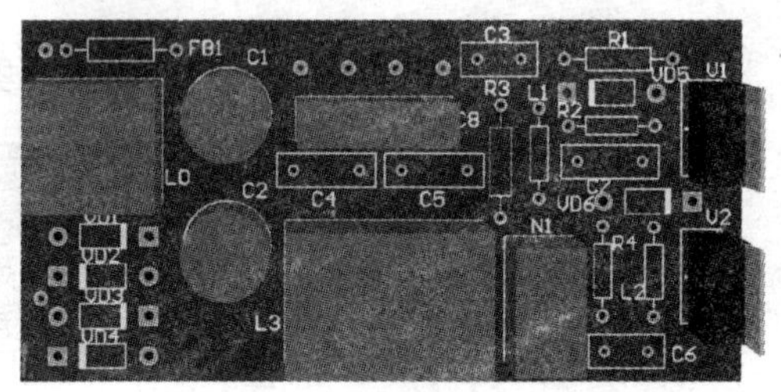

图 5-31　PCB 布局 3D 图

5.2.7　电子镇流器 PCB 手工布线及调整

1．设置连接交流电源及灯管的焊盘网络

本例中为连接交流电源和灯管设置了 6 个独立焊盘，为顺利进行连接，必须将焊盘的网络设置成与之相连的元器件焊盘的网络。由于用户绘制原理图的方式不同，元器件的网络可能不同，网路的设置必须参考实际原理图进行。

本例中连接交流电源的两个焊盘网络分别为 NetFB1_1 和 NetVD3_1，连接灯管的 4 个焊盘网络依次为 NetC8_1、NetC4_2、NetC8_2、NetL3_2。

2．手工布线

手工布线前应再次检查元器件之间的网络飞线是否正确，并为独立焊盘添加网络。本例中还需为 L0 和 L3 的另外两个引脚添加网络，网络与其封装同排的焊盘网络相同。

执行菜单“设计”→“规则”，屏幕弹出“PCB 规则及约束编辑器”对话框，选中“Routing”选项下的“Width”设置线宽限制规则，设置布线最小宽度为 1mm、最大宽度为 2mm、首选尺寸为 1mm。

将工作层切换到 Bottom Layer，执行菜单“放置”→“Interactive Routing”进行交互式布线，根据网络飞线进行连线，线路连通后，该焊盘上的飞线将消失，连线宽度根据线所属网络进行选择，整流滤波电路和灯管连接电路线宽为 2mm，其他为 1mm。

在连线过程中，有时会出现连线无法从焊盘中央开始，可以将捕获网格减小到 0.25mm。

本例中连线转弯要求采用 45°或圆弧进行，可以在连线过程中按键盘上的〈Shift〉键+〈空格〉键进行切换。

在布线过程中可能出现元器件之间的间隙不足，无法穿过所需的连线，此时可以适当微调元器件的位置以满足要求。

3. 编辑焊盘尺寸

图 5-30 中，焊盘的尺寸大小不一，需要进行调整。

如果需要调整的焊盘数量比较少，可以双击焊盘，直接修改焊盘的“X-Size”和“Y-Size”即可；如果需要修改的焊盘数量比较多，则可以通过全局修改的方式进行。

本例中将焊盘的“X-Size”和“Y-Size”修改为 2.5mm。修改焊盘后可能会出现间距过小的警告，焊盘和连线将高亮显示，此时可微调元器件位置并重新连线以消除警告。

完成手工布线后的 PCB 及其 3D 图如图 5-32 所示，图中比较粗的连线上显示有当前连线的网络，若要查看细线上的网络，可以按键盘上的〈Page Up〉键放大屏幕即可在连线上显示网络信息。

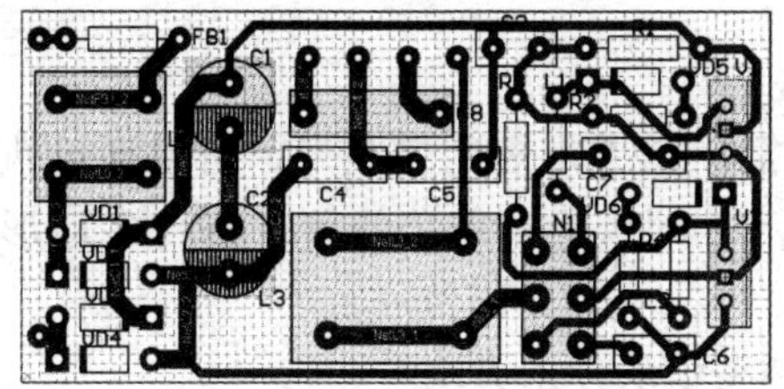

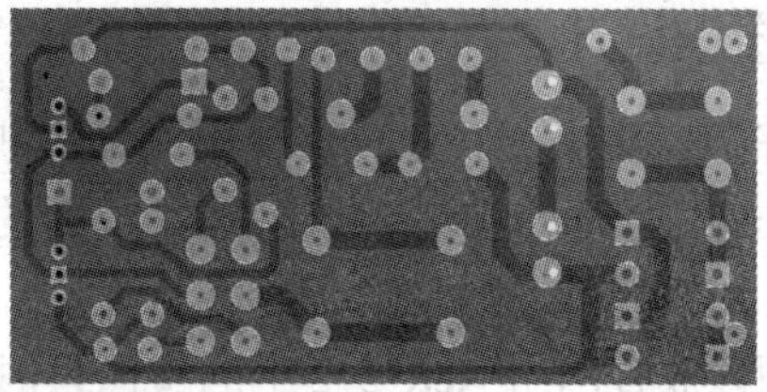

图 5-32　完成手工布线后的 PCB 及其 3D 图

4. 设置 3D 状态下显示连线

由于系统默认 3D 状态的“底层阻焊层”是不透明的，故在 3D 状态下看不见底层的连线，如要观察 3D 状态下的连线效果，可以在 PCB 处于 3D 显示状态时执行菜单“设计”→“板层颜色”，屏幕弹出图 5-33 所示的“视图配置”对话框，去除“颜色和可视化”区的“底层阻焊层”的选中状态，或减小“底层阻焊层”后的不透明性，可显示底层的连线。调整后的手工布线 PCB 的 3D 图如图 5-32 所示。

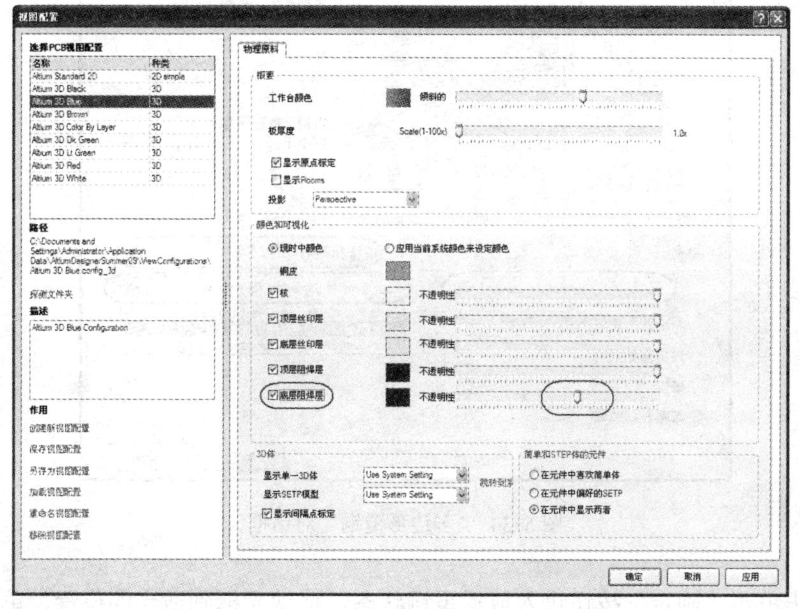

图 5-33　设置 3D 状态显示底层连线

5．连线宽度的调整

图 5-32 中整流滤波电路和灯管连接电路使用 2mm 的连线，其他采用 1mm 的连线。

一般在 PCB 设计中，对于地线和大电流线路要加粗一些，另外在空间允许的情况下也可以加粗连线。线宽调整的方法为双击连线，在弹出的对话框中修改“宽”中的数值。

6．调整丝网文字

PCB 布线完毕，要调整好丝网层的文字，以保证 PCB 的可读性，一般要求丝网层文字的大小、方向要一致，不能放置在元器件框内或压在焊盘上。

在设计中，可能出现字符偏大，不易调整的问题，此时可以用鼠标双击该字符，在弹出的对话框中减小“高”中的数值。

5.2.8 覆铜设计

在 PCB 设计中，有时需要用到大面积铜箔，如果是规则的矩形，可以通过执行菜单“放置”→“填充”实现。如果是不规则的铜箔，则执行菜单“放置”→“多边形敷铜”实现。

下面以放置网络 NetC2_2 上的覆铜为例介绍覆铜的使用方法。

1．放置覆铜

将工作层切换到 Bottom Layer，执行菜单“放置”→“多边形敷铜”或单击工具栏按钮▦，屏幕弹出图 5-34 所示的“多边形敷铜”对话框，在其中可以设置覆铜的参数，本例中放置实心覆铜，选中“Solid(Copper Regions)”，工作层为“Bottom Layer”，覆铜连接的网络为“NetC2_2”，连接方式为“Pour Over All Same Net Objects”（覆盖所有相同网络的目标）。

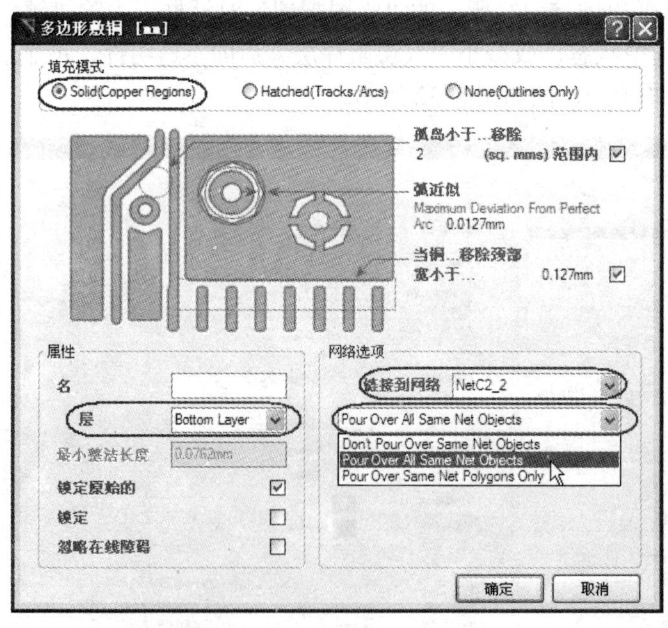

图 5-34 “多边形覆铜”对话框

设置完毕单击“确定”按钮进入放置覆铜状态，拖动光标到适当的位置，单击鼠标左键确定覆铜的第一个顶点位置，然后根据需要移动并单击鼠标左键绘制一个封闭的覆铜空间，放置覆铜完毕在空白处单击鼠标右键退出绘制状态，放置覆铜的效果如图 5-35 所示。

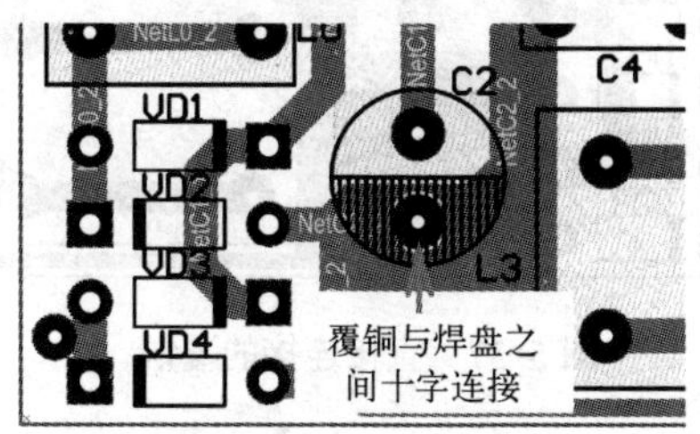

图 5-35　放置覆铜的效果

从图中看出覆铜与焊盘的连接是通过十字线实现的，本例中希望覆铜是直接覆盖焊盘的，还需要进行覆铜规则设置。

2．设置覆铜连接方式

执行菜单“设计”→“规则”，屏幕弹出“PCB 规则及约束编辑器”对话框，选中“Plane”选项下的“Polygon Connect”进入覆铜规则设置状态，设置覆铜连接方式如图 5-36 所示。

图 5-36　设置覆铜连接方式

在“关联类型”下拉列表框中选中“Direct Connect”设置连接方式为直接连接，单击“确定”按钮退出。用鼠标双击该覆铜，屏幕弹出“多边形敷铜”对话框，单击“确定”按钮，屏幕弹出一个对话框提示是否重新建立覆铜，单击“Yes”按钮确认重画，直接连接的覆铜如图 5-37 所示，从图中可以看出覆铜直接覆盖焊盘。

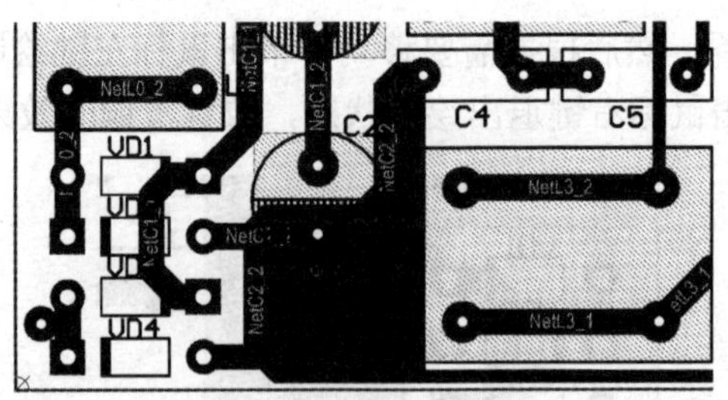

图 5-37　直接连接的覆铜

根据需要放置其他覆铜，最终完成设计的电子镇流器 PCB 如图 5-38 所示。

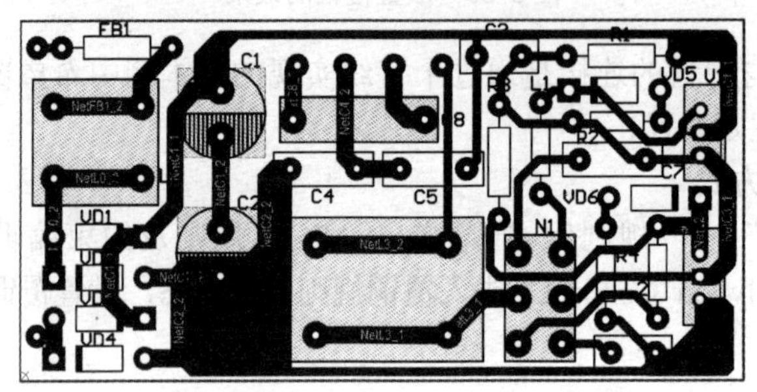

图 5-38　完成设计的电子镇流器 PCB

5.3　高密度圆形 PCB 设计——节能灯

节能灯将电子镇流器与灯管集成在一起，安装在灯头上方，采用圆形 PCB，由于安装空间小，密度高，排列紧凑，元器件采用立式封装，大部分封装须自行设计。

5.3.1　产品介绍

节能灯的外观和内部 PCB 图如图 5-39 所示。

图 5-39　节能灯外观和内部 PCB 图

节能灯工作在较高电压中，一般是交流电压 100～270V 之间，工作频率一般在 30～

100kHz之间，工作温度在50～80℃之间。

节能灯电路原理图如图5-40所示，其电路原理与电子镇流器相似，但由于PCB要置于灯头上方，故其PCB更小，元器件排列更紧凑。

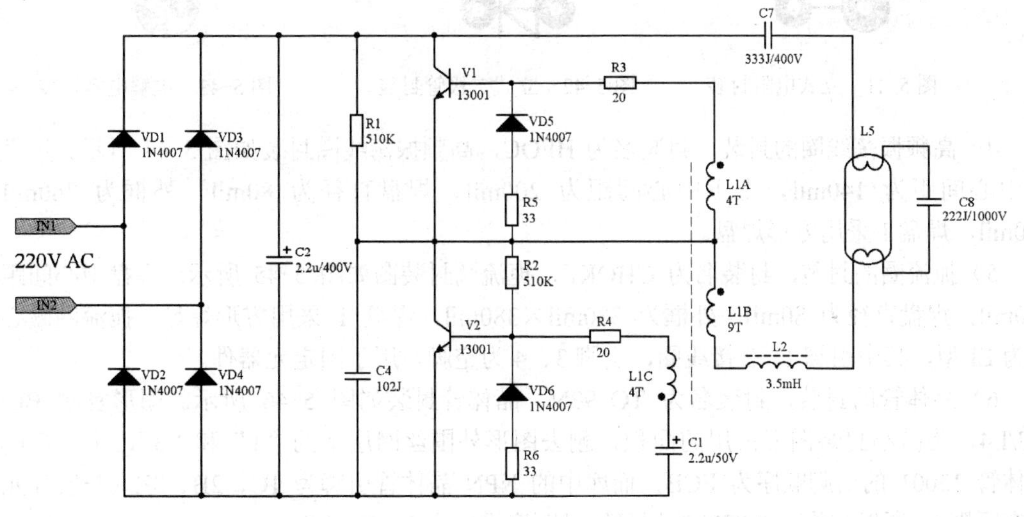

图5-40　节能灯电路原理图

电路工作原理如下。

VD1～VD4、C2组成桥式整流、滤波电路，完成AC→DC转换。

V1、V2、R3、R4、磁心变压器L1、扼流圈L2、灯管、C7、C8组成自激振荡电路，完成DC→AC转换，点亮灯管，其中C7为启动电容、C8为谐振电容。

R1、R2、C4组成启动电路，用于电路通电起振，否则自激振荡无法形成。

电容C8用于启动灯管：灯管需要瞬时高压才能启动点亮，在电路加电初始阶段，扼流圈L2、灯管的灯丝、启动电容C7、谐振电容C8与开关管组成谐振，产生高频高压，将灯管击穿发光。

VD5、VD6为保护二极管，保护V1、V2。

5.3.2　设计前准备

节能灯的印制板面积很小，且需要装入灯头中，故元器件封装一般要设计为立式。由于Altium Designer Summer 09中元器件自带的封装基本上不符合本次设计的要求，个别元器件在原理图库中不存在，所以必须重新设计元器件的图形和封装，并重新定义元器件封装。

1．绘制原理图元器件

在节能灯电路原理图中，扼流圈L2、高频振荡线圈L1和节能灯管L5在原理图元器件库中没有对应元器件，需要自己设计，参考图5-20～图5-22进行设计。

2．元器件封装设计

1）立式电阻的封装，封装名为AXIAL-0.2，立式电阻封装如图5-41所示。焊盘中心间距为160mil，焊盘直径为80mil。

2）立式二极管的封装，封装名为DIODE-0.2，立式二极管封装如图5-42所示。焊盘中心间距为180mil，焊盘直径为80mil。

3）电解电容的封装，封装名为 RB.1/.2，电解电容封装如图 5-43 所示。外框圆直径为 200mil，焊盘间距为 100mil，焊盘直径为 80mil，将焊盘 2 作为负极并打上横线做为指示。

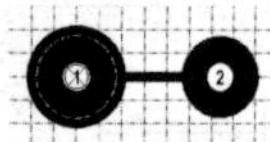

图 5-41 立式电阻封装

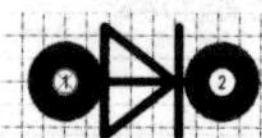

图 5-42 立式二极管封装

图 5-43 电解电容封装

4）高频振荡线圈的封装，封装名为 HFOC，高频振荡线圈封装如图 5-44 所示。焊盘左右中心间距为 140mil，上下中心间距为 200mil，焊盘直径为 80mil，外框为 360mil×280mil，焊盘 1 采用方形焊盘。

5）扼流圈的封装，封装名为 CHOKE，扼流圈封装图如图 5-45 所示。焊盘中心间距为 290mil，焊盘直径为 80mil，外框为 380mil×380mil，焊盘 1 采用方形焊盘。扼流圈磁心外形为 EI 型，其中引脚 1、2 接线圈，引脚 3、4 为空脚，用于固定元器件。

6）晶体管的封装，封装名为 TO-92N，晶体管封装如图 5-46 所示。图形复制 BCY-W3/E4，为减小封装图形占用的面积，删去图形外围丝网层上的“1”和“3”，由于本例中晶体管 13001 的引脚顺序为 ECB，而库中的 NPN 晶体管引脚为 1C、2B、3E（与实际元器件有区别），所以应将 TO-92N 的焊盘编号顺序设置为 3、1、2。

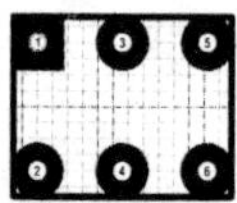

图 5-44 高频振荡线圈封装

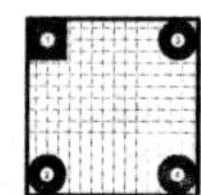

图 5-45 扼流圈封装图

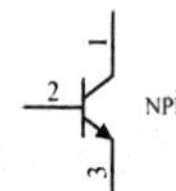

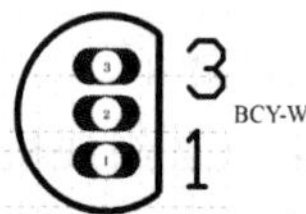

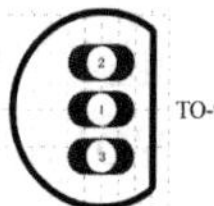

图 5-46 晶体管封装

7）节能灯管：因为节能灯管没有安装在电路板上，无需制作封装图形，在 PCB 设计时，放置四个焊盘用于连接灯管。

3．原理图设计

将元器件库 Miscellaneous Devices.IntLib 和自行设计的元器件库设置为当前库，根据图 5-40 绘制电路原理图，设置好封装，节能灯元器件的参数表如表 5-2 所示，原理图设计完毕进行编译检查并修改错误，最后将原理图另存为“节能灯.SCHDOC”。

表 5-2 节能灯元器件的参数表

元器件类别	元器件标号	库元器件名	元器件所在库	元器件封装
电解电容	C1	Cap Pol2	Miscellaneous Devices.IntLib	RB.1/.2（自制）
电解电容	C2	Cap Pol2	Miscellaneous Devices.IntLib	RAD-0.4
涤纶电容	C4、C7、C8	Cap	Miscellaneous Devices.IntLib	RAD-0.1
1/8W 电阻	R1～R6	Res2	Miscellaneous Devices.IntLib	AXIAL-0.2（自制）
晶体管	V1、V2	NPN	Miscellaneous Devices.IntLib	TO-92N（自制）
整流二极管	VD1～VD6	Diode 1N4007	Miscellaneous Devices.IntLib	DIODE-0.2（自制）
高频振荡线圈	L1	GPZD（自制）	自制库	HFOC（自制）
扼流圈	L2	ELQ（自制）	自制库	CHOKE（自制）
节能灯管	L5	DG（自制）	自制库	无，用焊盘代

5.3.3 设计 PCB 时考虑的因素

节能灯的 PCB 是套在灯头内的，板的尺寸比较少，但有一定的高度，可以通过高度来弥补面积的不足。设计时考虑的主要因素如下。

1）电源接线端和灯管接线端分别布于 PCB 的两侧，为电源接线端预留两个焊盘，为灯管接线端预留 4 个焊盘，并设置好网络。

2）整流滤波电路集中布局于电源接线端附近。

3）刚性器件、不能弯曲的高元器件布设于板的中央，以满足 PCB 的空间要求。

4）电解电容 C2 因为板小将其封装定义为 RAD-0.4，安装该元器件时将其抬高，利用空间来补充板的面积不足，注意在引脚上加套管。

5）高频磁环 L1 是 3 只线圈并绕，要注意同名端的连接。

6）扼流圈磁心为 EI 型，有 4 个引脚，其中 1、2 脚接线圈，3、4 脚为空脚，用于固定元器件。

7）节能灯印制板的外形为圆形，半径为 660mil。元器件布局很紧密，要注意 DRC 自动检查提示的警告信息，若无原则性错误，可以忽略警告信息。

8）布线采用手工布线方式进行，线宽为 40mil。

9）板的边缘采用圆弧布线，以匹配圆形 PCB。

10）整流电路在空间允许的条件下可以使用覆铜，以提高电流承受能力和稳定性。

5.3.4 从原理图加载网络表和元器件封装到 PCB

1．规划 PCB

采用英制规划尺寸，板的形状为圆形，半径为 660mil。

1）新建 PCB 文件“节能灯.PCBDOC”，设置单位制为 Imperial（英制）；设置可视网格 1、2 分别为 10mil 和 100mil；捕获网格 X、Y 和元件网格 X、Y 均为 10mil。

2）将当前工作层设置为 Keep out Layer，以坐标原点为圆心任意放置一个圆环，用鼠标双击该圆环，将“半径”设置为 660mil。

3）执行菜单“设计”→“板子形状”→“重新定义板子外形”，沿着该圆的边沿定义为 1320mil × 1320mil 的正方形 PCB，最后保存为 PCB 文件。

2．从原理图加载网络表和封装到 PCB

对原理图文件进行编译，检查并修改错误。在原理图编辑器中执行菜单“设计”→“Update PCB Document 节能灯.PCBDOC”，加载网络表和封装，忽略与灯管 L5 有关的错误信息（灯管未设封装，在 PCB 上用 4 个焊盘代替其 4 个引脚）。

根据错误提示返回原理图修改相应错误并保存，再次执行菜单“设计”→“Update PCB Document 节能灯.PCBDOC”，加载网络表和封装，当无原则性错误后，单击“执行更改”按钮，将元器件封装和网络表添加到 PCB 中。

将 Room 空间移动到电气边框内，执行菜单“工具”→“器件布局”→“按照 Room 排列”，移动光标至 Room 空间内单击鼠标左键，在 Room 空间进行布局，单击鼠标右键结束操作。

5.3.5 节能灯 PCB 手工布局

Room 空间布局后元器件是按类型排列的，不能满足实际的要求，必须可以通过手工布局的方式将元器件排列到适当的位置。

本例中由于印制电路板是圆形的，如果元器件布局时采用横平竖直的方式进行，板的空间不够，所以布局时需要将一些封装旋转一定角度，然后再进行放置。

1．元器件封装旋转角度设置

元器件封装默认旋转角度为 90°，为实现其他角度旋转，必须先进行旋转角度设置。执行菜单“工具”→“优先选项”，屏幕弹出“参数选择”对话框，选中“General”选项，将“别的”区中的“旋转步骤”栏设置为 5，即每次旋转 5°。

2．元器件手工布局调整

用鼠标左键点住元器件不放，拖动鼠标可以移动元器件，在移动过程中按下〈空格〉键可以按每次 5° 旋转元器件。

本例中 PCB 较小，元器件之间排列比较紧密，可能违反 PCB 的最小间距规则，由于系统默认设有在线 DRC 检查，元器件会出现高亮显示提示违反设计规则，忽略该提示。执行菜单“设计”→“板层颜色”，去除“DRC Error Markers”后的选中状态，不进行高亮显示违规。

完成手工布局的 PCB 如图 5-47 所示。

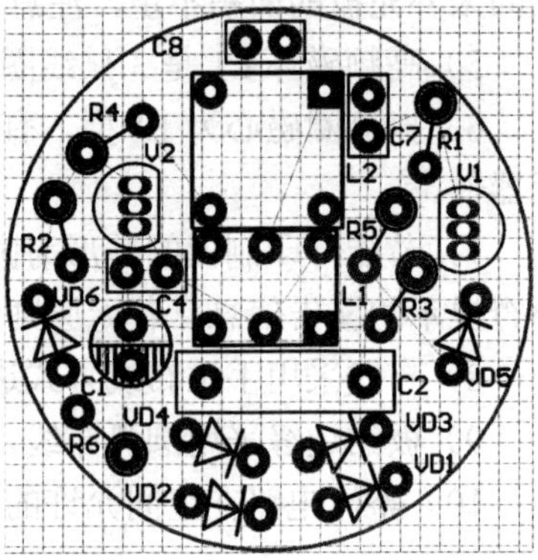

图 5-47　完成手工布局的 PCB

3．3D 显示布局情况

执行菜单“查看”→“切换到 3 维显示”，系统显示该板的 3D 图，从中可以观察布局是否合理，注意观察元器件是否存在重叠放置问题，元器件标号是否存在被元器件遮盖问题，如有问题按键盘上〈2〉键，返回 2D 状态进行调整。

5.3.6 节能灯 PCB 手工布线

1．设置线宽限制规则

执行菜单“设计”→“规则”，屏幕弹出“PCB 规则及约束编辑器”对话框，选中“Routing”选项下的“Width”设置线宽限制规则，设置最小宽度为 30mil、最大宽度和首选尺寸为 40mil，适用于所有的对象。

2．手工布线

1）交互式布线。将工作层切换到 Bottom Layer，执行菜单“放置”→“Interactive Routing”，根据网络飞线进行连线，线路连通后，该线上的飞线将消失，连线宽度根据线所属网络进行选择。连线转弯要求采用 45° 或圆弧进行，可以在连线过程中按键盘上的〈Shift〉键+〈空格〉键进行切换。

2）放置圆弧线。本例中在板边缘需要用圆弧布线，可以执行菜单“放置”→“圆弧（中心）”实现。执行该菜单后，将光标移动到坐标原点单击鼠标左键确定圆心，移动鼠标拉出一个圆，当圆弧可以连接两焊盘时单击鼠标左键确定半径，移动光标到下方的焊盘单击鼠标左键确定圆弧起点，将光标移动到上方的焊盘单击鼠标左键确定圆弧终点完成连线，单击鼠标右键退出。最后用鼠标双击圆弧，在弹出的对话框中将圆弧的“宽度”定义为 40mil。圆弧连接过程图如图 5-48 所示。

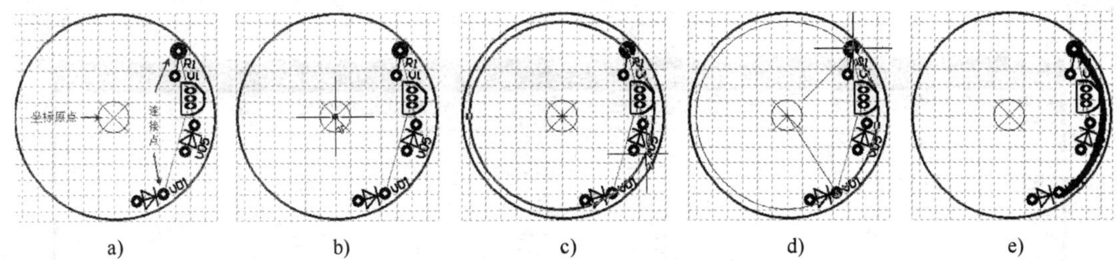

图 5-48 圆弧连接过程图

a) 要连接的焊盘 b) 定义圆弧圆心 c) 定义圆弧半径 d) 定义圆弧起始和终止点 e) 修改圆弧的宽度

3）独立焊盘布线。本例中连接灯管的 4 个焊盘和连接灯头电源端的两个焊盘需要手工设置网络，根据电路原理图和布局图设置好该 6 个焊盘的网络，然后进行布线。

4）修改焊盘尺寸。利用全局修改功能将板上除晶体管外的焊盘 X-Size、Y-Size 均修改为 80mil。

5）在布线过程中可以微调元器件的布局，并可通过借用 L2 的空脚 3、4 来过渡连线，使用时必须设置好网络。

6）为整流电路等布设覆铜，以提高电流承受能力和稳定性，注意将覆铜的网络设置为当前网络。

7）PCB 布线完毕，调整好丝网层的文字，以保证 PCB 的可读性，一般要求丝网的大小、方向要一致，不能放置在元器件框内或压在焊盘上。本例中丝网的高度调整为 40mil。

至此，PCB 手工布线结束，布线结束的 PCB 如图 5-49 所示。

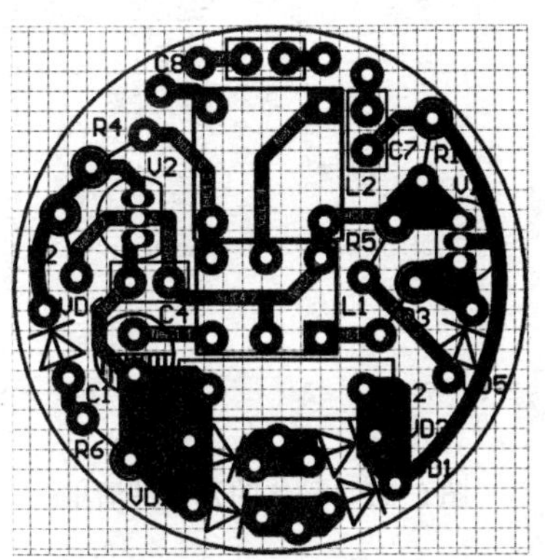

图 5-49 布线结束的 PCB

5.3.7 生成 PCB 的元器件报表

在 PCB 设计结束后，用户可以方便地生成 PCB 中用到的元器件清单报表。

在当前 PCB 设计图的状态下，执行菜单“报告”→“Bill of Materials”，系统弹出图 5-50 所示的“PCB 文档元器件报表”对话框。

在该对话框中，用户可以设置可以在左侧“全部纵列”中选择要输出的内容，并显示在右侧的报告文件中。单击“输出”按钮，可以导出报表文档，系统默认以电子表格形式导出。

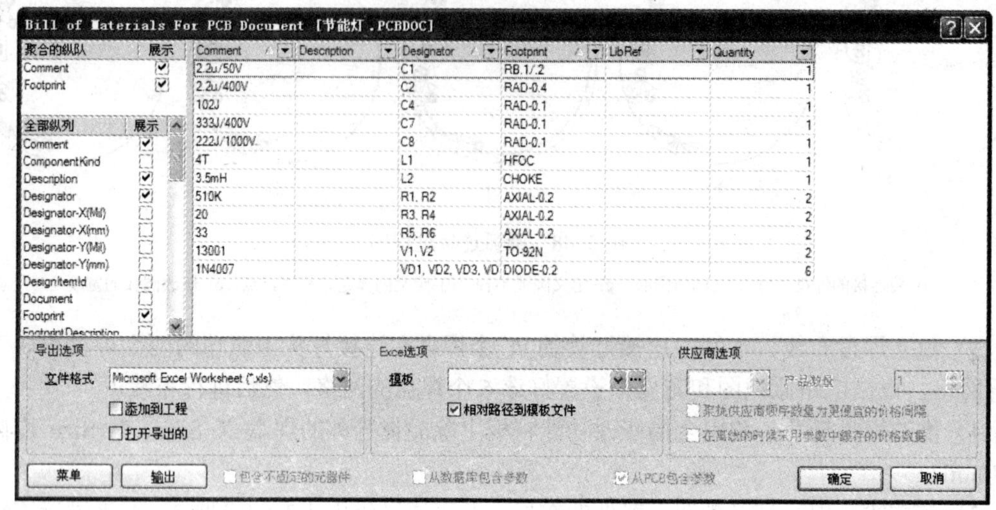

Comment	Description	Designator	Footprint	LibRef	Quantity
2.2u/50V		C1	RB.1/.2		1
2.2u/400V		C2	RAD-0.4		1
102J		C4	RAD-0.1		1
333J/400V		C7	RAD-0.1		1
222J/1000V		C8	RAD-0.1		1
4T		L1	HFOC		1
3.5mH		L2	CHOKE		1
510K		R1, R2	AXIAL-0.2		2
20		R3, R4	AXIAL-0.2		2
33		R5, R6	AXIAL-0.2		2
13001		V1, V2	TO-92N		2
1N4007		VD1, VD2, VD3, VD	DIODE-0.2		6

图 5-50　生成 PCB 的元器件报表

执行菜单“报告”→“Simple BOM”也可获得简化的元器件清单，如图 5-51 所示。

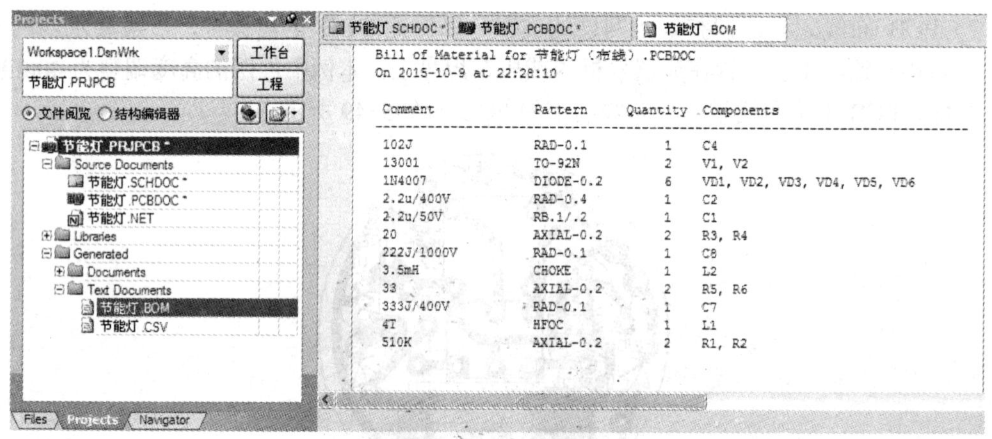

Bill of Material for 节能灯（布线）.PCBDOC
On 2015-10-9 at 22:28:10

Comment	Pattern	Quantity	Components
102J	RAD-0.1	1	C4
13001	TO-92N	2	V1, V2
1N4007	DIODE-0.2	6	VD1, VD2, VD3, VD4, VD5, VD6
2.2u/400V	RAD-0.4	1	C2
2.2u/50V	RB.1/.2	1	C1
20	AXIAL-0.2	2	R3, R4
222J/1000V	RAD-0.1	1	C8
3.5mH	CHOKE	1	L2
33	AXIAL-0.2	2	R5, R6
333J/400V	RAD-0.1	1	C7
4T	HFOC	1	L1
510K	AXIAL-0.2	2	R1, R2

图 5-51　简化的元器件清单

5.4　实训

5.4.1　实训 1　电子镇流器 PCB 设计

1. 实训目的

1）了解电子镇流器电路的工作原理

2）初步掌握低频板的布局布线规则。

3）进一步掌握元器件封装的设计方法。

4）掌握 PCB 交互式布线方法。

2．实训内容

1）事先准备好图 5-19 所示的电子镇流器原理图文件，并熟悉电路原理，观察电子镇流器实物。

2）进入 PCB 编辑器，新建 PCB 文件“电子镇流器.PCBDOC”，新建元器件库文件“PcbLib1.PcBLib”，参考图 5-20、图 5-21、图 5-23、图 5-24、图 5-25 及图 5-26 设计元器件封装。

3）载入 Miscellaneous Device.IntLIB 和自制的 PcbLib1.PcBLib 元器件库。

4）编辑原理图文件，根据表 5-1 重新设置好元器件的封装。

5）设置单位制为 Metric（公制）；设置可视网格 1、2 为 1mm 和 5mm；捕获网格 X、Y，元件网格 X、Y 均为 0.5mm。

6）打开电子镇流器原理图文件，执行菜单“设计”→“Update PCB Document 电子镇流器.PCBDOC”加载网络表和元器件封装，根据提示信息修改错误。

7）执行菜单“工具”→“器件布局”→“按照 Room 排列”进行元器件布局，并参考图 5-30 进行手工布局调整，尽量减少飞线交叉。

8）参考图 5-30，在对应位置为交流电源输入和灯管连接添加 6 个焊盘，并根据原理图中的对应关系设置好网络。

9）进行交互式布线参数设置，布线线宽最小宽度为 1mm、最大宽度为 2mm、首选尺寸为 1mm。

10）参考图 5-32 进行手工布线，布线采用交互式布线方式进行，整流滤波电路和灯管连接电路布线线宽为 2mm，其他为 1mm，转弯采用 45° 方式进行。

11）编辑焊盘尺寸，晶体管焊盘 X-Size、Y-Size 分别设置为 2.5mm 和 2mm，其他焊盘 X-Size、Y-Size 均设置为 2.5mm。

12）参考图 5-38 设置覆铜。

13）调整丝网层的文字。

14）保存 PCB 文件和工程文件。

3．思考题

1）如何从原理图中载入网络表和元器件封装？

2）如何设置交互式布线的线宽？布线过程中如何调整布线线宽？

3）如何改变焊盘的尺寸和网络？

4）如何放置覆铜并设置参数？

5.4.2 实训 2 节能灯 PCB 设计

1．实训目的

1）了解节能灯电路工作原理。

2）掌握高密度板的布局布线方法。

3）掌握元器件封装旋转角度的调整。

4）进一步掌握 PCB 的手工布线方法。

5）掌握元器件报表的生成方法。

2．实训内容

1）事先准备好图 5-40 所示的节能灯原理图文件，并熟悉电路原理，观察节能灯实物。

2）进入 PCB 编辑器，新建 PCB 文件“节能灯.PCBDOC”，新建元器件库文件“PcbLib1.PcBLib”，参考图 5-41～图 5-46 设计立式电阻、立式二极管、电解电容、高频振荡线圈、扼流圈和晶体管的封装。

3）载入 Miscellaneous Device.IntLIB 和自制的 PcbLib1.PcBLib 元器件库。

4）编辑原理图文件，根据表 5-2 重新设置好元器件的封装。

5）设置单位制为 Imperial（英制）；设置可视网格 1、2 分别为 10mil 和 100mil；捕获网格 X、Y 和元件网格 X、Y 均为 10mil。

6）将当前工作层设置为 Keep out Layer，以坐标原点为圆心放置一个半径为 660mil 的圆，执行菜单“设计”→“板子形状”→“重新定义板子外形”，沿着该圆的边沿定义 1320mil×1320mil 的正方形 PCB，最后保存 PCB 文件。

7）打开节能灯原理图文件，执行菜单“设计”→“Update PCB Document 节能灯.PCBDOC”加载网络表和元器件封装，根据提示信息修改错误。

8）执行菜单“工具”→“器件布局”→“按照 Room 排列”进行元器件布局。

9）执行菜单“工具”→“优先选项”，设置旋转角度为每次旋转 5°，参考图 5-47 进行手工布局调整，尽量减少飞线交叉。

10）执行菜单“查看”→“切换到 3 维显示”，查看 3D 视图，观察布局是否合理。

11）参考图 5-49 进行手工布线，布线采用交互式布线方式进行，布线线宽为 40mil，转弯采用 45°方式或圆弧方式进行，布线结束调整元器件丝网层的文字。

12）对整流电路等布设覆铜，并将覆铜的网络设置为当前网络。

13）执行菜单“报告”→“Bill of Materials”，生成元器件报表，输出电子表格形式报告文档。

14）保存 PCB 文件和工程文件。

3．思考题

1）如何设定元器件的旋转角度？

2）如何布设圆弧形连线并改变线宽？

3）如何生成元器件报表？

5.5 习题

1．PCB 布局应遵循哪些原则？

2．PCB 布线应遵循哪些原则？

3．如何放置接地实心覆铜并设置为直接连接？

4．如何从原理图中加载网络表和元器件封装到 PCB？

5．根据图 2-91 所示的存储器电路设计单面印制板。

6．根据图 2-92 所示的稳压电源电路设计单面印制板，设计要求：采用单面 PCB，板的尺寸为 80mm×60mm，线宽为 1.5mm。

7．根据图 5-52 所示的声光控开关电路设计单面 PCB，声光控开关实物及参考 PCB 图如图 5-53 所示。设计要求：PCB 的尺寸为 4.5mm×6mm，电路板对角线上有两个直径为 3mm 的圆形安装孔，板的上方有两个直径为 7mm 的电源接线柱；整流电路和晶闸管控制电路，线宽选用 1.2mm，地线线宽为 1.5～2mm，其他线路线宽为 0.8～1.0mm；电源接线铜柱的布线采用覆铜。

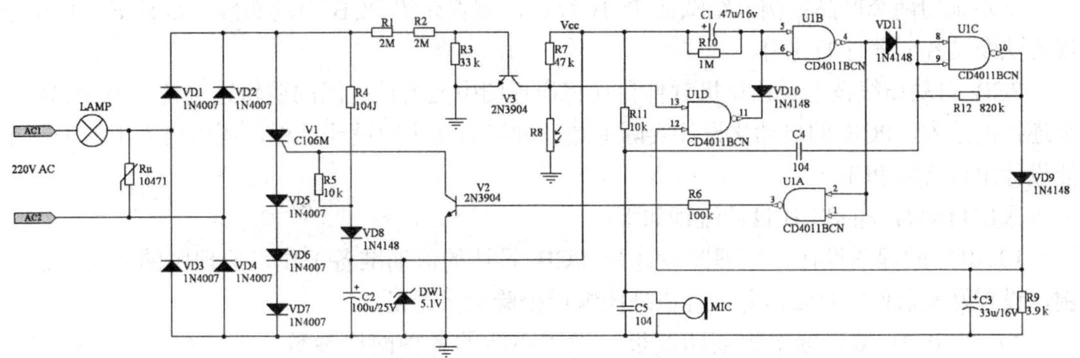

图 5-52　声光控开关电路原理图

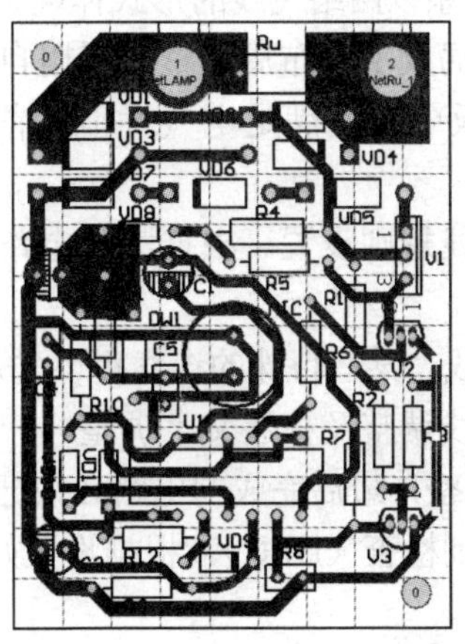

图 5-53　声光控开关实物及参考 PCB 图

第 6 章　双面 PCB 设计

本章采用两个产品案例介绍双面 PCB 设计，重点介绍 PCB 自动布线参数设置、自动布线方法及贴片元器件的使用。

PCB 自动布线技术是计算机软件自动将原理图中元器件之间的逻辑连接转换为 PCB 铜膜连接的技术，PCB 的自动化设计实际上是一种半自动化的设计过程，还需要人工的干预才能设计出合格的 PCB。

采用自动布线的 PCB 设计流程如下。

1）电路原理图设计。原理图设计为 PCB 设计的前期准备工作，原理图的准确性是关键，设置好元器件的封装，并进行原理图编译校验确保无误。

2）在 PCB 编辑器中规划印制板，设置布线的各种网格参数、工作层、定义印制板尺寸等。

3）从原理图中加载网络表和元器件封装。实际上就是将元器件封装载入 PCB 中，元器件之间的连接关系以网络飞线的形式体现。

4）自动布局及手工布局调整。采用自动布局和手工布局相结合的方式，将元器件合理地放置在电路板中，在满足电气性能的前提下，尽量减少网络飞线交叉，以提高布线的布通率。

5）自动布线规则设置。根据实际电路的需要针对不同的网络设置好各自的布线规则，以提高布线质量。

6）自动布线。某些特殊的连线可以先进行手工预布线并锁定，然后再进行自动布线。

7）手工布线调整及标注文字调整。一般自动布线效果不能完全符合设计要求，还必须进行手工布线调整，最后完成的电路必须把标注文字的大小和位置调整好。

8）设计规则检查（DRC）。根据设置好的规则检查 PCB 中是否存在违反设计规则的错误，并进行修改。

9）PCB 文件输出。

6.1　双面 PCB 设计——电动车报警器遥控板

本节通过电动车报警器遥控板介绍双面 PCB 的自动布线参数设置及自动布线方法。

该电路中使用了通孔式元器件和贴片式元器件，元器件放置在顶层，PCB 中使用印制导线作为电感，并设置为露铜以便通过上锡调整电感量。

6.1.1　产品介绍

电动车报警器遥控板的外观和内部 PCB 图如图 6-1 所示，电动车遥控报警器电路原理图如图 6-2 所示。

电路工作原理如下。

图 6-1　电动车报警器遥控板的外观和内部 PCB 图

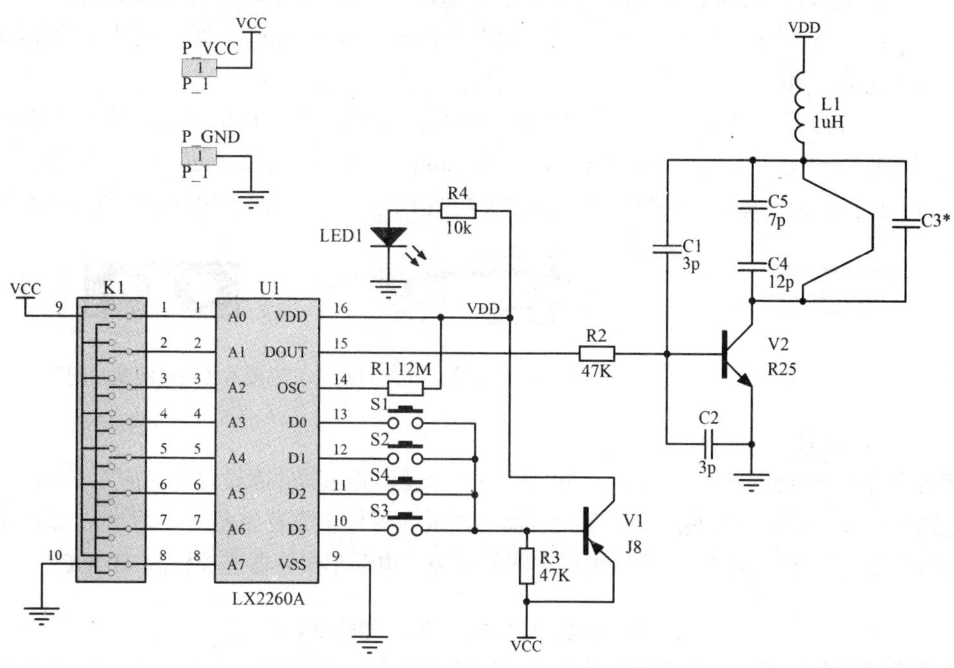

图 6-2　电动车遥控报警器电路原理图

该遥控器采用 LX2260A 作为遥控编码芯片，其中 A0～A7 为地址引脚，用于地址编码，可将其置于“0”“1”和“悬空”三种状态，通过编码开关 K1 控制其接入状态从而达到编码目的；遥控按键数据输入由 D0～D3 实现，V1 和 LED1 作为遥控发射的指示电路；当 S1～S4 中有按键按下时，V1 导通，为 U1 提供 VDD 电源；同时 LED1 发光，无按键按下时，V1 截止，保持低耗；OSC 为单端电阻振荡器输入端，外接 R1；DOUT 为编码输出端，其编码信息通过 V2 发射出去。

电路采用印制导线做为发射电感，其电感量的变化可以改变印制导线上的焊锡厚薄实现，该印制导线必须设置为露铜。

P_VCC 和 P_GND 为遥控器供电电池的连接弹片。

6.1.2 设计前准备

电动车报警器遥控板体积很小，元器件主要采用贴片式，个别元器件在原理图库中不存在，所以必须重新设计元器件的原理图图形和元器件封装，并为元器件重新定义封装。

1．绘制原理图元器件

在原理图中，编码开关和遥控编码芯片 LX2260A 需要自行设计，元器件图形参考图 6-2 的 K1 和 U1。

2．元器件封装设计

元器件的封装采用游标卡尺实测方式进行设计，3D 模型采用“放置”→“器件体”设计。

1）通孔式 LED 封装，封装名为 LED，通孔式 LED 封装如图 6-3 所示。焊盘中心间距为 2.2mm，焊盘“X-Size”和“Y-Size”为 1.6mm，“通孔尺寸”为 1.0mm，焊盘编号分别为 1 和 2。

2）通孔式按键开关封装图形，封装名为 D-KEY，通孔式按键开关封装如图 6-4 所示。焊盘中心间距为 6.2mm，焊盘“X-Size” 和“Y-Size”为 1.8mm，“通孔尺寸”为 1.0mm，焊盘编号分别为 1 和 2。

3）电池弹片封装图形，封装名为 POW，电池弹片封装如图 6-5 所示。焊盘中心间距为 3.8mm，焊盘“X-Size”为 2.7mm，“Y-Size”为 2mm，“外形”为 Octagonal（八角形），“通孔尺寸”为 1.3mm，由于每个电池弹片两个固定脚均接于同一点，故两个焊盘编号均设置为 1，

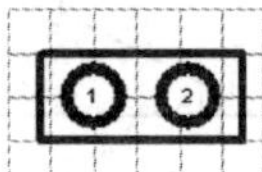

图 6-3 通孔式 LED 封装

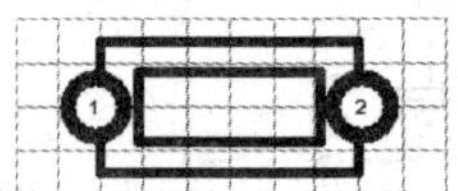

图 6-4 通孔式按键开关封装

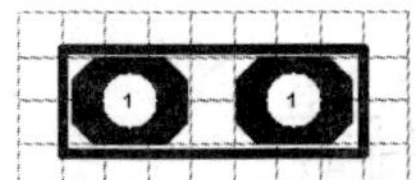

图 6-5 电池弹片封装

3．原理图设计

将元器件库 Miscellaneous Devices.IntLib 和自行设计的元器件库设置为当前库，根据图 6-2 绘制电路原理图，设置好封装，电动车报警器遥控板元器件参数表如表 6-1 所示，原理图设计完毕进行编译检查并修改错误，最后将原理图另存为“电动车报警器遥控板.SCHDOC”。

表 6-1 电动车报警器遥控板元器件参数表

元器件类别	元器件标号	库元器件名	元器件所在库	元器件封装
贴片电容	C1～C5	Cap	Miscellaneous Devices.IntLib	CAPC1608L
贴片电阻	R1～R4	RES2	Miscellaneous Devices.IntLib	RESC1608L
贴片电感	L1	Inductor	Miscellaneous Devices.IntLib	INDC3216AL
LX2260A	U1	LX2260A（自制）	自制库	SO-16_L
编码开关	K1	K01（自制）	自制库	无，焊盘代
高频晶体管	V1	PNP	Miscellaneous Devices.IntLib	SOT23-3L
高频晶体管	V2	NPN	Miscellaneous Devices.IntLib	SOT23-3L
发光二极管	LED	LED0	Miscellaneous Devices.IntLib	LED（自制）
按键开关	S1～S4	SW-PB	Miscellaneous Devices.IntLib	D-KEY（自制）
电池弹片	P_VCC、P_GND	P_1（自制）	自制库	POW（自制）

6.1.3 设计 PCB 时考虑的因素

电动车报警器遥控板 PCB 是双面异形板，其按键位置、发光二极管的位置必须与报警器外壳面板相配合。设计时考虑的主要因素如下。

1）根据报警器外壳面板特征定义好 PCB 的电气轮廓。

2）根据面板的位置，放置好遥控器四个按键的位置。

3）LED 置于板的顶端，并对准面板上对应的孔。

4）电池弹片正负极间的间距根据电池的尺寸确定，中心间距为 20mm，两边沿间距为 28mm。

5）优先安排发射电路用的印制电感的位置，并设置为露铜，以便通过上锡改变电感量。

6）为减小遥控器的体积，编码开关 K1 不使用实际元器件，通过焊盘、过孔和印制导线的配合来实现编码功能，将其设计在编码芯片 LX2260A 的背面以便进行编码，通过过孔连接要进行编码的引脚，具体的编码可以在焊接时通过焊锡短路所需焊盘和过孔实现，需将该部分焊盘和过孔设置为露铜。

7）在空间允许的条件下，加宽地线和电源线。

8）为保证印制导线的强度，为焊盘和过孔添加泪珠滴。

电动车报警器遥控板布局布线实物示意图如图 6-6 所示。

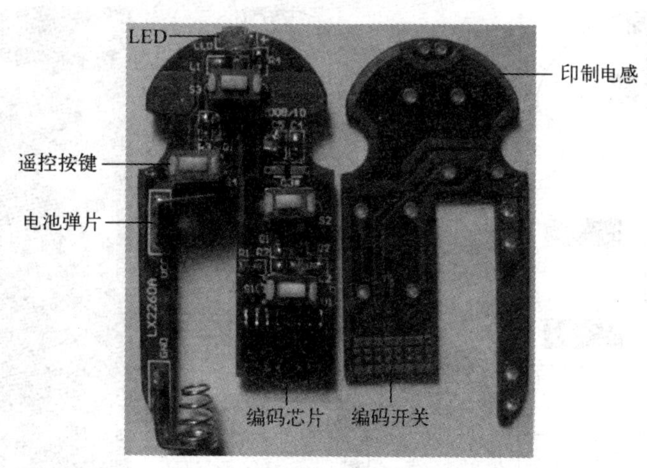

图 6-6 电动车报警器遥控板布局布线实物示意图

6.1.4 从原理图加载网络表和元器件封装到 PCB

1. 规划 PCB

采用公制规划尺寸，规划 PCB 如图 6-7 所示。

图中可视网格 1 为 1mm，可视网格 2 为 10mm，均设置为显示状态，在 Keep out Layer 层绘制 PCB 的电气轮廓，在 Mechanical1 层根据电动车报警器遥控板面板位置定位发光二极管、按键和电池弹片的位置。

2．设置元器件库

本例中元器件封装在 Miscellaneous Devices.IntLib、IPC-7352 SOT23_L.PcbLib 和自制的元器件封装库 PCBLIB1.PCBLIB 中，将它们设置为当前库。

3．从原理图加载网络表和元器件封装到 PCB

对原理图文件进行编译，检查并修改错误。执行菜单“设计”→“Update PCB Document 电动车报警器遥控板.PCBDOC”，加载网络表和元器件封装，忽略与编码开关 K1 有关的错误信息（为减小体积，该开关将用过孔和印制导线替代），修改其他错误。当无原则性错误后，单击“执行更改”按钮，将元器件封装和网络表添加到 PCB 编辑器中。

6.1.5 PCB 自动布局及手工调整

从原理图载入网络表和元器件封装后，封装排列在电气边界之外，此时需要将放置到合适的位置上进行元器件布局，用户在进行布局时需要将自动布局和手工布局结合起来使用。

1．PCB 预布局

本例中按键、发光二极管及电池弹片的位置必须与面板配合，故需要进行预布局。用鼠标左键点住要移动的元器件，参考图 6-6 将其移动到图 6-7 中指定的位置。

用鼠标双击该元器件，在弹出的“元件”对话框中的“元件属性”区选中“锁定”复选框，将其锁定，这样在自动布局时这些元器件不会重新布局。

将所有预布局的元器件设置为锁定状态，预布局的 PCB 及 3D 图如图 6-8 所示。

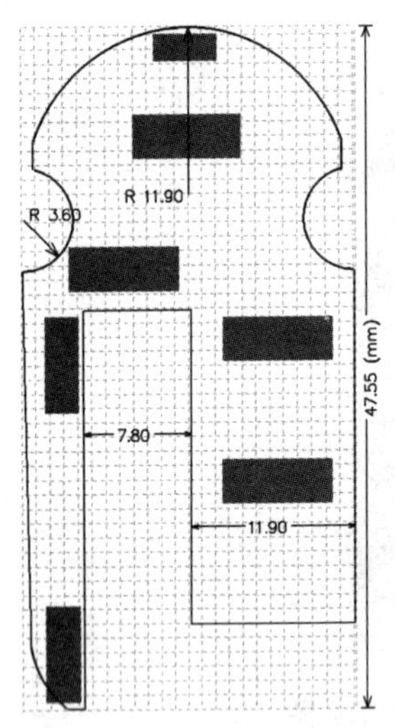

图 6-7 规划 PCB

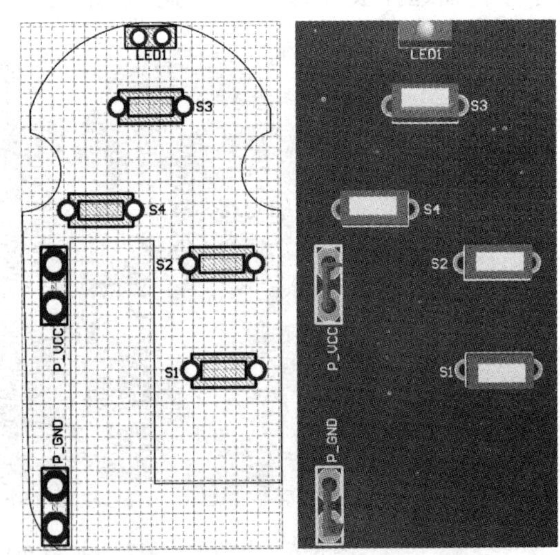

图 6-8 预布局的 PCB 及 3D 图

2．PCB 自动布局

在进行自动布局前，必须在禁止布线层（Keep out Layer）上先规划电路板的电气边界，然后才能载入网络表和元器件封装，预布局的元器件必须设定为锁定状态。

执行菜单“工具”→“器件布局”→“自动布局”，屏幕弹出“自动放置”对话框，“分组式布局”对话框如图 6-9 所示，共有两个复选框，分别是“成群的放置项”（即分组布局）和“统计的放置项”（即统计式布局）。

1）分组布局：这种方式将元器件连同属性分为不同的元器件组，并根据元器件组来分配位置，该方式一般在元器件较少时使用，选中“快速元件放置”复选框可以提高布局速度。

2）统计式布局：这种方式使用统计算法来放置元器件，以使元器件之间的连线长度最短，该方式一般在元器件较多时使用。

选中“统计的放置项”后，屏幕弹出图 6-10 所示的“统计式布局”对话框，可以设置电源网络、接地网络和网格尺寸等。

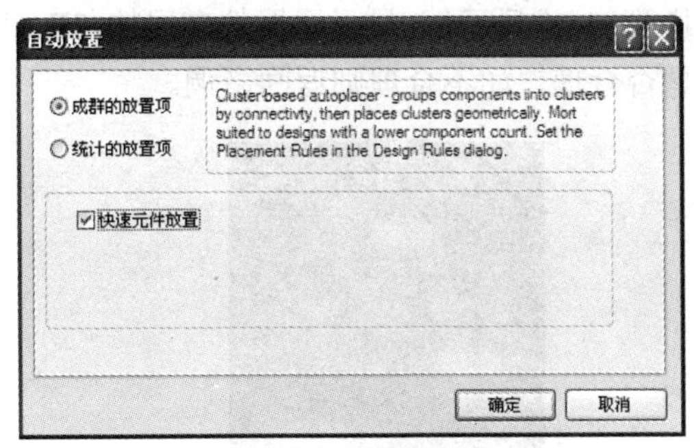

图 6-9 “分组式布局”对话框

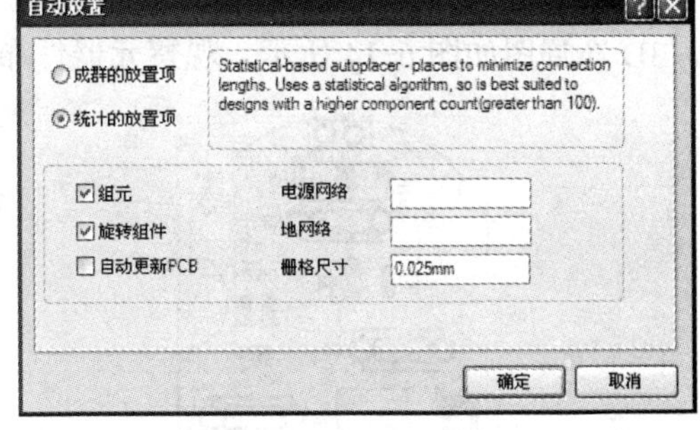

图 6-10 “统计式布局”对话框

本例中选中“成群的放置项”进行分组布局，选中“快速元件放置”复选框，设置完毕，单击“确定”按钮，系统开始自动布局，布局后各元器件之间存在网络飞线，体现连接关系，但它不是实际连线，布线时要用印制导线来代替。一般情况下每次自动布局的结果各不相同，且自动布局的效果都不是很理想，存在较多不合理的地方，因此在自动布局后还要进行手工布局调整。

布局结束，删除 Room 空间。

3．手工布局调整

手工布局调整主要是通过移动元器件、旋转元器件等方法合理地调整元器件的位置，减少网络飞线的交叉。

移动元器件可以通过执行菜单“编辑”→“移动”→“器件”实现，对于处于锁定状态的元器件必须先在“元件属性”中去除锁定状态才能移动。

布局调整结束，选种所有元器件，执行菜单“编辑”→“对齐”→“对齐到栅格上”，将元器件移动到网格上，以提高布线效率。

布局调整后的 PCB 如图 6-11 所示。

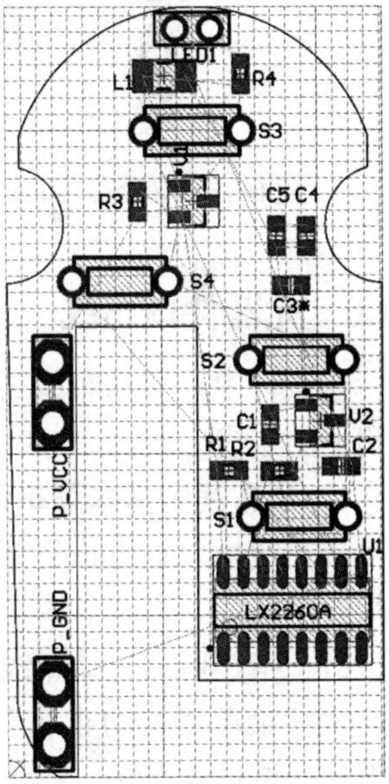

图 6-11　布局调整后的 PCB

4．晶体管焊盘网络的修改

在原理图中晶体管的引脚为 1C、2B、3E，而在实际元器件封装中贴片晶体管 SOT23-3L 的焊盘定义为 1B、2E、3C，贴片晶体管封装如图 6-12 所示。为了与原理图对应，编辑 SOT23-3L 封装的焊盘编号，将焊盘 1 改为 2，焊盘 2 改为 3、焊盘 3 改为 1。修改完毕，重新加载网络表，更新网络连接。

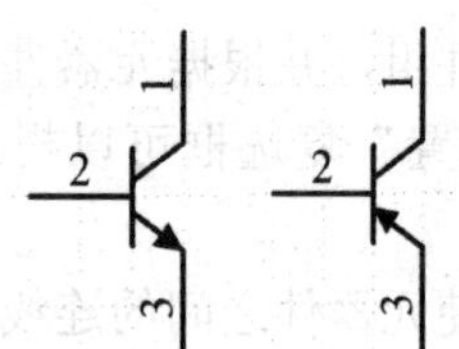

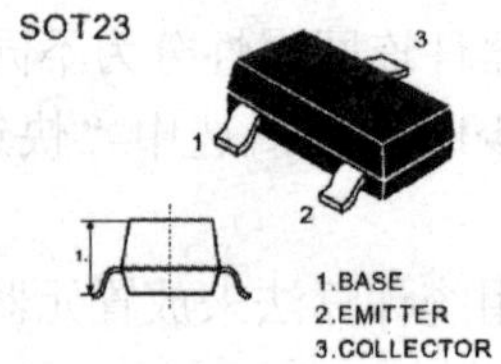

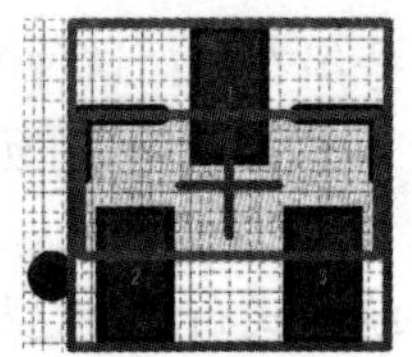

图 6-12　贴片晶体管封装

调整晶体管焊盘后的布局图如图 6-13 所示。

布局调整结束后，执行菜单“查看”→“切换到 3 维显示”，显示元器件布局的 3D 视图，3D 布局图如图 6-14 所示。观察元器件布局是否合理，如不合理则返回微调。

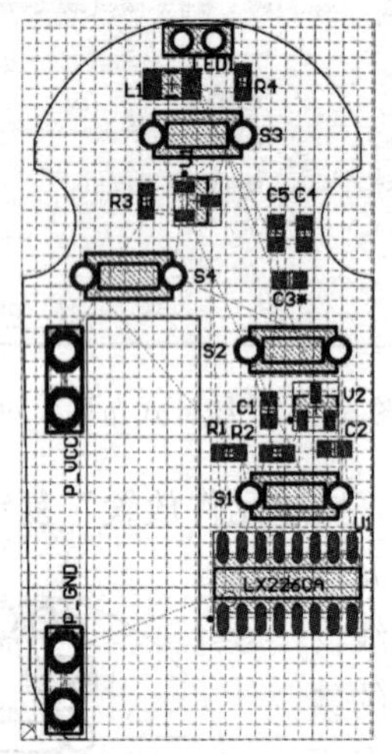

图 6-13　调整晶体管焊盘后的布局图

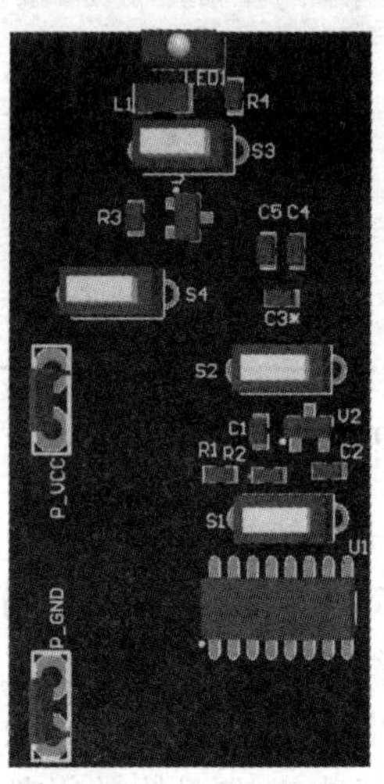

图 6-14　3D 布局图

6.1.6　元器件预布线

在设计中，自动布线之前有时需要对某些重要的网络进行预布线，然后通过自动布线完成剩下的布线工作。

1．预布线的基本菜单命令

预布线可以通过执行菜单“自动布线”下的子菜单来实现，也可以通过交互式布线方式进行。

（1）指定网络自动布线

执行菜单“自动布线”→“网络”，将光标移到需要布线的网络上，单击鼠标左键，该网络立即被自动布线。

（2）指定飞线自动布线

执行菜单“自动布线”→“连接”，将光标移到需要布线的某条飞线上，单击鼠标左键，则该飞线所连接焊盘立即被自动布线。

（3）指定元器件自动布线

执行菜单“自动布线”→“元件”，将光标移到需要布线的元器件上，单击鼠标左键，则与该元器件的焊盘相连的所有飞线立即被自动布线。

(4) 指定区域自动布线

执行菜单“自动布线”→“区域”，用鼠标拉出一个区域，程序自动完成指定区域内的布线，凡是全部或部分在指定区域内的飞线都将被自动布线。

2. 预布线

本例中印制电感、电池弹片的电源和地需要进行预布线，印制电感在底层进行布线，线宽为 1mm，电源和地线则双面布线，布线采用印制导线和覆铜相结合的方式进行，线宽为 0.6mm，双面的线通过过孔连接，如图 6-15～图 6-17 所示。

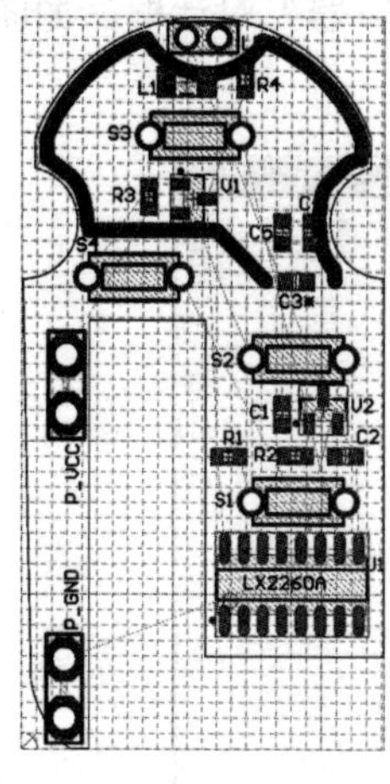

图 6-15　印制电感

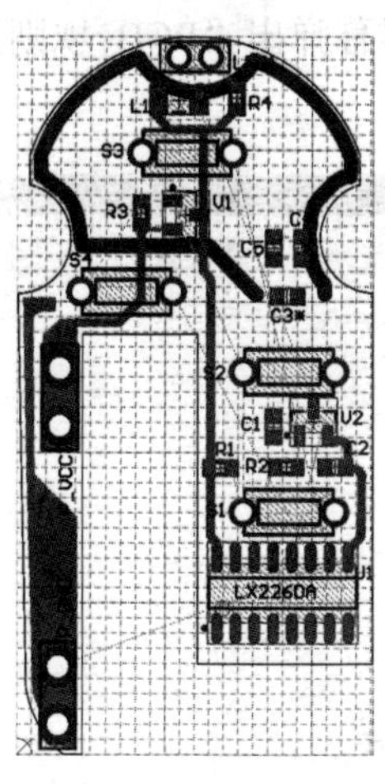

图 6-16　顶层电源与地

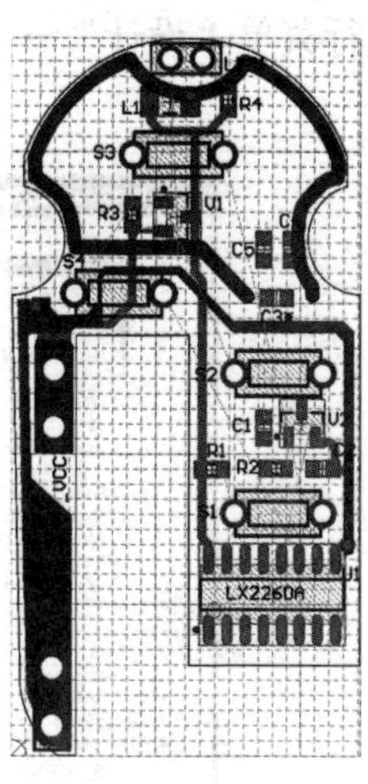

图 6-17　底层电源与地

为了减小遥控器的体积，编码开关未使用实际元器件，采用焊盘、过孔和印制导线的组合实现编码功能，必须进行预布线。编码开关在底层进行预布线，在编码芯片 LX2260A 的引脚 1～8 的正上方和正下方各放置 8 个矩形底层贴片焊盘，焊盘尺寸为 0.8mm×1mm，并将上面一排 8 个焊盘连接在一起，与 VDD 网络相连，下面一排 8 个焊盘连接在一起，与 GND 网络相连，在 LX2260A 的引脚引脚上依次放置 8 个过孔，过孔直径为 0.9mm，孔尺寸为 0.6mm，每个过孔上放置 1 个 0.8mm×1.7mm 矩形底层贴片焊盘，将顶层的编码引脚的焊盘转移到底层，以便在底层进行编码设置，编码开关如图 6-18 所示。

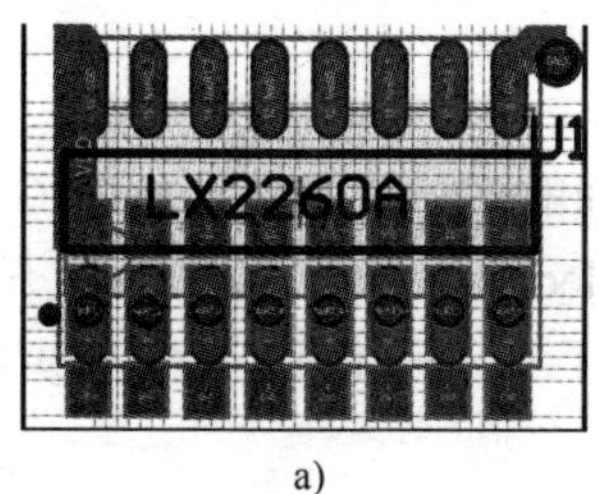

a)

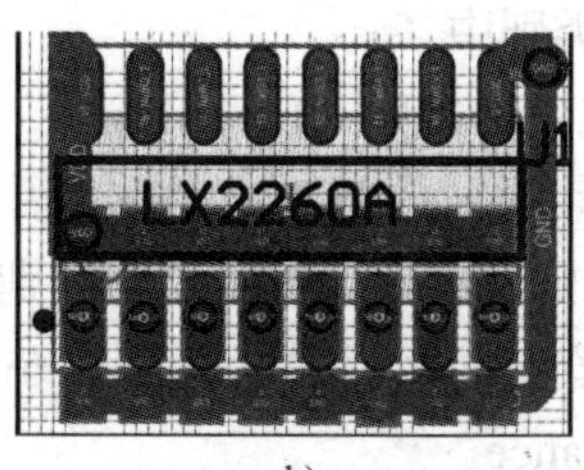

b)

图 6-18　编码开关

a) 放置底层焊盘和过孔　b) 设置编码开关的高低电平

3. 锁定预布线

图 6-15～图 6-18 中已经针对某些网络进行了预布线，如果要在自动布线时保留这些预布线，可以在自动布线器选项中设置锁定所有预布线。

执行菜单“自动布线”→“设置”，屏幕弹出“Situs 布线策略”对话框，选中对话框下方的“锁定已有布线”复选框，锁定全部预布线，单击“OK”按钮完成设置。

6.1.7 常用自动布线设计规则设置

在进行自动布线前，首先要设置布线规则，布线规则设置的合理性将直接影响到布线的质量和成功率。设计规则制定后，系统将自动监视 PCB，检查 PCB 中的图件是否符合设计规则，若违反了设计规则，将以高亮显示违规内容。

执行菜单“设计”→“规则”，屏幕弹出“PCB 规则及约束编辑器”对话框，如图 6-19 所示。

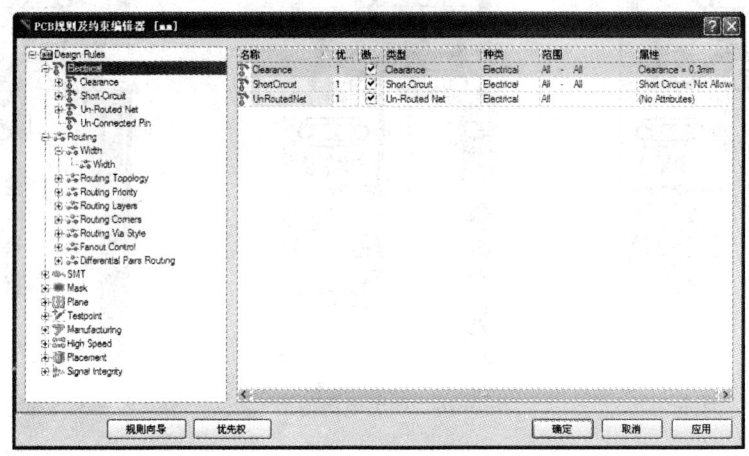

图 6-19 “PCB 规则及约束编辑器”对话框

PCB 规则及约束编辑器界面分成左右两栏，左边是树形列表，列出了 PCB 规则和约束的构成和分支，提供有 10 种不同的设计规则类，每个设计规则类还有不同的分类规则，单击各个规则类前的⊞符号，可以列表展开查看该规则类中的各个子规则，单击⊟符号则收起展开的列表；右边是各类规则的详细内容。

本例中要设置的规则主要集中在“Electrical”（电气设计规则）类别和“Routing”（布线设计规则）类别中。

1．电气设计规则（Electrical）

电气设计规则是 PCB 布线过程中所遵循的电气方面的规则，主要用于 DRC 电气校验。在“PCB 规则及约束编辑器”的规则列表栏中单击“Electrical”项，会列表展开所有的电气设计规则，安全间距规则设置如图 6-20 所示，共包含了 4 个子规则，图中选中的是安全间距规则 Clearance。

（1）Clearance（安全间距规则）

安全间距规则用于设置 PCB 上不同网络的导线、焊盘、过孔及覆铜等导电图形之间的最小间距。通常情况下安全间距越大越好，但是太大的安全间距会造成电路布局不够紧凑，增加 PCB 的尺寸，提高制板成本。

用鼠标左键单击图中的“Clearance”规则，系统默认一个名称为“Clearance”的子规则，单击该规则名称，编辑区右侧区域将显示该规则的属性设置信息，如图 6-20 所示。

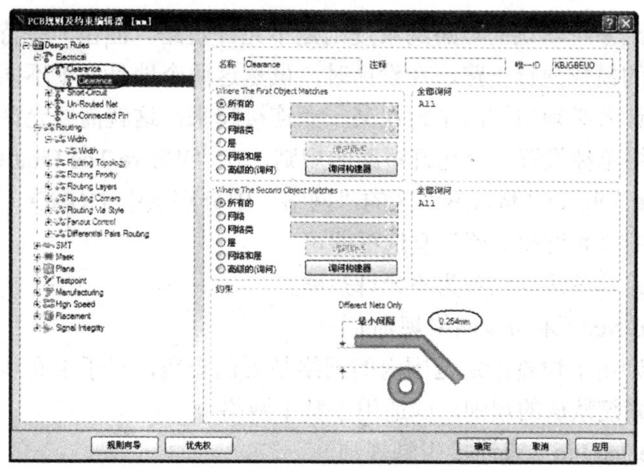

图 6-20　安全间距规则设置

图中系统默认的安全间距为 0.254mm（10mil），用户可以根据实际需要自行设置安全间距，安全间距通常设置为 0.254～0.508mm（10～20mil）。

在“Where The First Object Matches”（第一个匹配对象的位置）区中，可以设置规则适用的对象范围：“所有的”，包括所有的网络和工作层；“网络”，可在其后的下拉列表框中选择适用的网络；“网络类”，可在其后的下拉列表框中选择适用的网络类；“层”，可在其后的下拉列表框中选择适用的工作层；“网络和层”，可在其后的下拉列表框中选择适用的网络和工作层。

设定安全间距一般依赖于布线经验，最小间距的设置会影响到印制导线走向，用户应根据实际情况调节。在板的密度不高的情况下，最小间距可设置大一些。

（2）Short-Circuit（短路约束规则）

短路约束规则用于设置 PCB 上的导线等对象是否允许短路。单击图 6-20 中的“Short-Circuit”规则，系统默认一个名称为“Short Circuit”的子规则，单击该规则名称，编辑区右侧区域将显示该规则的属性设置信息，短路约束规则设置如图 6-21 所示。

图 6-21　短路约束规则设置

从图中可以看出系统默认的短路约束规则是不允许短路。但在一些特殊的电路中，如带有模拟地和数字地的模数混合电路，在设计时，虽然这两个地是属于不同网络的，但在电路设计完成之前，设计者必须将这两个地在某一点连接起来，这就需要允许短路存在。为此可以针对两个地线网络单独设置一个允许短路的规则，在“Where The First Object Matches”和“Where The Second Object Matches”区的“网络”中分别选中 DGND（数字地）和 AGND（模拟地），然后选中“允许短电流”复选框即可。

一般情况下短路约束规则设置为不允许短路。

（3）Un-Routed Net（未布线网络规则）

未布线网络规则用于检查指定范围内的网络是否已布线，对于未布线的网络，使其仍保持飞线。一般使用系统默认的规则，即适用于整个网络。

（4）Un-Connected Pin（未连接引脚规则）

未连接引脚规则用于检查指定范围内的元器件封装引脚是否均已连接到网络，对于未连接的引脚给予警告提示，显示为高亮状态，系统默认状态为不使用该规则。

由于系统设置了自动 DRC 检查，当出现违反上述规则的情况时，违反规则的对象将高亮显示。

2．布线设计规则（Routing）

在“PCB 规则及约束编辑器”的规则列表栏中单击“Routing”项，系统列表展开所有的布线设计规则，主要的子规则说明如下。

（1）Width（导线宽度限制规则）

导线宽度限制规则用于设置自动布线时印制导线的宽度范围，可以定义最小宽度（Min Width）、最大宽度（Max Width）和首选尺寸（Preferred Width），单击宽度栏并键入数值即可对其进行设置，线宽限制规则设置如图 6-22 所示。

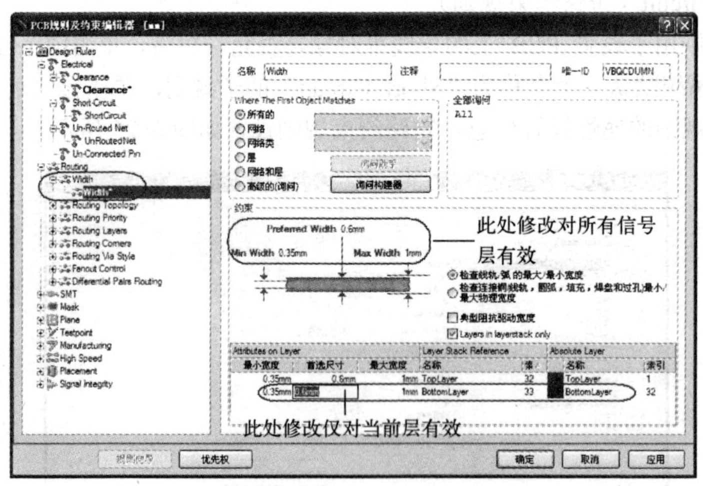

图 6-22　线宽限制规则设置

图中的“Where The First Object Matches”（第一个匹配对象的位置）区中可以设置规则适用的范围；“约束”区用于设置布线线宽的大小范围，该区的设置对全部信号层有效；“Attributes on Layer”区用于设置当前指定层的线宽。

在实际应用中，通常会针对不同的网络设置不同的线宽限制规则，特别是电源和地线网络的线宽，此时可以建立新的线宽限制规则。下面以新增线宽为 1.2mm 的 GND 网络限制规则为例介绍设置方法。

用鼠标右键单击“Width”子规则，系统将自动弹出一个菜单，如图 6-23 所示，选中“新规则”子菜单，系统将自动增加一个线宽限制规则“Width_1”，选中规则“Width_1”，在“Where The First Object Matches”区中选中“网络”前的复选框，在其后的下拉列表框中选中网络“GND”，在“约束”区设置 Min Width、Max Width 和 Preferred Width 均为 1.2mm，参数设置完毕单击“应用”按钮确认设置，设置地线线宽限制规则如图 6-24 所示。

图 6-23　新建规则

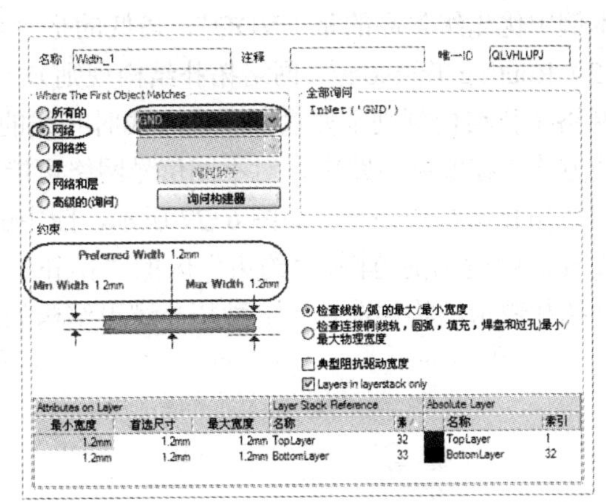

图 6-24　设置地线线宽限制规则

若要删除规则，可用鼠标右键单击要删除的规则，选择子菜单“删除规则”将该规则删除。

一个电路中可以针对不同的网络设定不同的线宽限制规则，对于电源和地设置的线宽一般较粗，图 6-25 所示为某电路的布线线宽限制规则，其中 GND 的线宽为 1.2mm，VCC 的线宽为 1mm，其他信号线的线宽为最小 0.35mm、首选 0.6mm、最大 1mm。

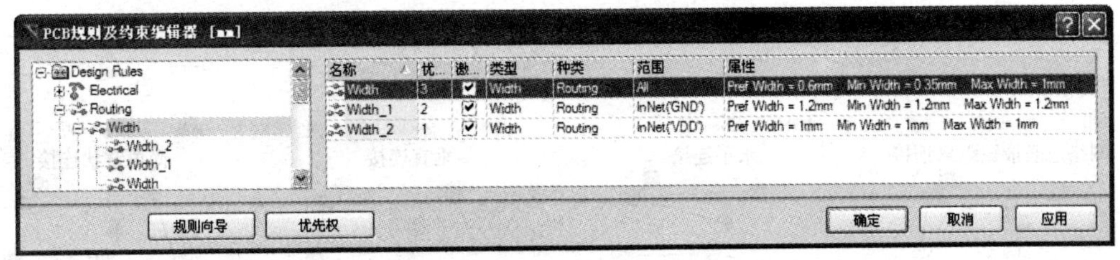

图 6-25　某电路的布线线宽限制规则

由于设置了多个不同的线宽限制规则，必须设定它们的优先级，以保证布线的正常进行。单击图 6-25 中左下角“优先权”按钮，屏幕弹出“编辑规则优先权”菜单，设计规则的优先级设置如图 6-26 所示。

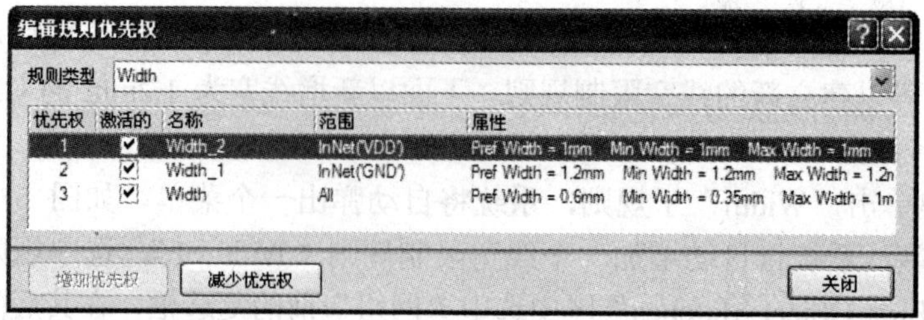

图 6-26　设计规则的优先级设置

选中规则，单击“增加优先级”或“减小优先级”按钮可以改变线宽限制规则的优先级，本例中优先级最高的是“VDD”，最低的是“All”。

（2）Routing Topology（网络拓扑结构规则）

网络拓扑结构规则主要设置自动布线时布线的拓扑结构，它决定了同一网络内各节点间的走线方式。在实际电路中，对不同信号网络可能需要采用不同的布线方式。

网络拓扑结构规则设置如图 6-27 所示，图中的“Where The First Object Matches”区中可以设置规则适用的范围，“约束”区的“拓扑”下拉列表框用于设置拓扑逻辑结构，一共有 7 种拓扑逻辑结构供选择，七种拓扑逻辑结构如图 6-28 所示。

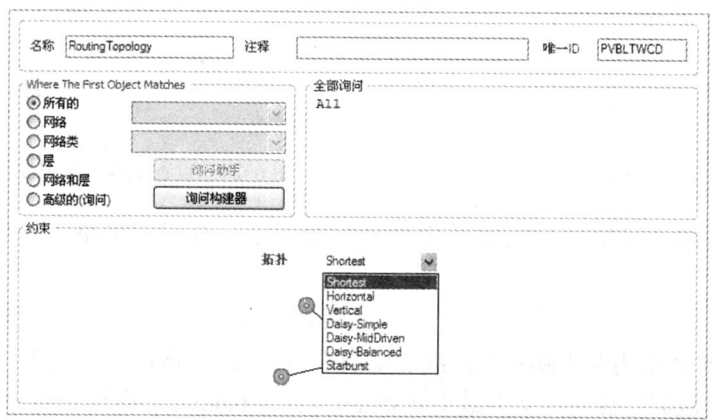

图 6-27　网络拓扑结构规则设置

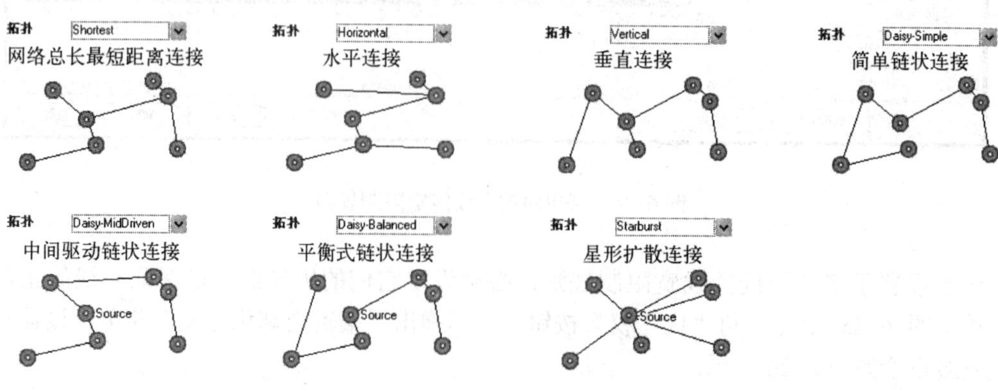

图 6-28　七种拓扑逻辑结构

系统默认的布线拓扑结构规则为“Shortest”（最短距离连接）。

（3）Routing Priority（布线优先级）

布线优先级规则用于设置某个对象的布线优先级，在自动布线过程中，具有较高布线优先级的网络会被优先布线，布线优先级设置如图 6-29 所示。

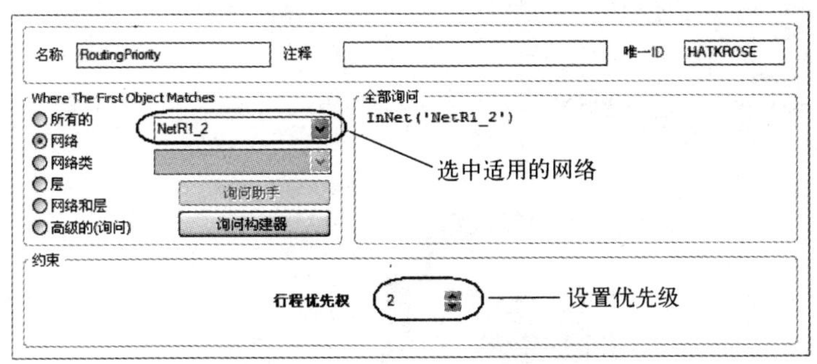

图 6-29　布线优先级设置

优先级别可以是 0～100 之间的数字，数值越大，优先级越高。

（4）Routing Layers（布线层规则）

布线层规则主要用于规定自动布线时所使用的工作层面，系统默认采用双面布线，即选中顶层（Top Layer）和底层（Bottom Layer），布线层设置如图 6-30 所示。

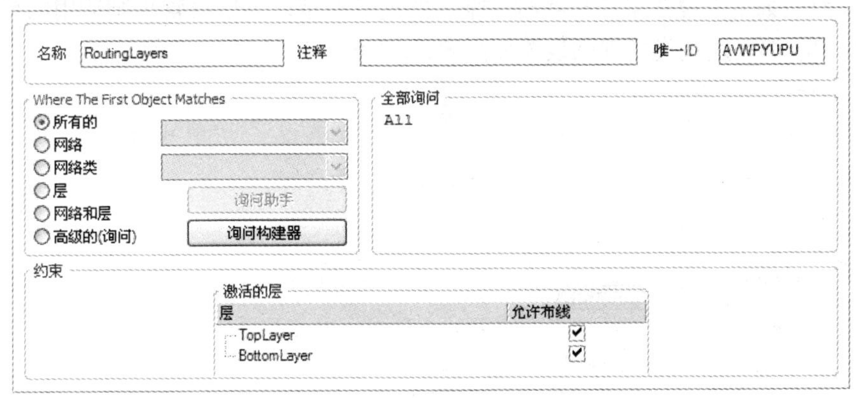

图 6-30　布线层设置

如果要设置成单面布线，则在图 6-30 中只选中 Bottom Layer 作为布线板层，这样所有的印制导线都只能在底层进行布线。

（5）Routing Corners（布线转角规则）

布线转角规则主要是在自动布线时规定印制导线拐弯的方式，布线转角规则设置如图 6-31 所示。

在“约束”区内的“类型”下拉列表框用于选择导线拐弯的方式，有 3 种拐弯方式供选择，即 45° 拐弯、90° 拐弯和圆弧拐弯（Rounded）。

“退步”选项用于设置导线最小拐角，如果是 90° 拐弯，没有此项；如果是 45° 拐弯，表示拐角的高度；如果是圆弧拐角，则表示圆弧的半径。

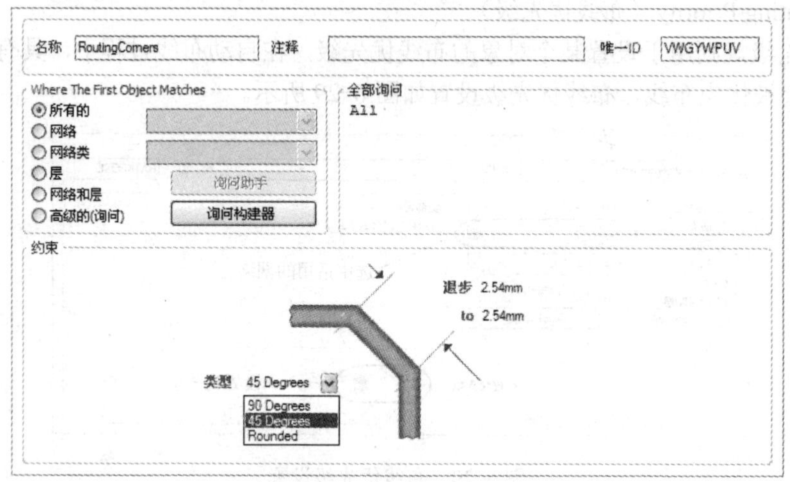

图 6-31　布线转角规则设置

“to”选项用于设置导线最大拐角。

默认情况下，规则适用于全部对象。

（6）Routing Via Style（过孔类型规则）

过孔类型规则用于设置自动布线时所采用的过孔类型，可以设置规则适用的范围和过孔直径和孔径大小等，过孔类型规则设置如图 6-32 所示。

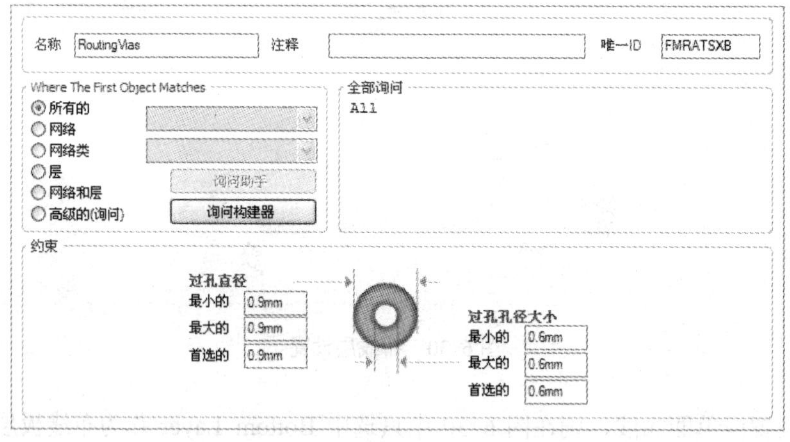

图 6-32　过孔类型规则设置

过孔在设计双面以上的板中使用，设计单面板时无需设置过孔类型规则。

3．本例中自动布线规则设置

本例中的布线规则设置内容如下。

安全间距规则设置：全部对象为 0.254mm。短路约束规则：不允许短路。布线转角规则：45°。导线宽度限制规则：最小为 0.35mm，最大为 1mm，首选为 0.6mm。布线层规则：选中 Bottom Layer 和 Top Layer 进行双面布线。过孔类型规则：过孔直径为 0.9mm，过孔孔径为 0.6mm。其他规则选择默认。

6.1.8 自动布线

布线规则设置完毕，就可以利用 Altium Designer Summer 09 提供的自动布线功能进行自动布线。

在 PCB 编辑器中，执行菜单“自动布线”→“全部”，屏幕弹出“Situs 布线策略”对话框，如图 6-33 所示。

1. 查看已设置的布线设计规则

图 6-33 中的“布线设置报告”区中显示的是当前已设置的布线设计规则，用鼠标拖动该区右侧的拖动条可以查看布线设计规则，若要修改规则，可单击下方的“编辑规则”按钮，屏幕弹出“PCB 规则及约束编辑器”对话框，可在其中修改设计规则。

2. 设置布线层的走线方式

单击图 6-33 中的“编辑层走线方向”按钮，屏幕弹出图 6-34 所示的“层说明”对话框，可以设置布线层的走线方向，系统默认为双面布线，顶层走水平线，底层走垂直线。

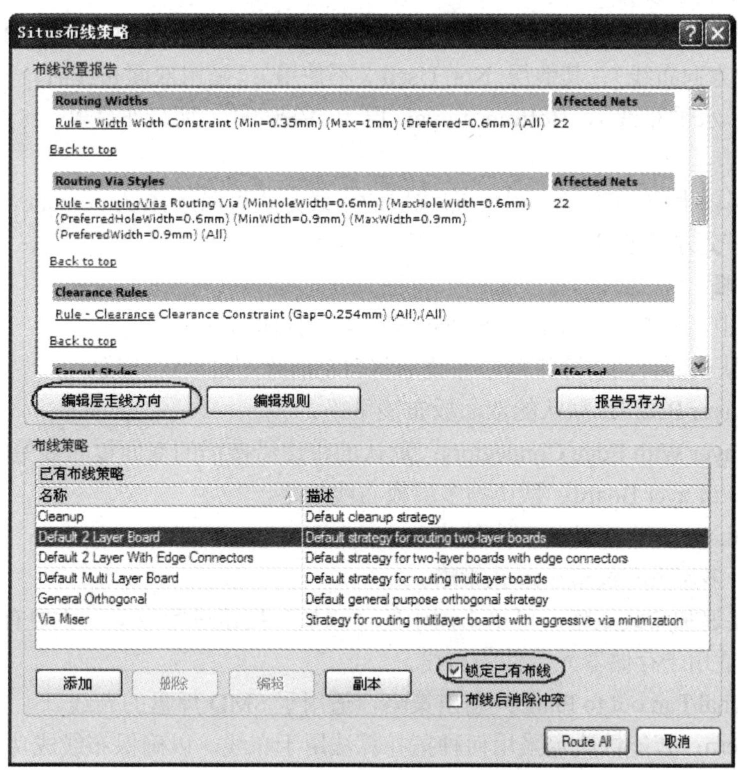

图 6-33 “Situs 布线策略”对话框

单击“当前设定”区下的“Horizontal”，屏幕出现下拉列表框，可以选择布线层的走线方式，如图 6-35 所示。

图 6-34 “层说明”对话框

图 6-35 选择布线层的走线方式

图 6-35 中下拉列表框中内容说明如下。

Not Used：不使用本层　　Horizontal：本层水平布线

Vertical：本层垂直布线　　Any：本层任意方向布线

1～5 O″ Clock：1～5 点钟方向布线　　45 Up：向上 45° 方向布线

45 Down：向下 45° 方向布线　　Fan Out：散开方式布线

Automatic：自动设置

布线时应根据实际要求设置布线层的走线方式，如采用单面布线，设置 Bottom Layer 为 Any（底层任意方向布线）、其他层 Not Used（不使用）；采用双面布线时，设置 Top Layer 为 Horizontal（水平布线），Bottom Layer 层为 Vertical（垂直布线），其他层 Not Used（不使用）。

一般在两层以上的 PCB 布线中，布线层的走线方式可以选择 Automatic，系统会自动设置相邻层采用正交方式走线。

3．布线策略

在图 6-33 中，系统自动设置了 6 个布线策略，具体如下。

Cleanup：默认的自动清除策略，布线后将自动清除不必要的连线。

Default 2 Layer Board：默认的双面板布线策略。

Default 2 Layer With Edge Connectors：默认的带边沿接插的双面板布线策略。

Default Multi Layer Board：默认的多层板布线策略。

General Orthogonal：默认的正交策略。

Via Miser：多层板布线最少过孔策略。

用户如果要追加布线策略，可单击图中的“添加”按钮进行设置，主要有以下几项。

Memory：适用于存储器元器件的布线。

Fan Out Signal/Fan out to Plane：扇出策略，适用于 SMD 焊盘的布线。

Layers Pattern：智能性决定采用何种拓扑算法用于布线，以确保布线成功率。

Main/Completion：采用推挤布线方式。

用户可以根据需要自行添加布线策略，在实际自动布线时，为了确保布线的成功率，可以多次调整布线策略，以达到最佳效果。

4．锁定预布线

为了保留前面进行的预布线，在自动布线之前应选中图 6-33 中的“锁定已有布线”前的复选框锁定预布线。

5．自动布线

单击图 6-33 中的“Route All”按钮对整个电路板进行自动布线，系统弹出“Messages”窗口显示当前布线进程，自动布线信息如图 6-36 所示。

Messages

Class	Document	Source	Message	Time	Date	N..
Routin...	电动车报...	Situs	33 of 34 connections routed (97.06%) in 2 ...	20:20:38	2015-10...	11
Situs E...	电动车报...	Situs	Completed Main in 2 Seconds	20:20:38	2015-10...	12
Situs E...	电动车报...	Situs	Starting Completion	20:20:38	2015-10...	13
Situs E...	电动车报...	Situs	Completed Completion in 0 Seconds	20:20:38	2015-10...	14
Situs E...	电动车报...	Situs	Starting Straighten	20:20:38	2015-10...	15
Situs E...	电动车报...	Situs	Completed Straighten in 0 Seconds	20:20:38	2015-10...	16
Routin...	电动车报...	Situs	34 of 34 connections routed (100.00%) in 2...	20:20:38	2015-10...	17
Situs E...	电动车报...	Situs	Routing finished with 0 contentions(s). Fail...	20:20:38	2015-10...	18

图 6-36　自动布线信息

一般自动布线的效果不能完全满足用户的要求，用户可以先观察布线中存在的问题，然后撤销布线，调整元器件栅格，适当微调元器件的位置，再次进行自动布线，直到达到比较满意的效果。

6.1.9　PCB 布线手工调整

Altium Designer Summer 09 自动布线的布通率较高，但由于自动布线采用拓扑规则，有些地方不可避免会出现一些较机械的布线方式，影响了电路板的性能。

1．观察窗口的使用

自动布线完毕需检查布线的效果，放大工作区后可以在工作区左侧的监视器中拖动观察窗来查看局部电路，以便于找到问题进行修改，通过观察窗口查看局部 PCB 如图 6-37 所示。

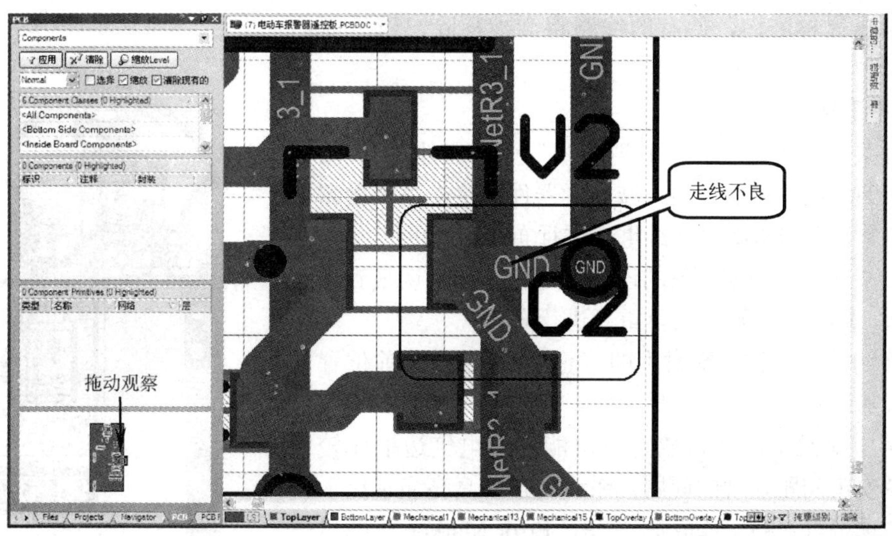

图 6-37　通过观察窗口查看局部 PCB

一般为保证观察时的准确性，把 PCB 放大显示效果更好。

2．拆除布线

调整布线常常需要拆除以前的布线，PCB 编辑器中提供有自动拆线功能和撤销功能，当用户对自动布线的结果不满意时，可以使用该工具拆除电路板图上的铜膜线而只剩下网络飞线。

（1）撤销操作

PCB 编辑器中提供有撤销功能，撤销的次数可以设置。单击主工具栏图标，可以撤销本次操作。撤销操作的次数可以执行菜单“工具”→“优先选项”，在“General”选项卡的“别的”区的“撤销重做”栏中设置，系统默认为 30 次。

通过撤销操作，用户可以根据布线的实际情况考虑是否保留当前的内容，如果要恢复前次的操作，可以单击主工具栏图标。

（2）自动拆线

该功能可以拆除自动布线后的铜膜线，将布线后的铜膜线恢复为网络飞线，这样便于用户进行调整，它是自动布线的逆过程。自动拆线的菜单命令在“工具”→“取消布线”的子菜单中，主要如下。

全部：拆除电路板图上所有的铜膜线。

网络：拆除指定网络的铜膜线。

联接：拆除指定的两个焊盘之间的铜膜线。

器件：拆除指定元器件所有焊盘所连接的铜膜线。

Room：拆除指定 Room 空间内元器件连接的铜膜线。

3．环路移除布线

在自动布线结束后，常有部分连线不够理想，若连线较长，全部删除后重新布线比较麻烦，此时可以采用 Altium Designer Summer 09 提供的环路移除布线功能，对线路进行局部调整。

进入交互式布线状态，选择要重新布线的两个点，单击鼠标左键重新进行布线，布线结束单击鼠标右键，原有的线路将会被移除，留下新的线路。

4．手工布线调整

执行菜单“工具”→“取消布线”→“器件”，拆除需要调整的元器件上的连线；减小元器件网格，适当微调元器件位置，并对拆除的连线重新进行布线。

对于某些只要局部调整的连线，可将工作层切换到连线所在层，删除对应连线后再重新进行布设。

在连线过程中按小键盘上的〈*〉键可以在当前位置上自动添加过孔，并切换到另一层。

本例中编码器的焊盘放置时可能会离电气边框比较近，出现安全间距违规的问题，系统将自动高亮显示提示违规，此项可以忽略，或取消“DRC Error Markers”的显示状态。

手工调整后的 PCB 如图 6-38 所示。

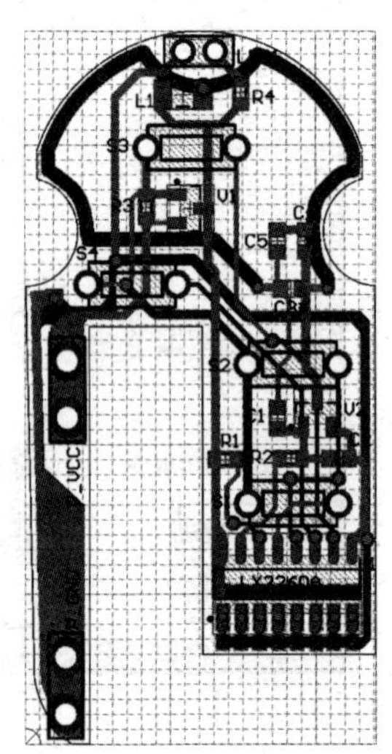

图 6-38　手工布线调整后的 PCB

6.1.10 泪滴的使用

所谓泪滴，就是在印制导线与焊盘或过孔相连时，为了增强连接的牢固性，在连接处逐渐加大印制导线宽度。采用泪珠滴后，印制导线在接近焊盘或过孔时，线宽逐渐放大，形状就像一个泪滴，泪滴如图 6-39 所示。

添加泪滴时要求焊盘要比线宽大，一般在印制导线比较细时可以添加泪滴。

设置泪滴的步骤如下。

1）选取要设置泪滴的焊盘或过孔。

2）执行菜单“工具”→“泪滴”，屏幕弹出“泪滴选项”对话框，如图 6-40 所示，具体设置如下。

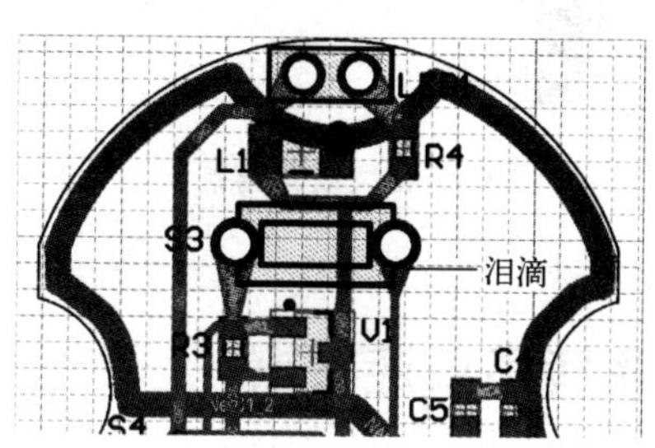

图 6-39　泪滴

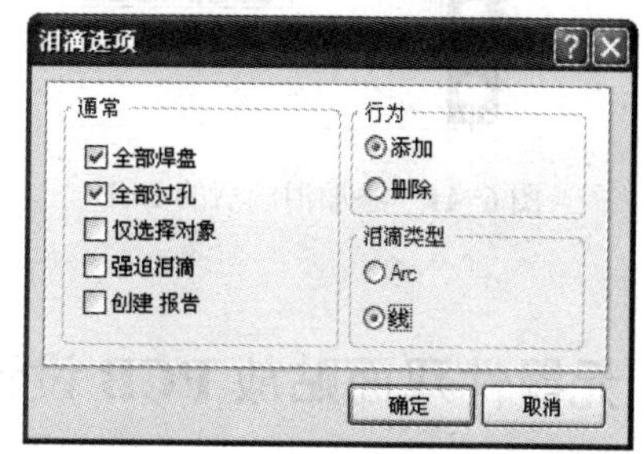

图 6-40 “泪滴选项”对话框

“通常”区：用于设置泪滴作用的范围，有“全部焊盘”“全部过孔”“仅选择对象”“强迫泪滴”及“创建报告”5 个选项，根据需要单击各选项前的复选框，则该选项被选中。

“行为”区：用于选择添加泪滴或删除泪滴。

“泪滴类型”区：用于设置泪滴的式样，可选择“ARC”（圆弧形）或“线”（导线型）。

本例中选中“全部焊盘”和“全部过孔”复选框，选中“添加”和“线”，参数设置完毕，单击“确定”按钮，系统自动添加泪滴，添加泪滴后的 PCB 如图 6-41 所示。

6.1.11 露铜设置

铜箔露铜一般是为了在过锡时能上锡，增大铜箔厚度，增大带电流的能力，通常应用于电流比较大的场合。

本例中针对印制电感设置露铜，主要是为了过锡从而改变其电感量。

选中要设置为露铜的印制电感，将其复制并粘贴到同样位置，用鼠标双击该圆弧线，将其工作层设置为底层阻焊层（Bottom Solder）完成露铜设置，这样在制板时该区域不会覆盖阻焊漆，而是露出铜箔，设置露铜如图 6-42 所示。

至此电动车报警器遥控板 PCB 设计完毕。

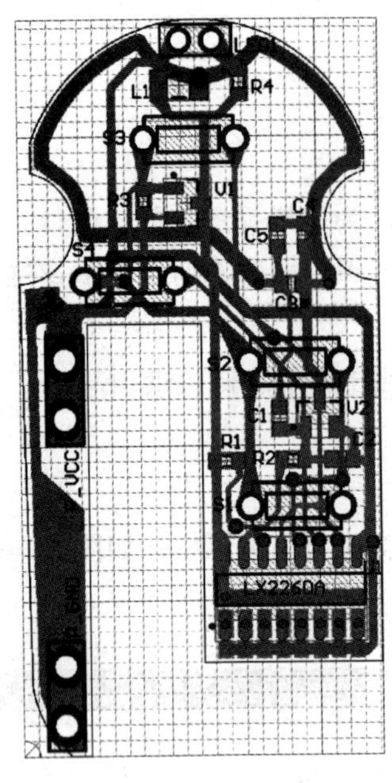

图 6-41　添加泪滴后的 PCB

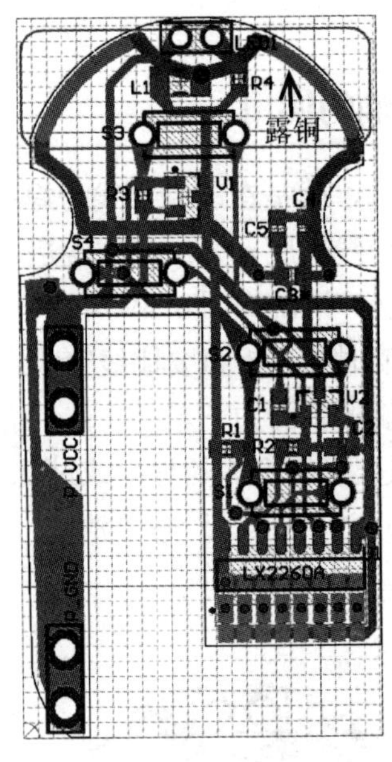

图 6-42　设置露铜

6.2　元器件双面贴放 PCB 设计——USB 转串口连接器

本节通过 USB 转串口连接器介绍元器件双面贴放 PCB 的设计方法，掌握贴片元器件的使用及元器件双面贴放的方法。

6.2.1　产品介绍

USB 转串口连接器用于 MCU 与 PC 进行通信，采用专用接口转换芯片 PL-2303HX，该芯片提供一个 RS-232 全双工异步串行通信装置与 USB 接口进行联接。

USB 转串口连接器实物样图如图 6-43 所示，USB 转串口连接器电路原理图如图 6-44 所示，PL-2303HX 将从其 DM、DP 端接收到的数据，经过内部处理后，从 TXD、RDX 端按照串行通信的格式传输出去。图中 P1 为串行数据输出接口，采用 4 芯杜邦连接线对外连接；J1 为用户板供电选择，将 U1 的 4 脚 VDD_325 接 5V，模块为用户板提供 5V 供电，接 3.3V 则模块为用户板提供 3.3V 供电；VD1～VD3 为 3 个 LED，分别为 POWER LED、RXD LED 和 TXD LED；Y1、C1、C2 为 U1 外接的晶振电路；USB 为 USB 接口，从 D−、D+传输数据；C3～C6 为滤波电容，其中 C3 为 VCC5V 滤波，C4 和 C5 为 VCC3.3V 滤波，C6 为 VCC 滤波。

图 6-43　USB 转串口连接器实物样图

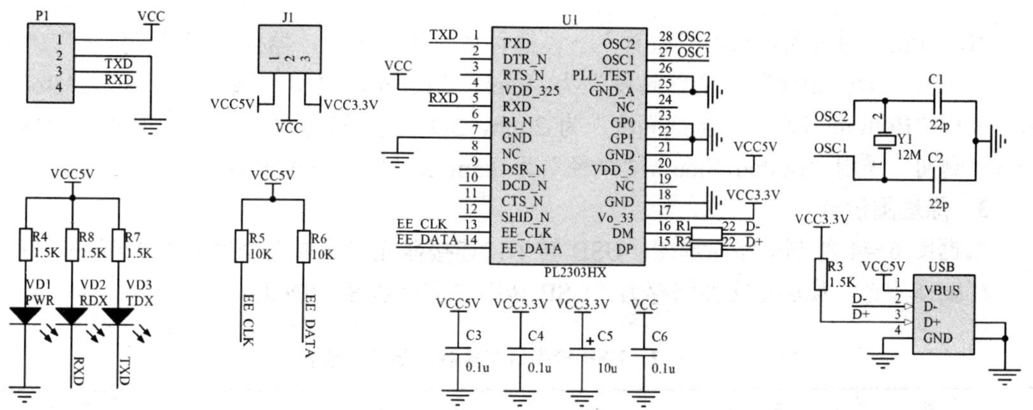

图 6-44　USB 转串口连接器电路原理图

6.2.2　设计前准备

1．绘制原理图元器件

电路中的接口转换芯片 PL2303HX 在元器件库中没有，需自行设计，其封装设置为 SSOP28_L，元器件外形及引脚功能参见图 6-44。

2．元器件封装设计

1）12M 晶振的封装，封装名 XTAL12M，晶振实物图及封装图图形如图 6-45 所示。焊盘中心间距为 200mil，焊盘尺寸为 60mil，圆弧半径为 60mil。3D 模型执行菜单“工具”→“Manage 3D Bodies for Current Component”直接生成。

图 6-45　晶振实物图及封装图

2）沉板式贴片 USB 接口的封装，封装名为 USB，沉板式贴片 USB 接口实物图及封装图如图 6-46 所示。它有 4 个贴片引脚，两个外壳屏蔽固定脚，另有两个突起用于固定，设计封装时 4 个贴片引脚采用贴片式焊盘，两个外壳固定脚采用通孔式焊盘，两个突起对应处设置为 1mm 的定位孔。其外框尺寸为 16mm×12mm；贴片焊盘 X-尺寸为 2.5mm、Y-尺寸为 1.2mm、层为 Top Layer、孔径为 0mm；通孔式焊盘 X-尺寸为 3.8mm、Y-尺寸为 3mm、孔径为 2.3mm；定位孔 X-尺寸为 1mm 、Y-尺寸为 1mm、孔径为 1mm；贴片焊盘 1 边上打上小圆点，用于指示其为焊盘 1，焊盘 1、2 及焊盘 3、4 中心间距为 2.5mm，焊盘 2、3 中心间距为 2mm；通孔焊盘 5、6 中心间距为 12mm；定位孔中心间距为 4mm。

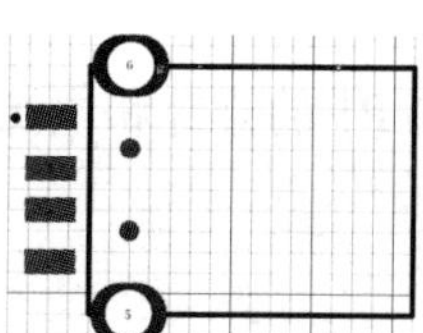

图 6-46　沉板式贴片 USB 接口实物图及封装图

3D 封装图通过执行菜单“放置”→“器件体”进行设计，器件体选择“挤压”，“Body 侧面”采用“Top Side”，“全部高度”为 4mm；侧边固定用引脚选择“挤压”，“Body 侧面”采用“Bottom Side”，“全部高度”为 2mm，3D 颜色设置为黄色；定位孔选择“球体”，“Body 侧面”采用“Bottom Side”，“半径”为 0.5mm，3D 颜色设置为黄色。

3．原理图设计

根据图 6-44 绘制电路原理图，USB 转串口连接器元器件参数表如表 6-2 所示，设计完毕进行编译检查，最后将文件保存为“USB 转串口连接器.SCHDOC”。

表 6-2　USB 转串口连接器元器件参数表

元器件类别	元器件标号	库元器件名	元器件所在库	元器件封装
贴片电解电容	C5	Cap Pol2	Miscellaneous Devices.IntLib	CAPC3216L
贴片电容	C1～C4、C6	Cap	Miscellaneous Devices.IntLib	CAPC1608L
贴片电阻	R1～R8	Res2	Miscellaneous Devices.IntLib	RESC1608L
贴片发光二极管	VD1～VD3	LED2	Miscellaneous Devices.IntLib	CD2012-0805
晶振	X1	XTAL	Miscellaneous Devices.IntLib	XTAL12M（自制）
集成块	U1	PL2303HX	自制	SSOP28_L
3 脚排针跳线	J1	Header 3	Miscellaneous Connectors.IntLib	HDR1X3
4 脚侧排针	P1	Header 4	Miscellaneous Connectors.IntLib	HDR1X4H
USB 接口	USB	1-1470156-1	AMP Serial Bus USB.IntLib	USB（自制）

6.2.3　设计 PCB 时考虑的因素

该电路采用双面板设计，元器件双面贴放，设计时考虑的主要因素如下。

1）PCB 采用矩形双面板，尺寸为 48mm×17mm。

2）在 PCB 的 USB 接口附近放置两个直径为 3.5mm，孔径为 2mm 的焊盘作为螺钉孔，并将网络设置为 GND。

3）将串口连接和 USB 接口分别置于 PCB 的两边，其外围元器件置于顶层。

4）芯片置于板的中央，晶振靠近连接的 IC 引脚放置，振荡回路就近放置在晶振边上。

5）发光二极管置于顶层便于观察状态，VD1 的限流电阻就近置于顶层，VD2、VD3 的限流电阻就近置于底层。

6）电源跳线 J1 置于板的边缘，便于操作。

7）电源滤波电容就近放置在芯片电源附近，元器件置于底层。

8）地线不用单独连接，采用多点接地法，在顶层和底层都铺设接地覆铜。

9）本电路工作电流较小，线宽可以细一些，电源网络采用 0.381mm，其余采用 0.254mm。

10）为便于连接，在顶层丝网层为串口连接端 P1 的排针和电源跳线 J1 设置文字说明。

6.2.4　从原理图加载网络表和元器件到 PCB

1．规划 PCB

新建 PCB，并将该 PCB 文件保存为“USB 转串口连接器.PCBDOC”；设置单位制为

Metric；设置可视网格 1、2 分别为 1mm 和 10mm；捕获网格 X、Y，器件网格 X、Y 均为 0.5mm，并将可视网格 1（Visible Grid1）设置为显示状态；设置坐标原点为显示状态。

在 Keep out Layer 上定义 PCB 的电气轮廓，尺寸为 48mm×17mm；在板的左侧距板的短边为 10mm、长边为 3mm 处上下放置两个直径为 3.5mm、孔径为 2mm 的焊盘作为螺钉孔。

2．从原理图加载网络表和元器件到 PCB

本例的封装在 Miscellaneous Devices.IntLib、Chip Diode-2 Contacts.PcbLib、Miscellaneous Connectors.IntLib、AMP Serial Bus USB.IntLib、Maxim Communication Transceiver.IntLib 及自制封装库 PCBLIB1.PCBLIB 中，将它们设置为当前库。

打开设计好的原理图文件“USB 转串口连接器.SCHDOC”，执行菜单“设计”→“Update PCB Document USB 转串口连接器.PCBDOC”，加载网络表和元器件封装，当无原则性错误后，单击“执行更改”按钮，将元器件封装和网络表添加到 PCB 编辑器中。

将 Room 空间移动到电气边框内，执行菜单“工具”→“器件布局”→“按照 Room 排列”，移动光标至 Room 空间内单击鼠标左键，元器件将自动按类型排列在 Room 空间内，单击鼠标右键结束操作。

6.2.5　PCB 双面布局

本例中元器件采用双面布局，小贴片元器件 R5～R8、C1～C6 放置在底层（Bottom Layer），其余元器件放置在顶层（Top Layer）。

1．底层元器件设置

在 Altium Designer Summer 09 中系统默认元器件放置在顶层，本例中部分元器件放置在底层，需进行相应的设置。

用鼠标双击要放置在底层的元器件（如 R5），屏幕弹出“元件”对话框，设置底层元器件如图 6-47 所示，单击“元件属性”区“层”后面的下拉列表框，选择 Bottom Layer，单击“确定”按钮将元器件层设置为底层。设置后贴片元器件的焊盘变换为底层，元器件的丝网自动变换为底层丝网层（Bottom Overlay）。

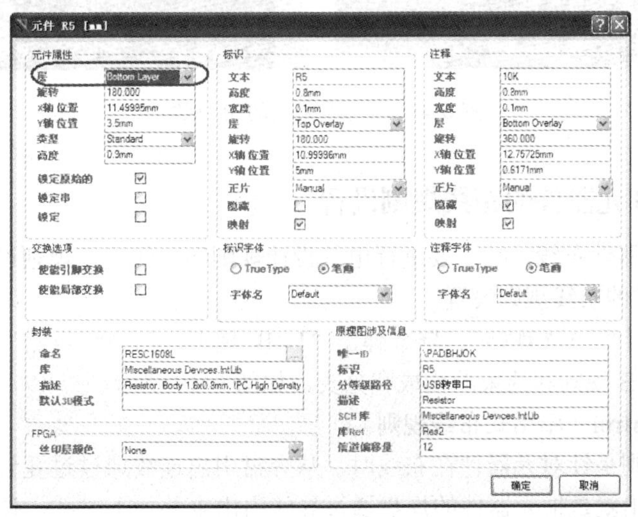

图 6-47　设置底层元器件

本例中将小贴片元器件 R5～R8、C1～C6 设置为底层放置。

2．设置底层丝网的显示状态

元器件设置为底层放置后若看不见底层的丝网，需执行菜单“设计”→“板层颜色”，屏幕弹出“视图配置”对话框，在“丝印层”区选中“Bottom Overlay”后的“展示”复选框，单击“确定”按钮完成设置。

设置后屏幕上将显示底层元器件的丝网。

3．设置 PCB 形状

执行菜单“设计”→“板子形状”→“重新定义板子外形”，沿着电气轮廓定义 48mm×17mm 的长方形 PCB。

4．元器件布局

参考前述的设计前考虑的因素进行手工布局，通过移动元器件、旋转元器件等方法合理调整元器件的位置，减少网络飞线的交叉。

经过调整后的 PCB 布局图如图 6-48 所示，图中底层丝网与顶层丝网是镜像关系。

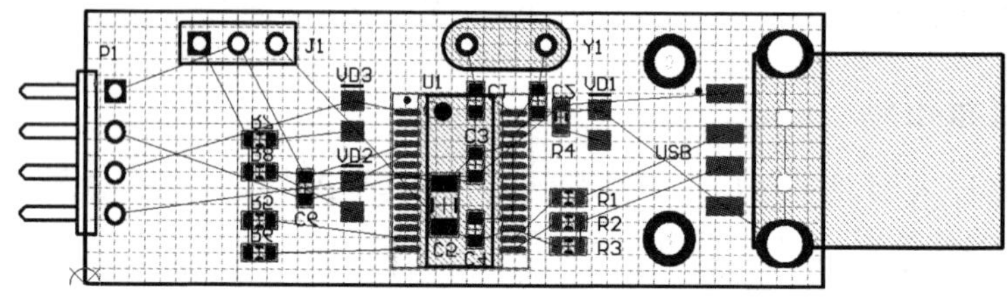

图 6-48　PCB 布局图

5．3D 显示布局视图

布局调整结束后，执行菜单“查看”→“切换到 3 维显示”，显示元器件布局的 3D 视图，观察元器件布局是否合理。手工布局后的 3D 视图如图 6-49 所示。

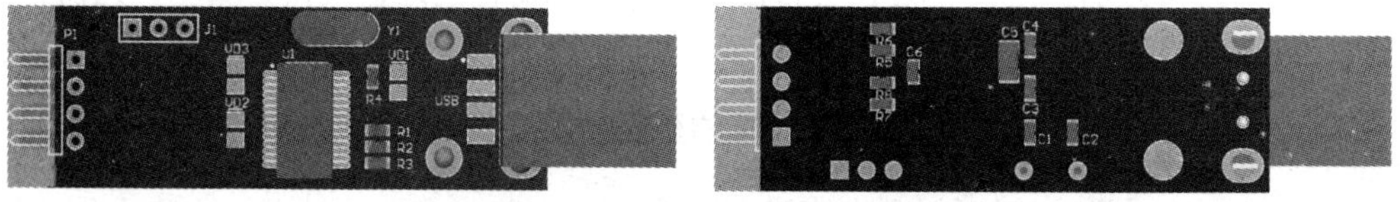

图 6-49　手工布局后的 3D 视图

6.2.6　有关 SMD 元器件的布线规则设置

对于 SMD 元器件布线，除了要进行电气设计规则和布线设计规则设置外，一般还需进行有关 SMD 元器件的布线规则设置。

执行菜单“设计”→“规则”，屏幕弹出“PCB 规则及约束编辑器”对话框，左边的树形列表中列出了 PCB 规则和约束的构成和分支，如图 6-19 所示。

1．Fanout Control（扇出式布线规则）

扇出式布线规则是针对元器件在布线时，从焊盘引出连线通过过孔到其他层的约束。从布线的角度看，扇出就是把元器件的焊盘通过导线引出来并加上过孔，使其可以在其他层面上继续布线。

单击“PCB 规则及约束编辑器”的规则列表栏中的“Routing”项，系统展开所有的布线设计规则列表，选中其中的“Fanout Control”(扇出式布线规则)，默认状态下包含5个子规则，分别针对 BGA 类元器件、LCC 类元器件、SOIC 类元器件、Small 类元器件和 Deafault（默认）设置，可以设置扇出的风格和扇出的方向，一般选用默认设置。本例中的元器件属于 Small 类元器件。

2．SMT 元器件布线设计规则

SMT 元器件布线设计规则是针对贴片元器件布线设置的规则，主要包括 3 个子规则，选中图 6-19 所示的“PCB 规则及约束编辑器”的规则列表栏中的“SMT”项，可以设置 SMT 子规则，系统默认为未设置规则。

（1）SMD To Corner（SMD 焊盘与拐角处最小间距限制规则）

此规则用于设置 SMD 焊盘与导线拐角的最小间距大小。在“PCB 规则和约束编辑器”对话框中单击“SMT“项打开子规则，用鼠标右键单击“SMD To Corner”子规则，系统弹出一个子菜单，选中“新规则”，系统建立“SMD To Corner”子规则，单击该规则名称，编辑区右侧区域将显示该规则的属性设置信息，设置 SMD 焊盘与拐角处最小间距如图 6-50 所示。

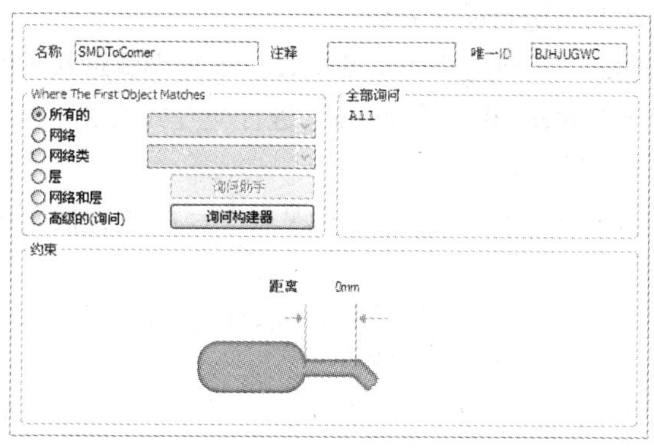

图 6-50　设置 SMD 焊盘与拐角处最小间距

图中的“Where The First Object Matches”区中可以设置规则适用的范围，“约束”区中的“距离”用于设置 SMD 焊盘到导线拐角的最小间距。

（2）SMD To Plane（SMD 焊盘与电源层过孔间的最小长度规则）

此规则用于设置 SMD 焊盘与电源层中过孔间的最短布线长度。

用鼠标右键单击“SMD To Plane”子规则，系统弹出一个子菜单，选中“新规则”，系统建立“SMD To Plane”子规则，单击该规则名称，编辑区右侧区域将显示该规则的属性设置信息，在“Where The First Object Matches”区中可以设置规则适用的范围，在“约束”区中的“距离”可以设置最短布线长度。

（3）SMD Neck-Down Constraint（SMD 焊盘与导线的比例规则）

此规则用于设置 SMD 焊盘在连接导线处的焊盘宽度与导线宽度的比例，可定义一个百分比，设置比例规则如图 6-51 所示。

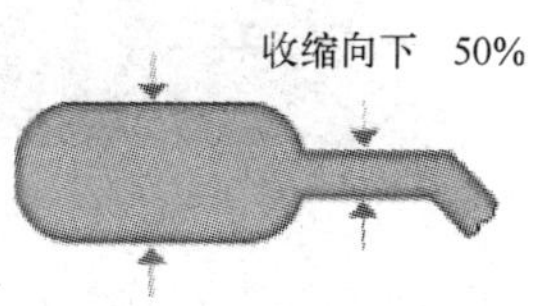

图 6-51　设置比例规则

在“Where The First Object Matches”区中可以设置规则适用的

范围，在“约束”区中的“收缩向下”可以设置焊盘宽度与导线宽度的比例，如果导线的宽度太大，超出设置的比例值，视为冲突，不予布线。

所有规则设置完毕，单击下方的“应用”按钮确认规则设置，单击“确定”按钮退出设置状态。

规则设置也可以单击图 6-19 下方的“规则向导”按钮，根据屏幕提示进行设置。

6.2.7 PCB 手工布线

本例中元器件较少，采用手工方式进行布线。

1．布线规则设置

执行菜单“设计”→“规则”，屏幕弹出 “PCB 规则及约束编辑器”对话框，进行布线规则设置，具体内容如下。

安全间距规则设置：全部对象为 0.127mm。短路约束规则：不允许短路。布线转角规则：45°。导线宽度限制规则：设置 4 个，VCC、VCC5、VCC3.3 网络均为 0.381mm，全板为 0.254mm，优先级依次减小。布线层规则：选中 Bottom Layer 和 Top Layer 进行双面布线。过孔类型规则：过孔尺寸为 0.9mm，过孔直径为 0.6mm。其他规则选择默认。

2．对除 GND 以外的网络进行手工布线

本例中采用多点接地法，在顶层和底层都铺设接地覆铜就近接地。

执行菜单“放置”→“Interactive Routing”进行交互式布线，根据网络飞线进行连线，线路连通后，该线上的飞线将消失。

在布线时，如果连线无法准确连接到对应焊盘上，可减少捕获网格尺寸和器件网格尺寸，并可进行元器件微调。

布线过程中单击小键盘上的〈*〉键可以自动放置过孔，并切换工作层。

布线完毕微调元器件丝网至合适的位置。

手工布线后的 PCB 双面布线图如图 6-52 所示，顶层和底层 3D 布线图如图 6-53 所示，从图中可以看出除了“GND”网络外，其余网络均已布线。

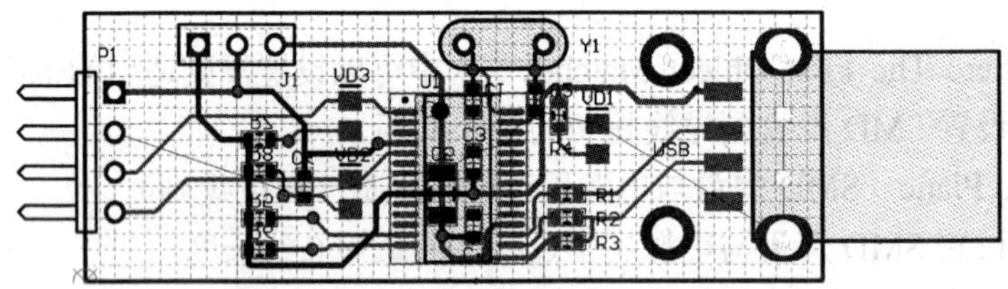

图 6-52　手工布线后的 PCB 双面布线图

图 6-53　顶层和底层 3D 布线图

3．设置说明文字

为了便于 USB 转串口连接器对外连接，对关键的部位放置说明文字，放置的方法为在顶层丝网层放置字符串。本例中对串口连接端 P1 的引脚和电源跳线 J1 和发光二极管设置说明文字，放置说明文字后的 PCB 如图 6-54 所示。

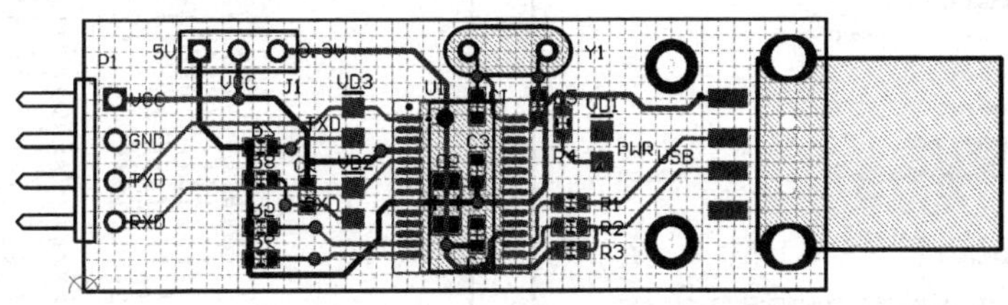

图 6-54　放置说明文字后的 PCB

4．接地覆铜设置

放置接地覆铜即可实现就近接地，也可提高抗扰能力。本例中进行双面接地覆铜，在放置覆铜前，将两个螺钉孔焊盘的网络设置为 GND。

执行菜单“设计”→“规则”，设置覆铜与焊盘之间的连接采用直接连接方式。

执行菜单“放置”→“多边形敷铜”，系统弹出“多边形敷铜”对话框，设置连接网络为“GND”，设置完毕，单击“确定”按钮完成覆铜属性设置，单击鼠标左键放置矩形覆铜，放置完毕单击鼠标右键退出。

本例中在顶层和底层都放置接地覆铜，由于安全间距的原因，可能出现个别引脚无法接地的问题，可微调元器件位置和连线，或观察两面接地覆铜的位置，通过过孔连接两层的接地覆铜以完成连线。

设置覆铜后的顶层和底层 PCB 如图 6-55 所示，至此 USB 转串口连接器 PCB 设计完毕。

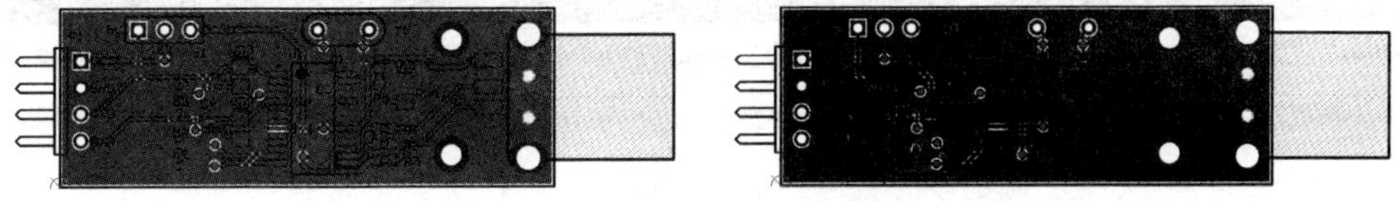

图 6-55　设置覆铜后的顶层和底层 PCB

6.2.8　设计规则检测

布线结束后，用户可以使用设计规则检测功能对布好线的 PCB 进行检查，确定布线是否正确、是否符合已设定的设计规则要求。

执行菜单“工具”→“设计规则检测”，屏幕弹出 “设计规则检测”对话框，如图 6-56 所示。该对话框主要由两个窗口组成，左边窗口主要由“Report Options”（报告内容设置）和“Rules To Check”（检测规则设置）两项内容组成，选中前者则右边窗口中显示 DRC 报告的内容，可自行勾选；选中后者则右边窗口显示检测的规则（在进行自动布线时已经进行设置），有“在线”和“批量”两种方式供选，检查种类设置如图 6-57 所示。

图 6-56 “设计规则检测”对话框

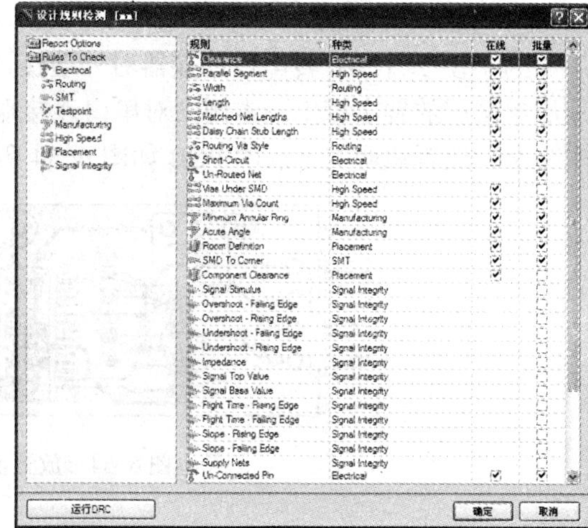

图 6-57 检测种类设置

若选中“在线”的规则，系统将进行实时检查，在放置和移动对象时，系统自动根据规则进行检测，一旦发现违规将高亮度显示违规内容。

各项规则设置完毕，单击“运行 DRC”按钮进行检测，系统将弹出“Message”窗口，如果 PCB 有违反规则的问题，将在窗口中显示错误信息，并在 PCB 上高亮显示违规的对象，系统同时打开一个页面，显示规则信息，违规则报告如图 6-58 所示，如存在违规的问题，用户可以根据违规信息对 PCB 进行修改。

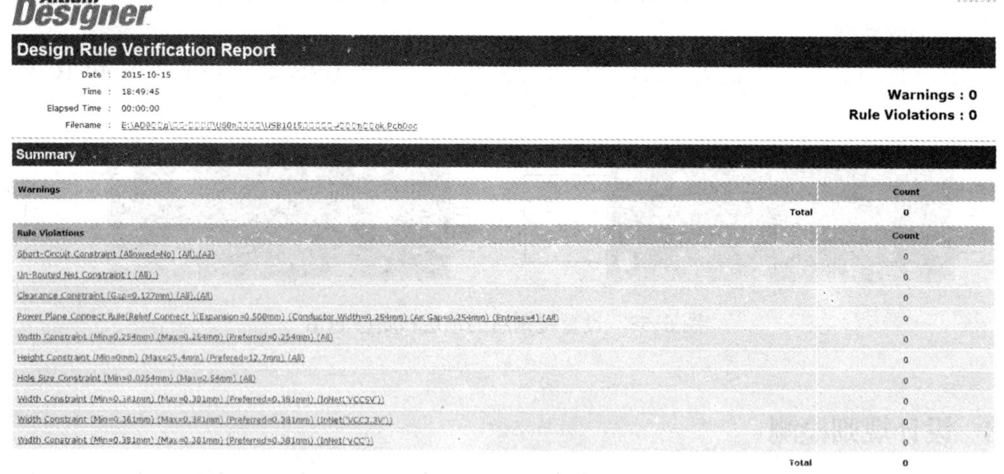
Altium Designer

Design Rule Verification Report

Date : 2015-10-15
Time : 18:49:45
Elapsed Time : 00:00:00
Filename : E:\AD[illegible]\USB1015[illegible]ok.PcbDoc

Warnings : 0
Rule Violations : 0

Summary

Warnings	Count
Total	0

Rule Violations	Count
Short-Circuit Constraint (Allowed=No) (All),(All)	0
Un-Routed Net Constraint ((All))	0
Clearance Constraint (Gap=0.127mm) (All),(All)	0
Power Plane Connect Rule(Relief Connect)(Expansion=0.508mm) (Conductor Width=0.254mm) (Air Gap=0.254mm) (Entries=4) (All)	0
Width Constraint (Min=0.254mm) (Max=0.254mm) (Preferred=0.254mm) (All)	0
Height Constraint (Min=0mm) (Max=25.4mm) (Prefered=12.7mm) (All)	0
Hole Size Constraint (Min=0.0254mm) (Max=2.54mm) (All)	0
Width Constraint (Min=0.381mm) (Max=0.381mm) (Preferred=0.381mm) (InNet('VCC5V'))	0
Width Constraint (Min=0.381mm) (Max=0.381mm) (Preferred=0.381mm) (InNet('VCC3.3V'))	0
Width Constraint (Min=0.381mm) (Max=0.381mm) (Preferred=0.381mm) (InNet('VCC'))	0
Total	0

图 6-58 违规报告

本例中无违规的地方，所以违规报告中的违规数都为 0。

6.3 印制板输出

PCB 设计完成，一般需要输出 PCB 图，以便进行人工检查和校对，同时也可以生成相关文档保存或制板。Altium Designer Summer 09 即可打印输出一张完整的混合 PCB 图，也可以将各个层面单独打印输出用于制板。

1．打印页面设置

执行菜单“文件”→“页面设计”，系统弹出图 6-59 所示的“打印页面”设置对话框。

图 6-59 “打印页面”设置对话框

图中“打印纸”区用于设置纸张尺寸和打印方向；“缩放比例”区用于设置打印比例；在“缩放模式”下拉列表框中选择“Fit Document On Page”按打印纸大小打印，选择“Scaled Print”则可以在“缩放”栏中设置打印比例；“颜色设置”区用于设置输出颜色。

一般打印检查图时，可以设置“缩放模式”为“Fit Document On Page”，“颜色设置”设置为“灰色”，这样可以将 PCB 按图样大小打印，并便于分辨不同的工作层。

在打印用于 PCB 制板的图样时，“缩放模式”应选择“Scaled Print”，并将“缩放”设置为“1”，“颜色设置”设置为“单色”，这样打印出来的图样可以用于热转印制板。

2．检查图输出

单击图 6-59 中的“高级选项”按钮，屏幕弹出“打印层面”设置对话框，如图 6-60 所示。

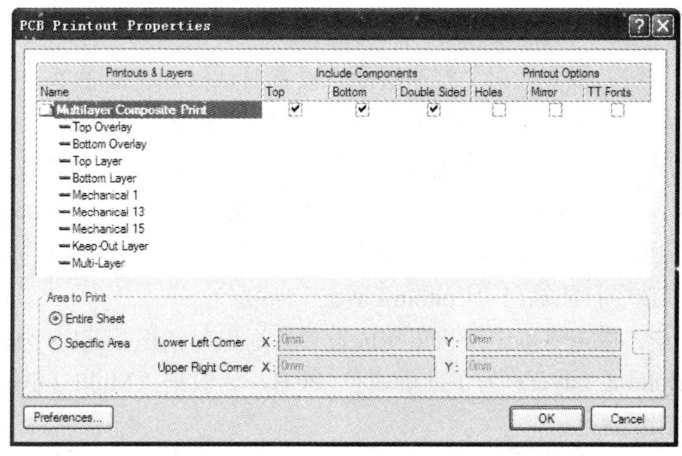

图 6-60 “打印层面”设置对话框

图中系统自动形成一个默认的混合图输出，包括顶层（Top Layer）、底层（Bottom Layer）、顶层丝印层（Top Overlay）、底层丝印层（Bottom Overlay）、机械层（Mechanical1）、禁止布线层（Keep-Out Layer）及焊盘层（Multi Layer）等。

一般制板时不需要输出机械层，可将该层删除。用鼠标右键单击图 6-60 中的工作层 Mechanical1，屏幕弹出如图 6-61 所示的“打印输出”设置快捷菜单，选中“删除”子菜单，将工作层 Mechanical1 删除，删除完毕，单击“OK”按钮完成设置。

在输出图样时还可以选择是否显示焊盘和过孔的孔，如果要显示孔，将图 6-60 中的“Printout Options”（打印输出选项）中的“Holes”（孔）下方的复选框选中即可。

如果制板时采用人工钻孔，一般将“Holes”设置为选中状态，这样便于钻孔时定位。

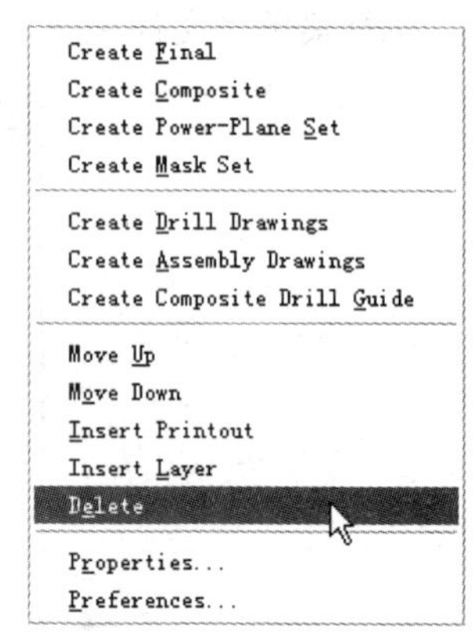

图 6-61 “打印输出”设置菜单

参数设置完毕，执行菜单“文件”→“打印预览”可以预览检查图，执行菜单“文件”→“打印”可以输出检查图。

图 6-62 所示为不显示孔的检查图，图 6-63 所示为显示孔的检查图。

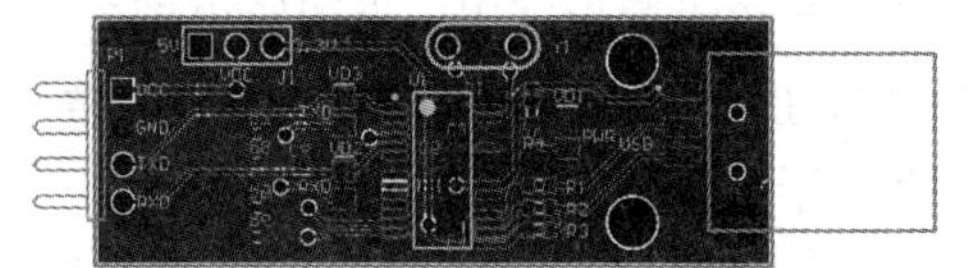

图 6-62 不显示孔的检查图

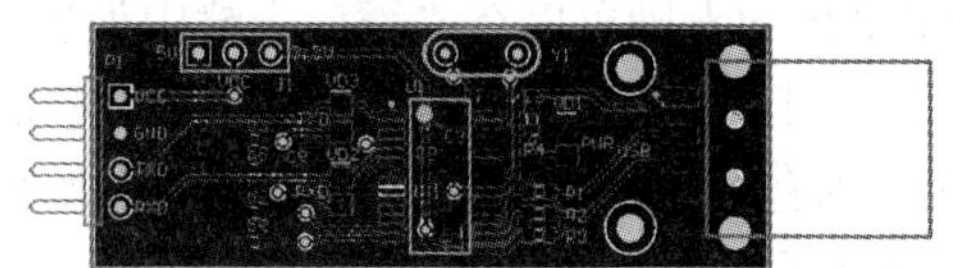

图 6-63 显示孔的检查图

3. 单面板制板图输出设置

单面板进行制板时只需要输出底层（Bottom Layer），可以通过建立新打印输出图的方式进行。

执行菜单“文件”→“页面设计”，系统弹出图 6-59 所示的“打印页面”设置对话框，单击“高级选项”按钮，屏幕弹出“打印层面”设置对话框，在图中单击鼠标右键，屏幕弹出图 6-61 所示的“打印输出”设置菜单，选中其中的“Insert Printout”（插入打印输出）子菜单建立新的输出层面，系统自动建立一个名为“New Printout 1”的输出层设置，新建打印输出图如图 6-64 所示，默认的输出层为空，用鼠标右键单击“New Printout 1”，屏幕弹出“打印输出”设置菜单，选中“Insert Layer”（插入层），屏幕弹出“层工具”对话框，如图 6-65 所示，图中选中打印输出“Bottom Layer”（底层）。

输出层选择完毕，单击“确定”按钮完成设置并退出对话框，此时“New Printout 1”的输出层即设置为 Bottom Layer。为了准确定位 PCB，一般把“Multi Layer”和“Keep-Out Layer”也设置为输出层。

参数设置完毕，执行菜单“文件”→“打印预览”可以预览底层输出图，执行菜单“文件”→“打印”输出底层图，用于单面板制板。

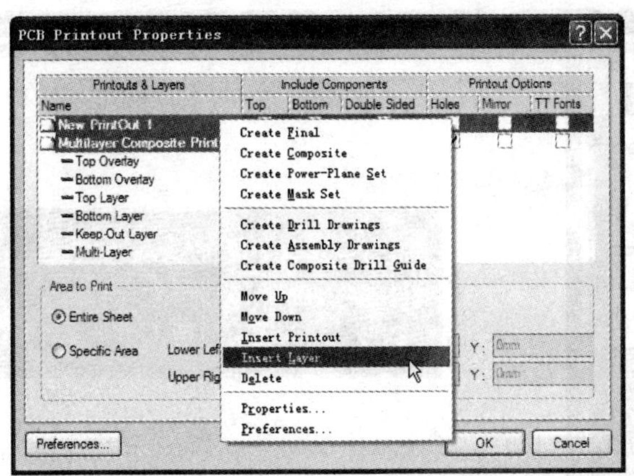

图 6-64　新建打印输出图

4．双面板制板图输出设置

双面制板图的输出与单面板相似，但需要建立两个新的输出层面，一个用于底层输出，与单面板设置相同；另一个用于顶层输出，输出层面为“Top Layer”，设置方式与前面相同，但必须选中图 6-60 中“Mirror”（镜像）下方的复选框，输出镜像图样。采用同样方法把“Multi Layer”和“Keep-Out Layer”也设置为输出层。

图 6-65　“层工具”对话框

参数设置完毕，执行菜单“文件”→“打印预览”预览输出图，执行菜单“文件”→“打印”，分别输出顶层图和底层图，用于双面板制板，注意此时顶层图必须是镜像的。

5．打印预览及输出

打印预览可以观察输出图纸设置是否正确，执行菜单“文件”→“打印预览”或单击图 6-59 中的“预览”按钮，屏幕产生一个预览文件，打印效果预览如图 6-66 所示。

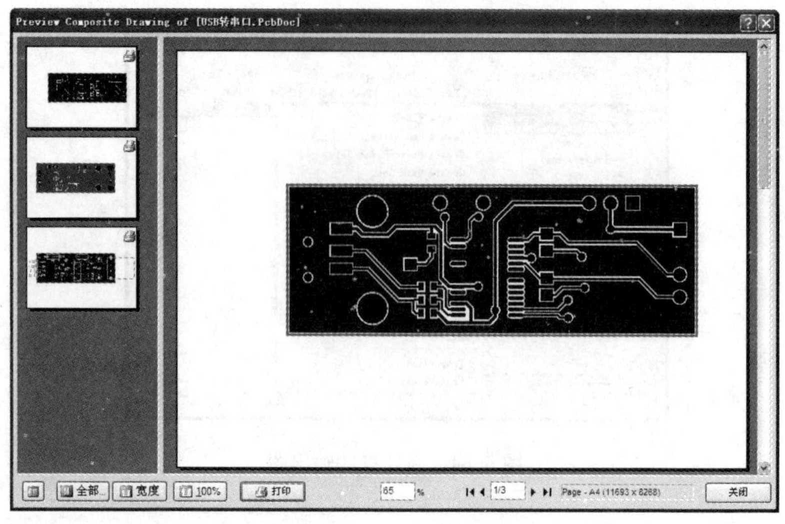

图 6-66　打印效果预览

图中 PCB 预览窗口中显示输出的 PCB 图，由于前面设置了 3 张输出图，所以预览图中为 3 张输出图。

若对预览效果满意，可以单击图中的“打印”按钮，打印输出预览的 PCB 图。

一般情况下，在 PCB 制作时只需向生产厂家提供设计文档即可，具体的制造文件由制板厂家生成，如有特殊要求，用户必须做好说明。

6.4　实训

6.4.1　实训 1　双面 PCB 设计

1．实训目的

1）掌握双面 PCB 布局布线的基本原则。

2）掌握 PCB 自动布局、自动布线规则的设置。

3）掌握预布局、预布线的方法。

4）掌握印制电感的设计方法。

5）掌握露铜的使用。

6）掌握泪滴的使用。

2．实训内容

1）事先准备好图 6-2 所示的电动车报警器遥控板原理图文件，并熟悉电路原理。

2）进入 PCB 编辑器，新建 PCB“遥控板.PCBDOC”，新建元器件库“PcbLib1.PcBLib”，参考图 6-3～图 6-5 设计 LED、按键开关和电池弹片的封装。

3）载入 Miscellaneous Device.IntLIB、IPC-7352 SOT23_L.PcbLib 和自制的 PcbLib1．PcBLib 元器件库。

4）编辑原理图文件，根据表 6-1 重新设置好元器件的封装。

5）设置单位制为公制；设置可视网格 1、2 分别为 1mm 和 10mm；捕获网格 X、Y，器件网格 X、Y 均为 0.5mm。

6）参考图 6-7 规划 PCB 电气轮廓，在 Mechanical1 层定位发光二极管、按键和电池弹片的位置。

7）打开电动车报警器遥控板原理图文件，执行菜单“设计”→“Update PCB Document 遥控板.PCBDOC”加载网络表和元器件封装，根据提示信息修改错误。

8）执行菜单“工具”→“器件布局”→“自动布局”进行元器件自动布局，并根据布局原则参考图 6-11 进行手工布局调整，减少飞线交叉，注意将发光二极管、按键和电池弹片放置到指定位置并设置为锁定状态。

9）执行菜单“设计”→“规则”，设置布线规则如下。安全间距规则设置：全部对象为 0.254mm。短路约束规则：不允许短路。布线转角规则：45°。导线宽度限制规则：最小为 0.35mm，最大为 1mm，优选为 0.6mm。布线层规则：选中 Bottom Layer 和 Top Layer 进行双面布线。过孔类型规则：过孔尺寸为 0.9mm，过孔直径为 0.6mm。其他规则选择默认。

10）参考图 6-15～图 6-17 分别对印制电感、顶层电源和地及底层电源和地进行预布线。

11）参考图 6-18 在底层放置贴片焊盘设计编码开关并进行预布线。

12）执行菜单“自动布线”→“全部”，选中“锁定已有布线”复选框，单击“Route All”按钮对整个电路板进行自动布线，并参考图 6-38 进行手工布线调整。

13）参考图 6-41 为所有焊盘和过孔添加导线型泪滴。

14）参考图 6-42 为印制电感设置底层露铜。

15）保存文件。

16）执行菜单“文件”→“打印预览”，预览 PCB。

3．思考题

1）露铜有何作用？如何设置底层露铜？

2）如何设置元器件布线规则？

6.4.2 实训 2 元器件双面贴放 PCB 设计

1．实训目的

1）进一步熟悉贴片元器件。

2）掌握贴片元器件的双面贴放方法。

3）进一步熟悉自动布局、自动布线规则的设置。

2．实训内容

1）事先准备好图 6-44 所示的“USB 转串口连接器”原理图文件，并熟悉电路原理。

2）进入 PCB 编辑器，新建 PCB“USB 转串口连接器.PCBDOC”，新建元器件库“PcbLib1.PcBLib”，参考图 6-45 和图 6-46 设计晶振和 USB 接口封装和 3D 模型。

3）载入 Miscellaneous Devices.IntLib、Maxim Communication Transceiver.IntLib、Chip Diode - 2 Contacts.PcbLib、Miscellaneous Connectors.IntLib、AMP Serial Bus USB.IntLib 及自制封装库 PCBLIB1.PCBLIB 元器件库。

4）编辑原理图文件，根据表 6-2 重新设置好元器件的封装。

5）设置单位制为公制；设置可视网格 1、2 为 1mm 和 10mm；捕获网格 X、Y，器件网格 X、Y 均为 0.5mm。

6）规划 PCB，定义电气轮廓为 48mm×17mm。执行菜单“设计”→“板子形状”→“重新定义板子外形”，沿着电气轮廓定义为 48mm × 17mm 的长方形 PCB。

7）打开 USB 转串口连接器原理图文件，执行菜单“设计”→“Update PCB DocumentUSB 转串口连接器 PCBDOC”加载网络表和元器件封装，根据提示信息修改错误。

8）执行菜单“工具”→“器件布局”→“按照 Room 排列”进行元器件布局。

9）底层元器件设置，修改小贴片元器件 R5～R8、C1～C6 的“元件属性”，将其设置为底层放置，设置后贴片元器件的焊盘变换为底层（Bottom Layer），元器件的丝网变换为底层丝网层（Bottom Overlay）。

10）执行菜单“设计”→“板层颜色”，设置“Bottom Overlay”为显示状态，显示底层元器件的丝网。

11）元器件手工布局调整。根据布局原则参考图 6-48 进行手工布局调整，减少飞线交叉。

12）执行菜单“查看”→“切换到 3 维显示”，显示元器件布局的 3D 视图，观察元器件布局是否合理并进行调整。

13）执行菜单“设计”→“规则”，设置布线规则如下。安全间距规则设置：全部对象为 0.127mm。短路约束规则：不允许短路。布线转角规则：45°。导线宽度限制规则：设置 4 个，VCC、VCC5、VCC3.3 网络均为 0.381mm，全板为 0.254mm，优先级依次减小。布线层规则：选中 Bottom Layer 和 Top Layer 进行双面布线。过孔类型规则：过孔尺寸为 0.9mm，过孔直径为 0.6mm。其他规则选择默认。

14）对除 GND 以外的网络进行手工布线。执行菜单“放置”→“Interactive Routing”，参考图 6-52 和图 6-53 进行交互式布线，布线完毕微调元器件丝网至合适的位置。

15）将两个螺钉孔焊盘的网络设置为 GND，执行菜单“放置”→“覆铜”，参考图 6-55 在顶层和底层分别放置接地覆铜。

16）参考图 6-54，在顶层丝网层对串口连接端 P1 的引脚和电源跳线 J1 和发光二极管设置说明文字。

17）保存文件。

3．思考题

1）如何修改底层放置的元器件？

2）如何进行元器件微调？

3）如何在同一种设计规则下设定多个限制规则并定义优先级？

6.5 习题

1．简述印制板自动布线的流程。

2．如何进行元器件自动布局？

3．为什么在自动布线前要锁定预布线？如何锁定预布线？

4．如何设置线宽限制规则？

5．如何设置有关 SMD 的设计规则？

6．如何在同一种设计规则下设定多个限制规则？

7．如何在电路中添加泪滴？

8．如何设置底层放置的贴片元器件？

9．如何打印输出检查图？

10．如何设置打印输出时显示焊盘孔？

11．如何打印输出双面 PCB？

12．设计图 6-67 所示的流水灯电路原理图，采用双面 PCB 设计。

设计要求：采用个圆形 PCB，PCB 的机械轮廓半径为 51mm，电气轮廓为 50mm，禁止布线层距离板边沿为 1mm；注意电源插座和复位按钮的位置，并放置三个固定安装孔；三端稳压块靠近电源插座，采用卧式放置，为提高散热效果，在顶层对应散热片的位置预留大面积露铜；晶振靠近连接的 IC 引脚放置，采用对层屏蔽法，在顶层放置接地覆铜进行屏蔽；由于 16 个发光二极管采用圆形排列，采用预布局的方式，通过阵列式粘贴，先放置 16 个发光二极管，再载入其他元器件；地线网络线宽为 0.75mm，电源网络线宽为 0.65mm，其他网络线宽为 0.5mm。

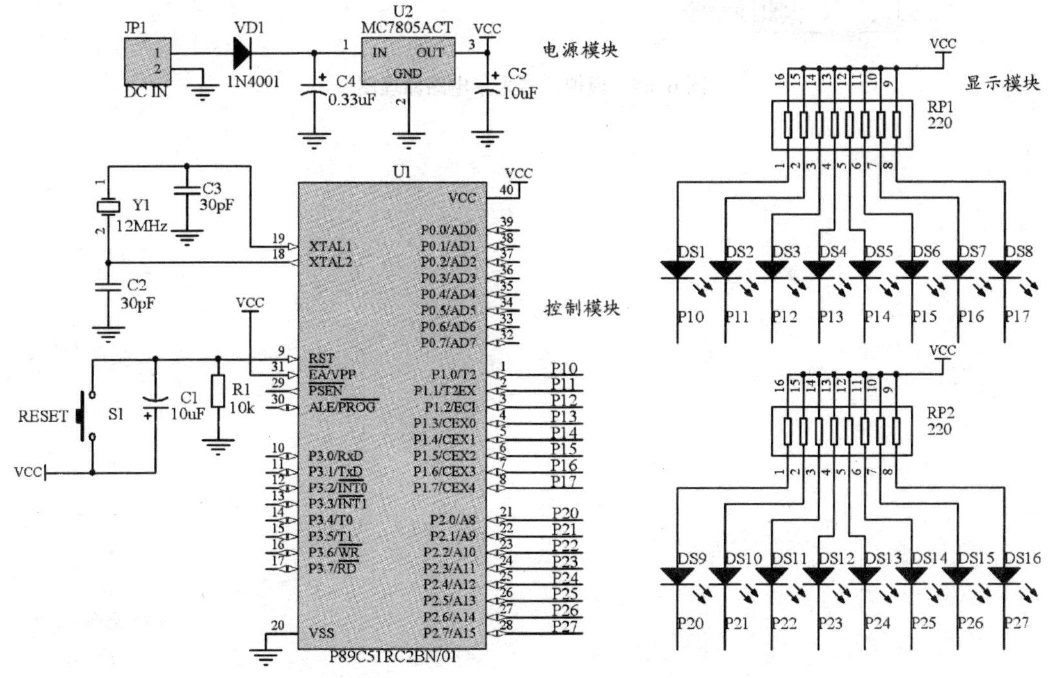

图 6-67　流水灯电路原理图

13．根据图 6-68 设计模拟信号采集电路原理图。

设计要求：印制板的尺寸设置为 4340mil×2500mil；模拟元器件和数字元器件分开布置；注意模地和数地的分离；电源插座 J1 和模拟信号输入端插座 J2 放置在印制板的左侧；电源连线宽度采用 25mil，地线采用 30mil，其余线宽采用 15mil；在印制板的四周设置 3mm

的螺钉孔；设计完毕添加接地覆铜。

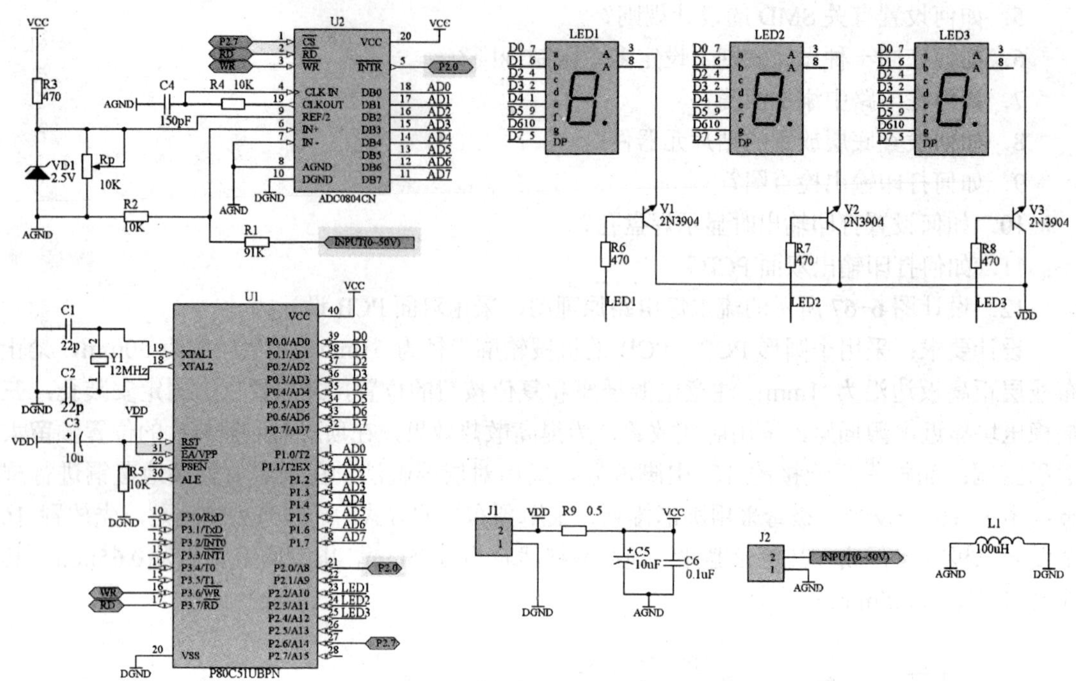

图 6-68 模拟信号采集电路原理图

第7章　有源音箱产品设计

通过前面的几个实际产品的PCB解剖，用户已经熟悉了Altium Designer Summer 09软件的基本操作，掌握了元器件设计的方法，PCB设计中布局和布线的基本原则，对PCB设计有了较全面的理解。

本章通过一个自主设计的产品——有源音箱的设计与制作，初步掌握电子产品开发的基本方法，进一步熟悉PCB设计的方法。本项目给定产品外壳、指定芯片，用户通过查找芯片资料，改进并设计有源音箱电路，根据给定的外壳规划和设计PCB，最终完成有源音箱制作与调试。

电子产品开发的基本流程如图7-1所示。

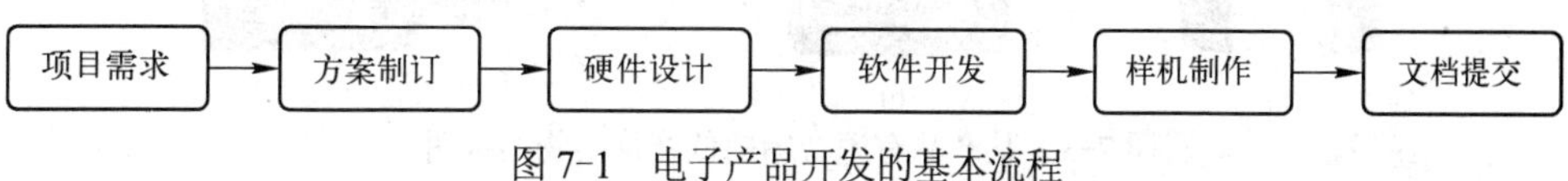

图7-1　电子产品开发的基本流程

在电子产品开发中，项目需求主要由客户提出功能需求；方案制定主要完成技术指标制定、开发进程安排、经费预算、产品成本估算等工作；硬件设计主要完成电路设计、PCB设计等；软件开发主要完成相应的应用程序开发；样机制作主要完成PCB焊接、程序下载、样机调试等；文档提交主要完成提交电路原理图、PCB图、元器件清单和软硬件技术资料等。

有源音箱产品设计建议采用分组形式进行，每组4～6名学生，分工负责资料查找与电路设计、实施方案制订、产品外观分析、设计规范选择、分工设计产品PCB（两块板、散热片加工等）、元器件采购、热转印制板、PCB焊接、装配与调试等。整个设计过程可以分散在3～4周时间中完成，便于讨论交流。

7.1　产品描述

1．产品功能

有源音箱又称为“主动式音箱”，通常是指带有功率放大器的音箱，由于内置了功率放大电路，可以采用较低电平的音频信号直接驱动。

2.1声道有源音箱由低音音箱和两个卫星音箱组成，一般功率放大电路和调节旋钮置于低音音箱中，有源音箱电路组成框图如图7-2所示。

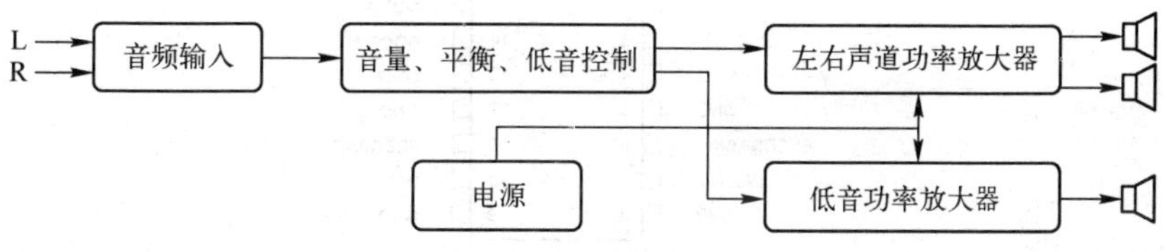

图7-2　有源音箱电路组成框图

左右声道音频信号通过音频输入插座输入后，经音量、平衡及低音三个电位器控制左右声道功率放大器和低音功率放大器进行放大，最后推动扬声器发声。

该电路一般设计成两块 PCB，均置于低音音箱中，其中音量、平衡、低音控制电路为一块 PCB，置于音箱的前面板，便于进行调节；其他电路为一块 PCB，置于音箱的后背板，便于进行输入、输出连接及电源控制等。

2．产品实物样图

某产品有源音箱的低音炮实物结构图如图 7-3 所示，前面板主要有三个调节旋钮及指示灯，后背板主要有音频输入、输出及电源开关等，电源开关、变压器及功率放大器 PCB 固定在后背板上。

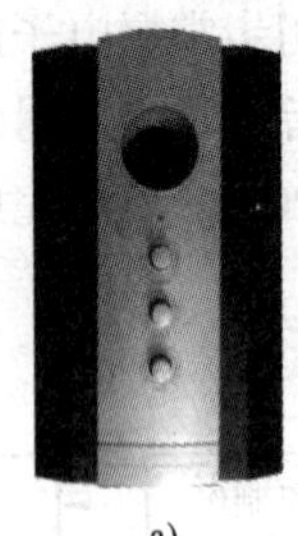
a)

b)

c)

图 7-3　某产品有源音箱的低音炮实物结构图

a) 前面板　b) 后背板　c) 内部结构

7.2　设计准备

本阶段主要完成资料收集与提炼、设计规范选择、元器件选择及特殊元器件封装设计，采用小组分工实施的方式进行。

7.2.1　功率放大器芯片 TEA2025 资料收集

芯片资料收集通过搜索引擎进行搜素，一般芯片公司提供的资料为 PDF 文件，故搜索的关键词可以设置为“TEA2025 PDF”。

一般芯片资料中包含有芯片概述、极限参数、内部功能框图、引脚功能图、电特性、基本电路、封装及电气特性等。

图 7-4 所示为 TEA2025 芯片资料中的双列直插式芯片引脚功能图，图 7-5 所示为 TEA2025 功能框图，图 7-6 所示为 TEA2025 的基本应用电路，包含桥式电路和双声道电路。

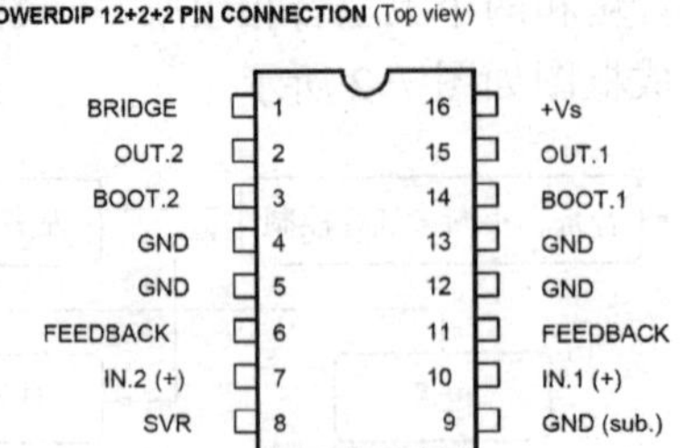

图 7-4　TEA2025 芯片资料中的双列直插式芯片引脚功能图

一般芯片厂家提供的是该芯片的基本电路，实际应用中需要对基本电路进行扩展以满足设计要求。

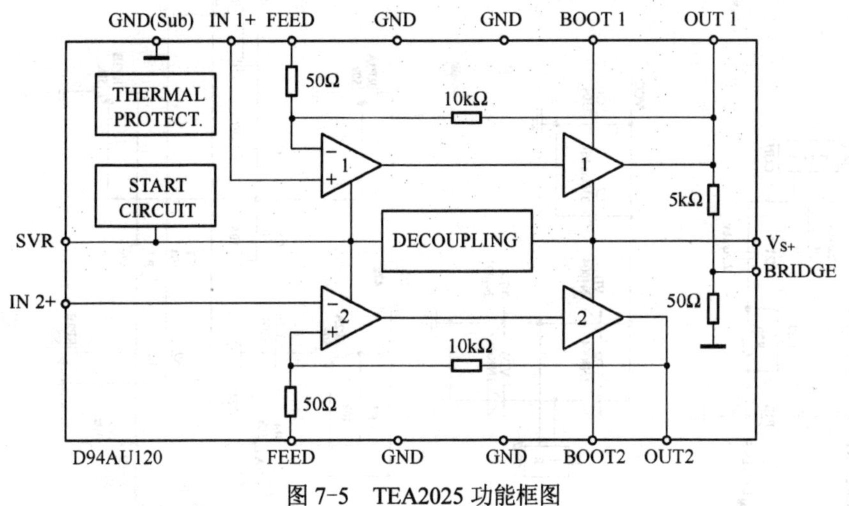

图 7-5　TEA2025 功能框图

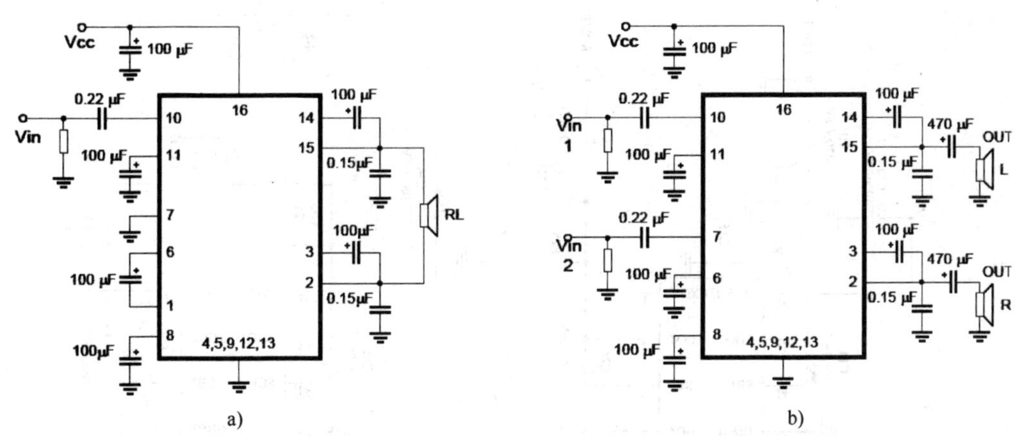

图 7-6　TEA2025 基本应用电路

a) 桥式电路　b) 双声道电路

7.2.2　有源音箱电路设计

由于在相同条件下桥式电路的功率增益是双声道电路的 4 倍，故将其应用于低音功率放大器，双声道电路用于左右声道功率放大器，在基本电路上增加负反馈和抗干扰电路以提高性能。

电源供电电路需自行设计，可以采用桥式整流滤波电路，电源变压器选用次级 9V 输出；音频输入、输出接口采用莲花座；为便于控制，需设计音量、平衡及低音控制电路，单独一块印制板。为了提高抗干扰能力，两块 PCB 之间的连接导线采用屏蔽线。

有源音箱参考电路如图 7-7 所示，图中 P1、P2 为输入、输出接口，RP1～RP3 为音量、平衡、低音控制双联电位器。

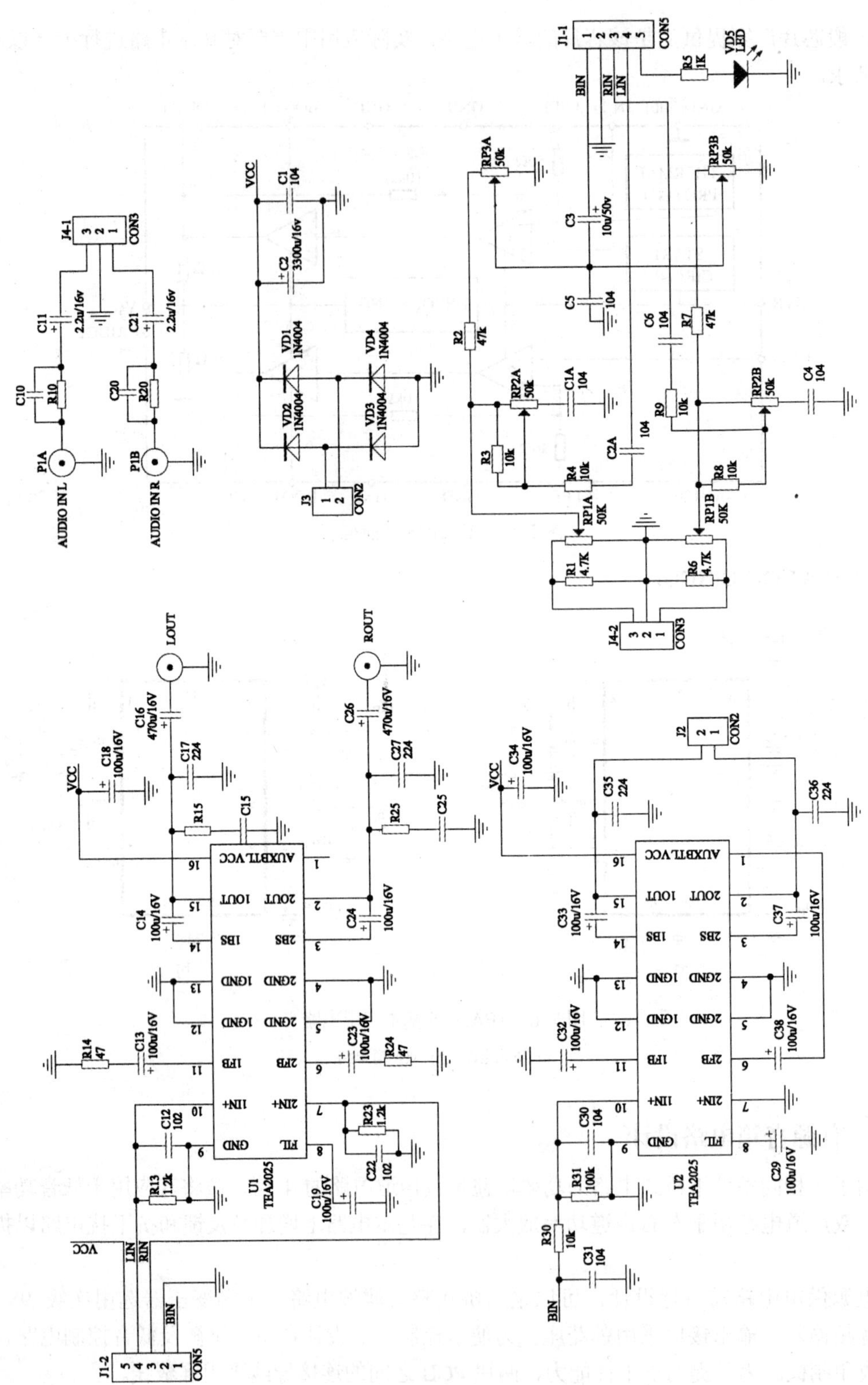

图 7-7　有源音箱参考电路

7.2.3 PCB 定位与规划

由于有源音箱的 PCB 一般置于低音音箱中，故本产品的 PCB 定位根据低音音箱的实际外壳进行。

设计时应根据实际提供的音箱外壳进行测量并做好定位，特别是指示灯、电位器之间的间距，音频输入与输出插座之间的间距应与音箱外壳上的尺寸对应。

PCB 采用矩形板，板的尺寸自行根据布局布线后的结果调整，在符合电气性能要求的前提下尽量紧凑设计。

7.2.4 元器件选择、封装设计及散热片设计

1．元器件选择

电阻选用 1/8W 碳膜电阻，极性电容采用耐压 16V 以上的电解电容，无极性电容采用瓷片电容，电位器采用双联电位器，输入、输出接口采用 RCA 同芯音频双口莲花插座，连接线采用屏蔽线。

2．封装设计

本项目中小容量电解电容采用 RB.1/.2 封装，双联电位器及莲花插座封装需根据实物测量设计，其余可选用系统自带的标准封装。

3．散热片设计

为减小散热片的占用面积，TEA2025 的散热片充分利用芯片 4、5 脚及 12、13 脚为接地脚的特点，采用立式散热片，直接贴在芯片上，为保证传热效果，散热片与芯片之间应打上硅胶，散热片的固定通过在芯片接地脚处打孔，将其固定脚穿过 PCB 并焊接在接地铜箔处。散热片的结构图如图 7-8 所示，材质可以选用钢片或铜片。

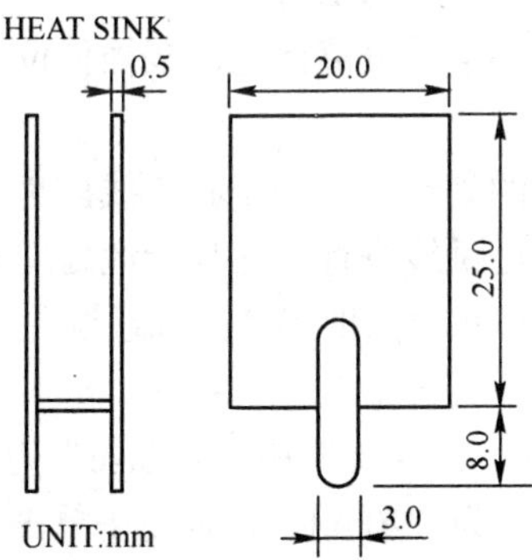

图 7-8 散热片的结构图

7.2.5 设计规范选择

设计中布局、布线应考虑的原则可以上网搜索关于音频电路设计的有关资料，也可在本书中有关布局、布线规则的部分选择适用的规则。

本项目中应重点考虑以下几个方面规范的选择。

1）笨重元件的处理，如电源变压器。

2）大小信号的分离，如大信号的电源供电、音频输出，小信号的音频输入等。

3）可调元器件、接插件的放置问题。

4）地线的处理问题，应注意减小干扰，可以考虑单独走线，集中一点接地的方式。

5）芯片的地线布设应分析芯片内部模块布局，合理设置以减小声道之间的干扰。

7.3 产品设计与调试

产品设计与调试，采用分工协作的方式进行，培养团队协作精神。具体分解为原理图设计、PCB 设计、音箱加工、元器件采购、散热片制作与排线制作、PCB 制板与钻孔、电路焊接及调试等。

7.3.1 原理图设计

根据设计好的有源音箱电路图采用 Altium Designer Summer 09 软件进行原理图设计，其中集成电路 TEA2025、输入输出莲花插座、双联电位器、需要自行进行元器件设计，莲花插座和双联电位器可以通过复制库元器件 BNC 和 RES2 并增加功能单元套数的方式进行设计，使它们都具有两套相同的功能单元。

设计结束进行编译检查，修改出现的问题。

设计中要注意元器件封装设置必须正确，以保证元器件封装的准确调用。

7.3.2 PCB 设计

PCB 设计通过加载网络表的方式调用元器件封装，采用手工布局和手工布线的方式完成 PCB 设计。有源音箱的 PCB 设计根据外壳的特点分成两块 PCB，一块 PCB 为音量、平衡、低音控制电路，其余电路设计在另一块 PCB 上。

设计中布局方面重点考虑大小信号分离问题、接插件位置及莲花插座、指示灯和电位器应与面板位置对应。

布线方面重点考虑各模块地的处理，考虑单独走线，集中一点接地的方式以减小干扰，不同模块地线之间的连接可以通过跳线进行；芯片接地处理要根据内部模块合理分布；散热片位置应预留并做好开孔，以便与底层的地焊接；合理设置露铜，提高带流能力。

散热片固定孔设置可以通过放置焊盘实现，在 4、5 脚的接地覆铜上放置一个焊盘，用鼠标双击焊盘，设置焊盘属性为：“X-Size”和“Y-Size”为 30mil，“通孔尺寸”为 30mil，选中“槽”复选框，设置“长度”为 120mil，设置完毕单击“确定”按钮完成槽状固定孔设计，如图 7-9 所示。

图 7-9　槽状固定孔设计

设计后的参考 PCB 布局图如图 7-10 所示，参考布线图如图 7-11 所示。

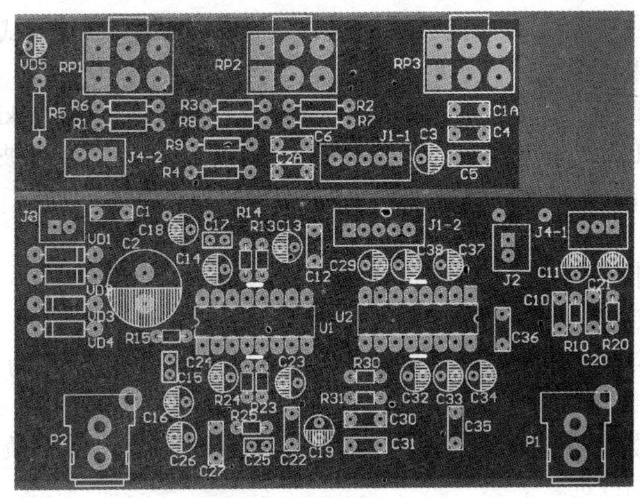

图 7-10　参考 PCB 布局图

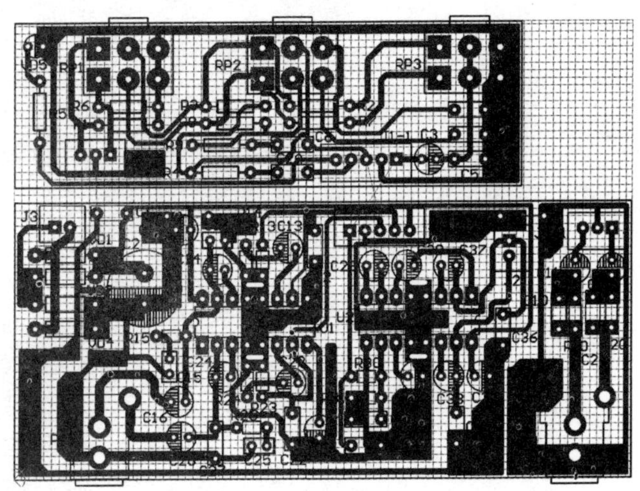

图 7-11　参考布线图

7.3.3　PCB 制板与焊接

PCB 制板可以采用热转印机转印或雕刻机雕刻的方式进行，钻孔采用高速台式电钻进行，针对电位器、莲花插座的钻头要大些，具体规格根据实物判断。

安装散热片对应位置的 IC 引脚边（即 IC 的 4、5 脚和 12、13 脚）要开槽以便散热片的固定片穿过 PCB 并焊接在接地铜箔处。

PCB 焊接采用手工焊接，对于设置为露铜的部分要上锡。

J1 采用 4 芯屏蔽线，J3 采用两芯屏蔽线，制作屏蔽线时要注意网状接地线的处理，焊接时要注意线头不能出现毛刺，以免短路。

7.3.4 有源音箱测试

有源音箱测试主要针对焊接好的 PCB 进行功能模块测试、装配调试及参数测量，以期达到预定的设计效果。

在本项目的测试中仅作最大不失真输出功率测试，测试频率点为 1kHz，直流供电电源为 9V，扬声器内阻 8Ω。使用的仪器有稳压电源、低频信号发生器、示波器及电子毫伏表，测试时负载扬声器用等值的水泥电阻代替。

要求：

1）画出电路测试连接图。

2）分别测量双通道输出功率和 BTL 输出功率。

3）比对芯片资料，调整电路，使最大不失真输出功率 BTL 约为 4W，双通道约为 1.2W，记录有关参数值。

4）接入扬声器和音频信号源，收听有源音箱的输出效果，调节各旋钮观察音质变化，如有问题则进行电路改进。

5）测试完毕进行整机装配。

附录　书中非标准符号与国标的对照表

元器件名称	书中符号	国标符号
电解电容	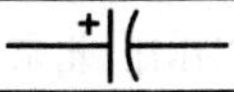	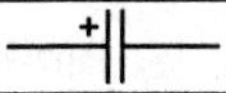
普通二极管		
稳压二极管		
发光二极管		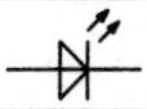
线路接地		
非门	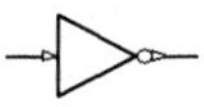	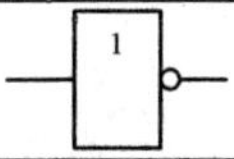 1
与非门		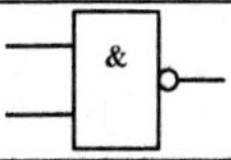 &
与门		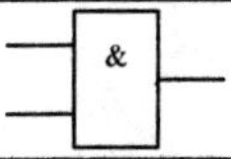 &
变压器	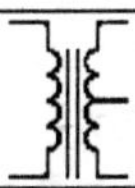	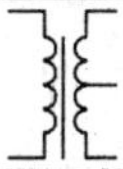
电位器	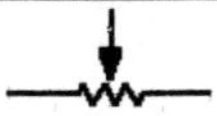	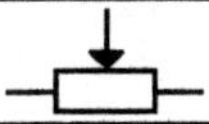

参 考 文 献

[1] 郭勇，吴荣海，蒋建军. Protel DXP 2004 SP2 印制电路板设计教程[M]. 北京：机械工业出版社，2015.

[2] 高敬鹏，武超群，王臣业. Altium Designer 原理图与 PCB 设计教程[M]. 北京：机械工业出版社，2015.

[3] 高雪飞，安永丽，李涧. Altium Designer 10 原理图与 PCB 设计教程[M]. 北京：北京希望电子出版社，2014.

[4] 许小菊，等. 图解贴片元器件技能. 技巧问答[M]. 北京：机械工业出版社，2008.

[5] 梁瑞林. 贴片式电子元件[M]. 北京：科学出版社，2008.